表 2-8 「環境 GIS」の「環境の状況」に分類されるデータベースの項目例

大気汚染状況の常時監視結果	日本の大気環境	公共用水域の水質測定結果
	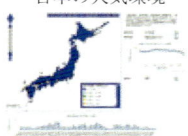	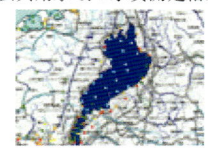
大気汚染防止法に基づく全国の「一般環境大気測定局」および「自動車排出ガス測定局」における監視結果より，測定物質の汚染濃度や環境基準達成状況を地図上に表示	大気環境の測定物質（二酸化硫黄，一酸化窒素，二酸化窒素，窒素酸化物，一酸化炭素，光化学オキシダント，など 11 物質）について，全国の年平均値や環境基準達成状況などを地図やグラフで表示	水質汚濁防止法に基づく公共用水域水質測定結果より，溶存酸素量，生物化学的酸素要求量（BOD），化学的酸素要求量（COD），全燐，全窒素の環境基準達成状況を地図上に表示
日本の水質環境	有害大気汚染物質調査	酸性雨調査
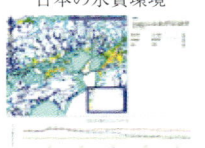		
水質環境の測定項目（BOD/COD，全燐・全窒素など）について，全国の年平均値や環境基準達成状況などを地図やグラフで表示	大気汚染防止法に基づいて地方公共団体および環境省が実施している有害大気汚染物質モニタリング調査の結果をもとに，測定物質の濃度を地図上に表示	999 年度（平成 11 年度）から 2008 年度（平成 20 年度）に全国環境研協議会が実施した第 3 次酸性雨全国調査の結果をもとに，測定物質の濃度を地図上に表示
自動車騒音の常時監視結果	ダイオキシン調査	生活環境情報サイト
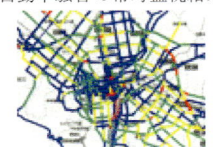	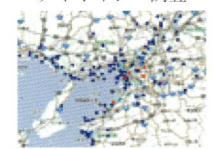	
騒音規制法に基づいて行われている全国の自動車交通騒音の測定結果をもとに，道路沿線の環境基準達成状況を地図上に表示	ダイオキシン類対策特別措置法に基づくダイオキシン類環境調査結果をもとに，調査地点における環境基準達成状況を地図上に表示	騒音規制法，振動規制法，悪臭防止法に基づく法施行状況を地図上に表示

出典：国立環境研究所ホームページ（2012 年 6 月時点）　http://tenbou.nies.go.jp/gis/　を基に作成
・環境 GIS の大分類として「環境の状況」「環境指標・統計」「環境規制・指定」「研究成果」「環境マッピング」がある．
・本表は，「環境の状況」に分類されている 13 項目のうち 9 項目を掲載した．

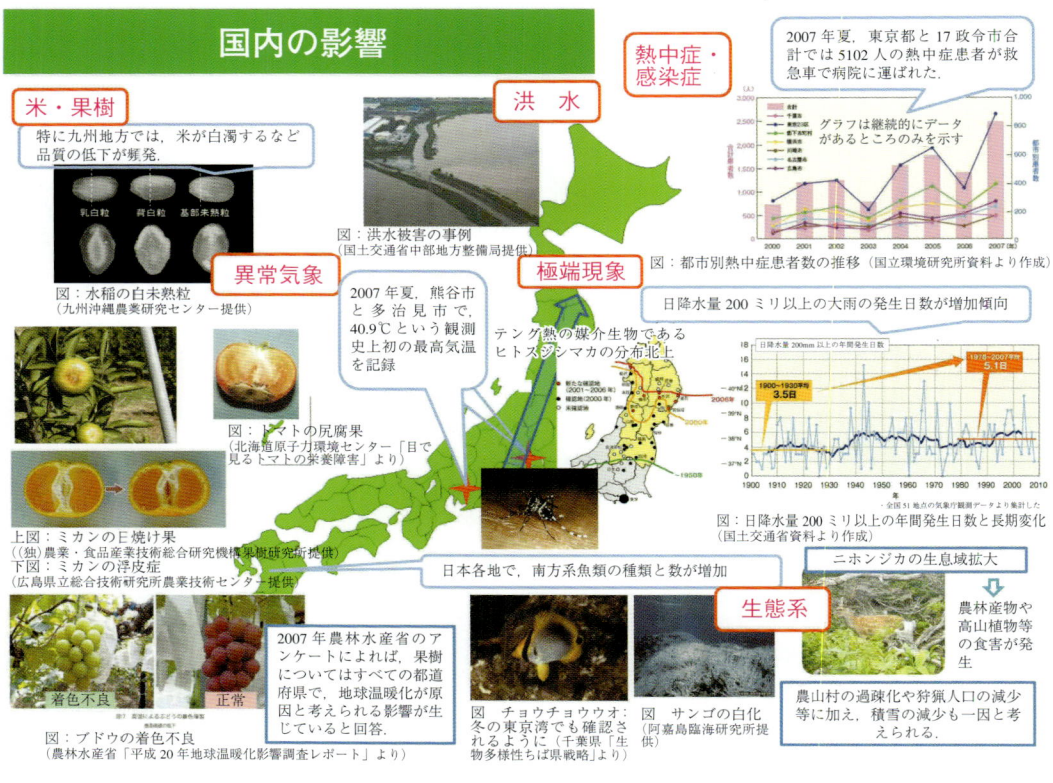

図 3-11　気候変動による影響（国内の影響気候）[34]
出典：環境省，東日本大震災以降の環境行政，中央環境審議会第 17 回総会資料，平成 24 年 4 月 25 日

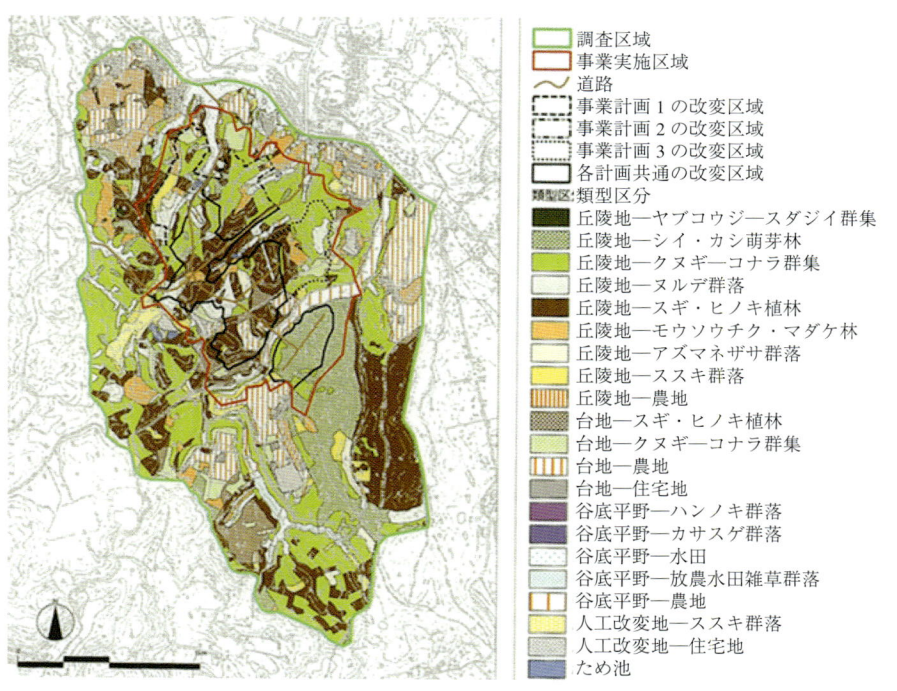

図 3-19　生態系タイプの類型化の例
出典：自然との触れ合い分野の環境影響評価技術検討会，2002，環境アセスメント技術ガイド　自然とのふれあい，
　　　（財）自然環境研究センター，p.100　図Ⅲ-1-15 より．

環境アセスメント学の基礎

環境アセスメント学会　編

恒星社厚生閣

はしがき

　わが国で本格的な環境影響評価法が施行されて，10余年たち，また環境アセスメント学会が設立されて，10年が経過した．本書は，本学会の創立10周年記念事業の一環として，環境アセスメントの今日の学術的，実務的知見を集大成し，学部，大学院学生や環境アセスメントの専門技術者をめざす方たちに利用いただける標準的なテキストとして編集したものである．これまでにも環境アセスメントに関するテキストは少なからずあるが，環境アセスメント学の全体像をコンパクトに鳥瞰できるものは余り見当たらない．そこでこれから環境アセスメント学を学ぼうとする初学者や学生諸君，さらには新たにこの分野の行政実務などにあたることとなった方々を念頭に置いて，可能な限りわかりやすくコンパクトにこのシステムの全体像を把握できるようとりまとめてみた．

　本書は，大学，大学院における講義テキストとして活用できるように構成されている．前期15回，後期15回の30講として消化できる内容としているが，文系，理系，文理融合系のいずれの分野で行われる講義においても，一つの方向性をもって講義に利用できるように構成した．また，1講ごとに1～2セクションを利用して，およそ90分の講義で完結できる内容としている点もまた本書の特徴の一つである．

　今日，環境アセスメントは，持続可能な社会の構築に向けてグランドデザインを描く上での意思決定に関わる有用なツールである．環境アセスメントを学び，それらの作業に携わる多くの方たちに本書が活用されれば，執筆者一同，望外の喜びである．

　なお，本書は10周年記念事業としての出版という限られた時間の中での作業であったため，最終的には，企画編集会議の編集担当者が全体を読み直して，大幅に修正させていただいた箇所も少なくない．この点については執筆者の方々にお詫び申し上げるとともに，ご寛容のほどをお願いしたい．

　最後になったが，さまざまなかたちで本書の完成をサポートしていただいた，恒星社厚生閣編集部の小浴正博さんに心から感謝申し上げたい．

　2012年9月

環境アセスメント学会
10周年記念出版企画会議
委員長　　浅野　直人
副委員長　柳　憲一郎

本書の構成

　本書は，学会10周年記念事業として，「環境アセスメント学」の体系化を目指し，本学会の各専門領域の学者・研究者，実務家，行政担当者の創意をあげて，編集企画し，刊行するものである．環境アセスメントに関する実務と理論には多くの図書や情報があり，それらを網羅的に記述するには無理があり，また大学や研修などでの教科書としての制約があるため，テーマを絞ってコンパクトに編集している．本書の構成は次の通りである．

　第1章：「環境アセスメントとは何か」と題し，本学会企画委員会小冊子ワーキンググループが作成した「環境アセスメントを活かそう『環境アセスメントの心得』」を参考にとりまとめている．環境アセスメントの機能と仕組み，設計，実施のポイント，情報交換の4セクションの他に，環境アセスメントのチェックリストが掲載され，本来こうあるべきという考えに基づき，記述している．

　第2章：第1章の導入部から環境アセスメントへの関心，環境アセスメントの持つ社会的な貢献課題などをさらに深めることを主眼とした章である．環境アセスメントを通して，中長期の将来的課題となるようなテーマとして，21世紀の環境政策，生物多様性保全，成長管理型まちづくり，持続可能性，環境データベース，簡易アセスメントを取り上げている．

　第3章：既に確立しているこれまでの環境アセスメント技術・手法を主体に，大気，悪臭，水質，底質，水循環，土壌汚染，騒音，低周波音，振動，日照阻害，風害，電波障害，廃棄物，温室効果ガス，陸上動植物，水生生物，生態系，景観，自然との触れ合いの場などの各環境影響要素について，調査方法や予測技術，環境保全技術などの基礎を整理している．

　第4章：環境アセスメントの実際と題して，現実の環境アセスメントは，どのように行われているのか，その概要を紹介している．火力発電所，幹線道路，海面埋立，面開発，風力発電，最終処分場，マンションなどを事例として，その環境上の特徴，主要な環境影響因子などを取り上げている．

　第5章：環境アセスメント制度について，環境影響評価法，地方公共団体条例，戦略的環境アセスメント，事後調査，諸外国における制度など，国内外における制度の現状を分析し，制度に係る将来の方向性・展望について記述している．

　第6章：開発援助場面における環境アセスメントを取り上げている．ここでは「JICA環境社会配慮ガイドライン」の取り組みを中心に解説している．

　第7章：「人材育成と実践」と題し，環境教育や市民活動について記述している．環境アセスメントに関連して市民あるいはNPOとして参加することが環境について学ぶよい機会となっていることや環境に関連した多くの資格制度について紹介している．

　また，本書の利用ガイドとして，大学の講義テキストとして利用する場合，4単位全30回のシラバス，または，前期・後期2単位の15回のシラバスで構成する授業が想定される．その際，担当学部が文系の場合には，1章，2章，5章，6章，7章から，理系の場合には，1章，2章，3章，4章から，文理融合系の場合には，1章，2章，3章，4章，5章，6章，7章などから適宜選択し，15回ないし30回でシラバスを構成されることが期待される．

執筆者一覧（五十音順）

浅野直人*	福岡大学名誉教授	（第5章 §1., §2., §8.）
池田英治	元（株）日建設計総合研究所	（第3章 §6.）
石川公敏*	元（独）産業技術総合研究所	（第3章 §3.）
市川陽一	龍谷大学名誉教授	（資料）
市村　康	日本ミクニヤ（株）大阪支店	（第3章 §10.）
上杉哲郎	（株）日比谷アメニス（元 環境省環境影響評価課長）	（第2章 §1.）
浦郷昭子	（有）レイヴン	（第1章）
大塚　直	早稲田大学大学院法務研究科教授	（第5章 §7.）
沖山文敏*	元（株）オリエンタルコンサルタンツ環境部参事	（第4章 §3.）
小田信治	（株）ポリテック・エイディディ	（第7章 §4.）
尾上健治*	おのえエコトピア研究所	（第4章 §6.）
傘木宏夫	NPO地域づくり工房代表理事	（第7章 §3.）
鹿島　茂	中央大学名誉教授	
片谷教孝	桜美林大学リベラルアーツ学群教授	（第3章 §1.）
河添靖宏	（独）国際協力機構審査部	（第6章 §4.）
栗本洋二*	ライフケアサービス（株）代表取締役	（第7章 §2.）
作本直行*	日本貿易振興機構（JETRO）アジア経済研究所名誉研究員	
塩田正純*	SCCRI静穏創造研究所（技術士事務所）	（第3章 §5., §6.）
柴田裕希	東邦大学理学部准教授	（第2章 §3.）
嶋田啓二	元（株）東京久栄内部管理室室長	（第4章 §4.）
下村彰男	東京大学大学院農学生命科学研究科教授	（第3章 §12.）
鈴木守人	（株）バール環境計画研究所所長	（第4章 §7.）
高塚　敏	（株）地域環境計画代表取締役	（第3章 §9.）
田中　章	東京都市大学環境学部教授	（第2章 §2.）
田中研一	元（独）国際協力機構国際協力専門員	（第6章 §1.）
田中　充	法政大学名誉教授	（第5章 §4.）
中村　修	（株）風工学研究所会長	（第3章 §6.）
並河良治	（国研）土木研究所道路技術グループ長	（第4章 §2.）
新里達也	（株）環境指標生物	（第2章 §4.）
羽染　久	（一財）日本環境衛生センター理事	（第3章 §7.）
花岡千草	東洋大学研究推進部ユニバーシティ・リサーチ・アドミニストレーター（元 岡山大学教育研究プログラム戦略本部教授）	（第5章 §5., §6.）
原科幸彦	千葉商科大学学長	（第2章 §6.）
伴　武彦	（株）ポリテック・エイディディ	（第3章 §11.）
本間　勝	（株）アサノ大成基礎エンジニアリング土壌環境事業部	（第3章 §4.）
松島正興	（株）三菱地所設計都市環境計画部ユニットリーダー	（第2章 §5.）
松本　悟	法政大学国際文化学部教授	（第6章 §3.）
宮下一明	（株）東京久栄技術本部環境ソリューション部アセス担当部長	（第4章 §1.）
村山武彦	東京工業大学環境・社会理工学院融合理工学系教授	（第6章 §2.）
持木克之	埼玉県庁	（第4章 §5.）
守田　優	芝浦工業大学工学部教授	（第3章 §2.）
柳憲一郎*	明治大学環境法センター名誉教授	（第5章 §3., §8.）
山崎智雄	（株）エックス都市研究所執行役員	（第3章 §8.）
吉田正人	筑波大学大学院人間総合科学研究科教授	（第7章 §1.）

＊編集委員
2020年8月現在，一部については2022年12月現在に更新

環境アセスメント学の基礎　目次

はしがき………………………………………………………………………… iii
本書の構成……………………………………………………………………… v

第1章　環境アセスメントとは何か……………………………………… 1
　§1.　環境アセスメントの機能と仕組み……………………………… 1
　§2.　環境アセスメントのスクリーニングと設計…………………… 3
　§3.　環境アセスメント実施のポイント……………………………… 4
　§4.　情報交流…………………………………………………………… 6
　付録…………………………………………………………………………… 7

第2章　持続可能性に挑戦する環境アセスメント……………………… 13
　§1.　21世紀の環境政策と環境アセスメント………………………… 13
　§2.　生物多様性保全と定量的評価…………………………………… 18
　§3.　成長管理型まちづくり…………………………………………… 22
　§4.　持続可能性と環境指標…………………………………………… 26
　§5.　環境データベース………………………………………………… 31
　§6.　簡易アセスメント………………………………………………… 34

第3章　環境科学の基礎に立つ環境アセスメント技術・手法
　………………………………………………………………………………… 39
　§1.　大気・悪臭………………………………………………………… 39
　§2.　水循環……………………………………………………………… 43
　§3.　水質・底質………………………………………………………… 47
　§4.　土壌環境…………………………………………………………… 54
　§5.　騒音・低周波音・振動…………………………………………… 58
　§6.　日照阻害・風害・電波障害……………………………………… 62
　§7.　廃棄物……………………………………………………………… 68
　§8.　温室効果ガス……………………………………………………… 72
　§9.　陸上動植物………………………………………………………… 77
　§10.　水生生物…………………………………………………………… 82
　§11.　生態系……………………………………………………………… 87
　§12.　景観・自然との触れ合い………………………………………… 90

第4章　環境アセスメントの実際 ……………………………………… 97
§1. 火力発電所 …………………………………………… 97
§2. 幹線道路 ……………………………………………… 103
§3. マンション …………………………………………… 108
§4. 海面埋立 ……………………………………………… 113
§5. 面開発 ………………………………………………… 121
§6. 風力発電 ……………………………………………… 126
§7. 最終処分場 …………………………………………… 131

第5章　制度としての環境アセスメント ……………………………… 137
§1. 環境影響評価法（法制定に至る経緯） …………… 137
§2. アセス法（対象事業と手続きの流れ） …………… 142
§3. 環境影響評価条例に基づく環境アセスメント …… 149
§4. 環境影響評価条例との連携 ………………………… 154
§5. 戦略的環境アセスメント …………………………… 158
§6. 事後調査 ……………………………………………… 162
§7. 諸外国における制度 ………………………………… 167
§8. 制度に係る将来の方向性・展望 …………………… 170

第6章　わが国の国際協力における環境アセスメント ……… 175
§1. 二国間開発協力と環境社会配慮
　　―JICA環境社会配慮ガイドラインの誕生経緯と課題― …………… 175
§2. 国際援助機関における環境アセスメント ………… 179
§3. 国際協力における環境アセスメントの実際
　　―世界銀行を事例に― ……………………………… 183
§4. JICA環境社会配慮助言委員会の運営について …… 188

第7章　人材育成と実践 ………………………………………………… 193
§1. 環境アセスメントにおける市民参加と環境教育 … 193
§2. 環境アセスメントに関連する資格 ………………… 196
§3. 環境アセスメントにおけるNPO活動の役割 ……… 203
§4. 企業活動における環境アセスメント ……………… 207

資料編　環境アセスメント学会について ……………………………… 213
編集後記 …………………………………………………………………… 219

第1章　環境アセスメントとは何か

§1. 環境アセスメントの機能と仕組み

　環境アセスメントは，事業が環境や社会に与える負の影響をより少なくするためのツールである．その目的は，持続可能な開発の支援であり，長期的には，持続可能な社会の実現である[1]．では，どのようなツールか．これは社会的仕組みとして，事業主体が自主的に環境配慮を行うための手続きを決めている．その手続きは，事業主体が環境配慮の説明責任を果たすための社会との間のコミュニケーション過程として定められ，情報公開を基礎としている．環境政策の手段としては，誘導的手段のうち情報的手段の代表であり，枠組み規制とも言われる[2]．

　道路やダム，鉱山，発電所，廃棄物処分場などの開発事業は，全く環境や社会への影響を及ぼさずに事業を進めることはできない．もちろん大気汚染や水質などには環境基準や排出基準があるため，事業者は当然これらの基準に沿うように事業設計を行わなければならない．しかし，持続可能な開発のためには，既存の環境規制を守るだけでは不十分である．

　例えば，土木設計や事業効率化に長けた事業者でも，公害対策だけでなく社会や生物に対する配慮という幅広い分野には万全な対策を事前に講じられないことが多い．規制基準だけでは対応できない環境影響の多くは，発生後に対策を講じても効果がなく，先手を打って事業計画に環境対策を組み込む必要があった．そこで生み出されたのが環境アセスメントという仕組みである．環境アセスメントは，事業が認可を受ける前に事前に発生する可能性のある環境社会影響を予測するため，その対策を事業計画に組み込む機会が与えられることになる．環境アセスメントは，開発事業が環境や社会に及ぼす影響を最小限にとどめるうえで，規制基準・事後環境管理と共に，大きな役割を果たしている．

　環境アセスメントは，事業者と市民のコミュニケーションを促進するツールでもある．事業が環境や社会に与える影響が小さく抑えられても，事業者と市民が全く情報交流を行わず，事業者と事業監督官庁だけの手続きで終了してしまったとしたらどうなるだろうか．各種規制法を完全にクリアした状態でも，市民のアイディアや要望を事業に組み入れることはできず，市民の心配も払拭されない．市民の事業に対する不信感は募り，些細なことで事業者と対立する土壌が生まれる可能性が高まる．基本的に，影響を受ける可能性のある人たちや影響を受ける可能性のある場所を昔からよく知る人たちの意見やアドバイス，知識を用いることなしに，十分な環境社会影響対策は不可能である．また，事業者と市民が意見交換をすることによってはじめて市民の理解を得ることができ，協力関係を築くきっかけになる．環境アセスメントは，このような機会を事業者と市民に提供する．環境アセスメントには，事業の情報や影響を関係者に伝え，関係者からのアドバイスや要望を事業計画の中に取り込んでいくという仕組みが組み込まれているからである．ここでいう関係者とは，地域の住民だけでなく，市民団体や各分野の専門家，関係機関なども含まれる．このように，様々な人のアドバイスを受けながら，事業をより環境に優しいものにしていくためのコミュニケーションツールとしても環境ア

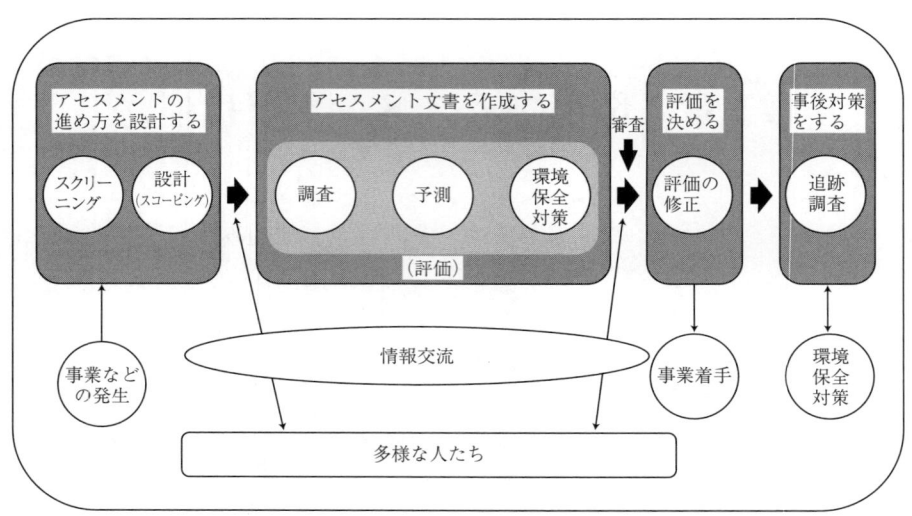

図 1-1 環境アセスメントの流れ

セスメントは役立っている.

　環境アセスメントは，事業の環境影響を，特定・予測・評価するシステマティックな手続きであり，この手続きには大きく6つの段階がある．6つの段階とは，スクリーニング，スコーピング，調査・予測，環境保全対策検討，審査，事後対策と呼ばれている．
・スクリーニングとは，行おうとしている事業に対して，環境アセスメント手続きを適用するかどうか判断すること．
・スコーピングとは，問題となりそうな影響をピックアップし，調査・予測の項目や方法を決定すること．
・調査・予測とは，スコーピングでピックアップされた項目の予測に必要な情報を収集して影響を予測すること．
・環境保全対策とは，予測された影響に対し，影響軽減策を事業に組み込むこと．これらの調査，予測，環境保全対策をまとめて評価する．
・審査とは，調査結果や環境保全対策のまとめられたレポートに対するアドバイスをまとめること．
・事後対策とは，工事や事業が開始された後，モニタリング結果に応じて適切に対策を変更すること．
以上である．スクリーニングと審査以外の段階は全て事業者が行うが，スクリーニングは行政が，審査は行政や専門家が行う．スコーピングの段階と審査の段階で住民や市民団体が意見を述べる機会が与えられている．このように，法令で定められた手続きを踏むことにより，適切な環境対策がシステマティックに事業計画に取り込むことができるようになるのである（図1-1）．

　環境アセスメントは，環境に配慮した事業を実現させ市民の理解を得るための重要なツールであるものの，目的を理解せずに手続きだけ実施した場合は，その効果は得られない．単に手続きとして環境アセスメントを実施すると，事業は変わらず，市民は不信感を持ち続け，金と時間が無駄になることもある．環境アセスメントの目的を達成させるためには，関係者全員がその役割と目的を理解し，

状況に応じた柔軟性が求められるのである.
〔文末付録1に環境アセスメント手続きのイメージを,文末付録2によりよい環境アセスメントのチェックリストを示す.〕

§2. 環境アセスメントのスクリーニングと設計

1. スクリーニング

スクリーニングは,事業をふるいにかけ,どの程度の環境影響評価手続き(Enivironmental Impact Assessment,以下,EIA という.)が必要かどうかを判断する手続きである.通常,事業者から提供される事業計画の情報を元に,行政の中の環境担当部局がふるいわけを実施する.ふるいわけに必要な情報は,事業特性や事業規模だけでなく,立地環境も考慮される.十分環境に配慮した設計になっている事業に対して一連のEIA適用を免除するなど,環境対策に前向きな事業に何らかのメリットを設けると,早期の環境対策を促すことにもつながる.日本ではEIAを実施するかしないかのふるいわけしか行わないが,諸外国では,EIAに複数のランクを設け,ふるいわけしているところも多い.当然,環境に影響を及ぼす可能性のあるものが対象から外れたり,ほとんど影響のないものが対象になっていては,ふるいわけが機能していないことになる.事業者に過度の負担を強いることなく,早い段階での環境配慮を促し,重大な環境影響を見逃さないようなシステムが,理想的なスクリーニングといえよう.

〔文末付録3によりよいスクリーニングかどうかのチェックリストを示す.〕

2. 環境アセスメントの設計

環境アセスメントで必要かつ十分な影響予測を行うには,スコーピングの段階で行うアセスメントの設計を慎重に行うことある.なぜなら,環境アセスメントの設計で調査項目や予測項目を間違えてしまうと,肝心なことの予測が行われないだけでなく,入れるべき環境保全対策が抜け落ちてしまうことになる.

スコーピングで外してはならないのが,可能性のある全ての環境影響の中から,問題となりそうな項目,影響が大きくなりそうな項目を絞り込むという作業である.環境影響評価に与えられた時間と資金は限られており,予測に活用されないデータ収集にエネルギーを投じていては,最も問題となりそうな項目に十分な検討を加える余裕がなくなる.まず,可能性のある影響を全て書き出し,その中から問題となりそうな項目を絞り込む.さらに影響を予測する上で必要かつ十分な調査項目を厳選していく.そうすることにより,本当に必要な深い調査ができ,浅く広い中途半端な調査を抑えることにもつながる.もちろん,絞り込まれた項目に残らなかったといって環境対策を行わないわけではない.それに漏れても,「予測しなくても対策がわかりきっているもの」や「技術的に精度も高い予測ができず,工事中や供用後のモニタリングと追加対策で対処できるもの」など,別の形で対処できれば問題ないのである.限られた予算と時間の中で重点化を行うためには,重要でないものを思い切って切ることである.何かを指摘されないための後ろ向きの態度ではスコーピングはできない.スコープの本来の意味を思い出し,スコーピングを行いたいものである.

スコーピングでもう一つ意識すべきことは，大気・騒音などの環境要素と人や生物という被影響者との関係である．例えばある事業で騒音・排ガスなどの環境影響が想定された場合，その騒音や排ガスの被影響者（人／生物）が異なると環境影響も全く違ったものになる．もし開発の進んだ都市に計画されるのであれば影響を受ける被影響者は人になるが，人が住んでいない山林に計画されるものであれば被影響者が生物になる．人と生物では当然感受性が異なるので，生物に対する騒音や排ガスの影響を予測するのに，人の健康のために作られた環境基準をクリアできるかどうか予測しても意味がない．事業の特性と立地の特性双方を十分に理解し，環境影響要因と被影響者の関係を丁寧に整理しておかないと，適切なスコーピングはできない．

　市民の立場から見ると，スコーピングは自分たちの関心事項を影響予測に組み込む最大のチャンスである．また，このタイミングで自ら発案した代替案を提案して事業計画として検討してもらうことも不可能ではない．まず，事業の必要性，立地選定までの代替案の検討は納得の行くものかをチェックする．次に自分たちの周りの環境を見つめなおし環境上問題のある地点や，過去に災害の発生した地点を図化する．また他の事業，他地域の類似事業で起った影響を調べる．さらに，提案されている事業計画を環境情報を取り込んだ地図に重ね，問題となりそうな影響を付箋に書いて図面に貼り付けていく．事業によって自分の農地が日陰にならないだろうか．事業によって子供たちが交通事故にあう確率が増すのではないかなど，素朴に関心のある事項を全てあげてみる．その中から重要なものをピックアップし，現実的な範囲で許容できるであろう影響のレベルを決めていく．可能であれば，対策案や代替案を提案してもよいだろう．スコーピング段階の意見書は，受身の意見ではなく，クリエイティブかつ能動的な意見を提案できるまたとない機会なのである．

　事業者にとってもスコーピングは，調査項目を絞ることによって調査・予測の費用を一定範囲にとどめることだけでなく，新たな対策のヒントを得たり，事業者がいかに環境に配慮しているかを宣伝するチャンスでもある．スコーピングの機会に，事業者がこれまでに行ってきた立地選定や施設の構造の代替検討の経緯を説明することで，市民の事業に対する理解も深まる．市民と事業者とが有意義な意見交換を始めていく土壌が生まれる可能性がある．「なぜこれが，ここに………」といった市民の基本的な疑問に答えることができないと，入り口での押し問答だけの不毛なやり取りに終わりかねない．有意義な議論にもっていくためにも，事業者はスコーピングの機会をぜひとも活用すべきである．

〔文末付録4にスコーピング手順のイメージ，文末付録5によりよいスコーピングかどうかのチェックリストを示す．〕

§3. 環境アセスメント実施のポイント

1. 調査・予測

　調査・予測は，環境アセスメントの要である．実施の際は，スコーピングで決められた方針に基づき，資料調査や現地調査による地域特性と事業特性をベースに想定される条件を考慮して，科学的な手法を用いて行う．もちろん調査中に新たに懸念される影響が判明した際は，適宜，調査・予測項目に取り入れる柔軟性も必要である．当然，調査結果や予測結果は，すぐに事業計画担当者に連絡し，影響

を回避・低減する方法を検討するよう促す努力も必要である．一方，どれだけ精密な調査方法や予測手法を用いても，想定条件が間違っていたり，事業計画と実際の事業が異なっていると，影響予測はあたらない．一つの条件の下で予測するだけでなく，様々な条件の下で最良のシナリオから最悪のシナリオまで示すことにより，予測の信頼性が増す．結果としてとりまとめられる文書を作成する側も読み取る側も，これらの調査・予測の仕組みを十分に理解しておく必要がある．

〔実施済みの事業のEIAレポートを入手し，よりよい調査・予測かどうかを文末付録6のチェックリストでチェックしてみよう．〕

2．環境保全対策検討・評価

環境保全対策とは，環境影響を緩和させるための方策である．事業の環境影響によって環境が劣化する場合，この劣化する環境の割合を減らす対策である．環境影響を的確に予測できる項目の場合は比較的検討しやすいものの，影響予測の不確実性が高い場合，事前に環境保全対策を準備することが困難になる．そのような場合，工事中から供用後まで継続的にモニタリングを行い，モニタリング結果に応じた環境保全対策を適宜実施することで，環境影響を緩和できる．そのため，環境保全対策の中にはモニタリング体制やモニタリング結果の評価システムを組み込んだ環境管理計画が策定されることもある．調査・予測結果や環境保全対策について評価して，とりまとめることとなる．

〔既に供用段階に入った事業のEIAレポート，モニタリングレポートを入手し，よりよい環境保全対策が実施されているかどうか文末付録7のチェックリストでチェックしてみよう．〕

3．審　査

EIAの審査は，第三者的立場の各分野の専門家から成るチームが，レポートの適切性や環境影響が容認できる程度に収まっているかどうかを審査し，行政に提言するものである．事業者が自ら作成するEIAレポートが事業推進の立場から逃れられない一方，審査者は公平かつ専門的な立場から事業の影響を評価する．審査が十分機能しないと，重大な環境影響が見過ごされるだけでなく，EIA自体の信頼が低下する．審査結果は，「事業認可にあたって考慮すべき追加措置」などの条件とともに提言としてまとめられ，事業認可機関に送付される．調査データの信頼性にかけるなど，審査以前に問題がある場合は，調査のやり直し，事業計画の見直しにまで審査で迫ることも可能であり，事業認可の鍵を握る重要な役割を果たす．環境影響が容認できる範囲内に留まっている場合，環境担当部局によって審査意見書が提出される．審査意見書に基づき修正したレポートを受け取った事業許認可機関は，これらを十分に考慮し許認可の判断を行う．

〔文末付録8によりよい審査かどうかのチェックリストを示す．〕

4．事後対策

事後対策は，事業が認可され工事・供用中に事業者が行う環境保全対策のことである．いくらEIAレポートで素晴らしい対策が提言されていても，実際に対策が行われなかったり，対策の効果が想定よりも低かった場合は，環境影響が大きくなってしまう．事後対策は，EIAレポートの環境保全計画やモニタリング計画に基づいて実施され，（1）モニタリング，（2）結果分析，（3）追加対策の必要性

の検討，(4) 追加対策の実施　を繰り返すことが多い．事業実施体制の中で，こうした事後対策がしっかり位置づけられることが必要である．また，モニタリング結果等については，できるだけ公表され，専門家等により事後対策の内容が検討される体制も重要である．

　（実際に事業が実施されたところに出かけ，事後対策が適切に行われているかどうか文末付録9のチェックリストでチェックしてみよう．）

§4. 情報交流

　環境アセスメントでどんなにお金と時間をかけて丁寧な調査や予測を行っても，市民や関係団体との情報交流がうまく行かないと，事業に対する理解が得られないばかりでなく，十分な環境影響の緩和を実現することもできない．事業によって最も影響を受ける周辺に暮らす市民から提供される情報は，立地の現況把握やリスクの想定にも役立つばかりでなく，近隣類似案件の環境保全対策の経験を活かすことも可能になるのである．逆に市民の関心事項だけに調査・予測項目を絞り込めば，コスト削減にもつながる．環境アセスメントの費用対効果を高めるためには，情報交流は必須である．もちろん環境アセスメント関連の法律や条例では，情報公開や市民からの意見聴取の機会は限られている．しかし，だからといってそれ以外の機会に情報提供や市民との協議の場をもっても悪いことはない．市民のアイディアを取り入れ，信頼関係を作るためにも情報交流の機会をできるだけ増やすことが望ましい．

　事業者が市民に情報提供する方法には，Webによる方法だけでなく，パンフレット，定期的に発行するニューズレター，ラジオ，新聞，テレビによる方法もある．情報交流拠点を設けて，随時説明資料を用意することも可能である．カリフォルニア州のEIAの公開審査会はローカルテレビで中継されている．情報提供の内容は，方法書や評価書などの成果物だけでなく，事業計画や調査結果・予測結果，関係法令，問答集なども，随時提供することも可能である．情報を提供すると事業にとってマイナスであると考える事業者もいるようだが，逆である．隠せば隠すほど市民は事業者に対する不信感を募らせ，感情的な反発が増すだけである．

　事業者が市民から意見を受ける方法も，書類による方法だけでなく，メール，電話，情報交流拠点でのやり取りなど様々な方法がある．さらに一方通行で意見を受け取るだけでなく，事業者と市民が一緒に協議する場が設けられればなおよい．ワークショップ形式にして，交通事故や渋滞の起りやすい場所，災害危険区域，動物の通り道などを地図上に示してもよいだろう．代替立地を探したり，代替となる保全の場所（オフサイトミティゲーションの場所）を探ることも可能である．実際，愛知万博では事業者と市民による協議の場を何度も設け，新たな代替案を生み出した．何千通もの意見書をとりまとめ見解書を作成する作業に費やすコストから得られる市民の満足度と，意味のある話し合いを何度か行う作業に費やすコストから得られる市民の満足度の差は歴然としている．文字によるコミュニケーションよりも電話が，電話よりも直接話をするほうが，コミュニケーションによる意思がよく伝わる．これからの賢い事業者は，コスト削減と時間短縮のために，市民との協議の場を積極的に設けることになるだろう．

　市民の側から事業者に情報を提供する場合にも，気をつけることがある．与えられた機会が何を求

めているのかを十分理解したうえで，目的にあった意見を出さなければならない．方法書の段階で予測して欲しい事項の追加を求めるのはよいが，準備書の段階で調査項目の追加を求めても遅すぎて対応できない．また情報交流を行う際は，市民の側も感情的になるべきではない．問題となっている事実を認め，論理的，具体的に解決策を探っていくという姿勢を維持しないと，主張することの正当性さえも疑問視される．地域エゴを前面に出してもまともに扱われない．地域全体，場合によっては国全体の視点から意見や要望をまとめるべきである．さらに自分たちの地域の環境保全目標や産業の歴史をあらためて見直し，事業に対しての知識も得る努力を怠ってはならない．これからの賢い市民は論理的にコマを進める戦略を身につけ，事業者も驚くほどの代替案を提示するようになるだろう．

引用文献

1) 原科幸彦，2011，環境アセスメントとは何か—対応から戦略へ，岩波新書・赤版1301，岩波書店．

2) 柳憲一郎，2011，環境アセスメント法に関する総合的研究，清文社．

参考文献

環境アセスメントの心得 ver.1.21
　　http://www.jsia.net/6_assessment/kokoroe/kokoroe.pdf

調査のあり方〜事後調査を中心に〜 ver.1.21
　　http://www.jsia.net/6_assessment/kokoroe/na-ni1.pdf

環境アセスメント審査会のあり方 ver.1.01
　　http://www.jsia.net/6_assessment/kokoroe/na-ni2.pdf

※下記の付録は UNEP EIA トレーニングマニュアルを基に著者が作成

付録1

ある事業における環境アセスメント手続きのイメージ

1. スクリーニング

　事業者 A が事業計画案 B を策定し，スクリーニングにかけたところ，環境評価部局より「環境影響評価が必要」と判断され，環境影響評価を実施することになった．

2. スコーピング

　事業者 A は，事業の特性と地域の特性を勘案し，可能性のある影響を20項目リストアップした．その中から10項目を厳選し，予測を行うこととした．予測を行うために必要な調査方法やスケジュール案を作成し，関係者に情報を公開．関係者からの意見を取り込んだ上で予測項目や調査方法を修正した．

3. 調査・予測

　事業者 A は，修正した調査・予測計画に従い，調査と予測を実施し，何に対し，どこで，どのような影響が，どの程度の確率で，どのくらいの期間，どのくらいの程度で発生するかを明らかにした．

4. 環境保全対策検討・評価

　事業者 A は，予測結果を元に，影響を最小限にするための環境保全対策を検討し，事業計画に変

更を加えた．調査結果，予測結果，環境保全対策などを評価書案に取りまとめ，評価書案を環境評価部局に提出すると共に，関係者に情報を公開．

5. 審査
　　環境評価部局は，専門家を集めて評価書案をチェックし，専門家から出た意見と関係者から出た意見を取りまとめ事業者に伝えた．事業者は，伝えられた意見を取り込んで評価書案を修正し，最終版評価書を作成した．

6. 事後対策
　　事業者は，事業監督部局から事業認可を取得し，工事を着工した．事業者は工事中にも環境調査を行い，実際の環境影響や環境保全対策の効果を見ながら，環境保全対策を適宜修正した．

付録2

よりよい環境アセスメントのチェックリスト
☐ スクリーニング段階と評価書段階を比較すると，事業計画がより環境に配慮したものに変更されている
☐ 価値のある資源や自然性の高い場所，生態系の構成要素が保全され，回復不可能な改変や著しい環境負荷が避けられている
☐ マイナスになった環境負荷が環境保全対策によって相殺され，総体として環境価値が維持されている（ノーネットロス）
☐ 実現可能性のある代替案が真剣に検討されている
☐ 市民の関心事項に全て答えられている
☐ 事業による環境影響の可能性・範囲・程度が，関係者にわかりやすく十分に伝わっている
☐ 意見を聞き置くだけの説明会ではなく，市民，事業者，専門家が一堂に会して議論する場が設けられている
☐ 市民や関係者と事業者が議論する場が，必要に応じて追加開催されている
☐ 環境アセスメント関連図書が全て公開され，事業実施後も閲覧可能な状態になっている
☐ 事業と利害関係のない第三者の立場から審査が行われている
☐ 環境アセスメントの審査の結果が許認可を与える上で考慮されている
☐ モニタリングに基づいた適切な環境保全対策の修正により，持続可能な開発が実現されている

付録3

よりよいスクリーニングかどうかのチェックリスト
☐ 事業の必要性，立地の適切性などが検討された上で，スクリーニング手続きに入ることになっており，重大な環境影響が明白なものは次の段階に進めないしくみになっている

- ☐ 重大な環境影響を及ぼす可能性のある事業は，いかなる事業でも EIA の対象となっている
- ☐ 事業による環境影響の重大性を検討する際，事業特性（事業の種類や規模）だけではなく，地域特性（立地の脆弱性や保全上の重要性）が考慮されている
- ☐ スクリーニングを実施するものは，地域の環境情報に十分なアクセスが可能であり，公害・自然・社会環境に関する十分な知見を持ち合わせている
- ☐ 政治的見解や個人的利益に左右されず，科学的な根拠をもって客観的に行われている
- ☐ スクリーニング申請用のフォーマットが簡単で，審査に長期間を要しない
- ☐ スクリーニングの審査情報が誰でもアクセス可能な形で公開されている

付録 4

スコーピングの手順のイメージ（例）

1. 事業計画地およびその周辺の範囲を含む地形図に，民家や構造物の位置，人の動線などを描き入れた被影響者マップ(A)を作る
2. 事業計画地およびその周辺の範囲を含む地形図に，自然性の高い樹林，湿地，生物生息上重要な箇所などを描き入れた被影響生物マップ(B)を作る．
3. 事業計画地およびその周辺の範囲を含む地形図に，事業計画図(C)を描きいれる．
4. (C)に大気，騒音，振動，水質，地形改変などの影響範囲を描きいれ，物理的環境影響マップを作る(D)
5. (C)に洪水，地すべり，地震，交通事故などのリスク影響エリアを描きいれたリスク影響マップを作る(E)
6. (A)と(D)，(A)と(E)を重ねあわせ，発生しそうな影響を箇条書きにする（F-1)．
7. (B)と(D)，(B)と(E)を重ねあわせ，発生しそうな影響を箇条書きにする（F-2)．
8. マトリクスを作り，リスト(F)を縦軸に，横軸に影響の範囲，強さ，期間，可逆性/不可逆性，発生確率などを入れ，一つ一つ評価する

影響	環境影響要因	被影響者	影響特性								
			タイプ	強さ	大きさ	タイミング	期間	発生確率	回復可能性	人々の心配	重大性
			直接・間接	強・中・弱	広い・狭い	短時間・長時間	一時的・長期的	高・中・低	可能・不可能	大・中・小	大・中・小
洪水によって浸水被害が拡大するかもしれない	水位の変化	人									
交通事故が増えるかもしれない	交通量の増加	人									
ホタルが地域で絶滅するかもしれない	造成工事，水質悪化	ホタル									

9. リスト(F)の中から，より影響の大きいもの・人々の関心が高そうなものをピックアップする．
10. ピックアップされた項目一つ一つに対し，予測に必要な事業計画，物理的環境影響予測項目，生物または社会調査項目を書き出す．このとき，予測を行わなくても対策がわかりきっているものは，予測項目から除外する

11. 必要とされた調査項目を再度整理し，調査時期，調査範囲，調査方法，とりまとめ方法などを決める．
12. スコーピング結果，調査項目と調査方法，予測項目と予測方法，などをとりまとめ，関係者に公開して意見を募る．
13. 寄せられた意見を元に，調査計画，予測計画，を修正する．

付録5

よりよいスコーピングかどうかのチェックリスト

- ☐ 可能性のある影響を全てピックアップしてから絞り込みを行っている
- ☐ 影響を書き出す際，影響を与えるもの（環境影響要因：大気汚染，水質汚濁など）と影響を受けるもの（被影響者：人，自然など）の関係が文章で記載されている
- ☐ 絞り込みの際，影響範囲，期間，強さ，発生確率，不可逆性などが十分に検討されている
- ☐ 住民の関心事項が全て取り込まれている
- ☐ はじめからほとんど影響がないとわかっている項目が除外されている
- ☐ 絞り込みを行ったものに対し，それぞれ必要な事業の情報，環境の情報，環境影響要因が記載されている．
- ☐ 絞り込みを行ったものに対し，調査項目，調査方法，調査時期，調査位置，予測方法などが記載されている
- ☐ 予測を行わないで対策のみを検討する項目は，その旨説明されている

付録6

よりよい調査・予測かどうかのチェックリスト

- ☐ 必要な現地調査と資料調査が行われ，基本的環境情報が把握され，周期的変動やその傾向まで考慮されている
- ☐ 主観性が除外され，客観的で再現性があり，科学的に信頼性の高い方法で調査・予測が実施されている．
- ☐ 予測される環境影響が，影響エリア，発生確率，影響の程度とともに地図上に示されている
- ☐ 予測条件を変えることによる予測結果の違いが記載されている（感度分析が行われている）
- ☐ 複数案を元にした予測結果が示されている
- ☐ 予測の不確実性が明記されている
- ☐ 環境保全対策を実施する前の影響と実施したあとの影響，それでも残る影響が，それぞれ明記されている
- ☐ 現地調査地点・時期・方法は，事業実施後のモニタリングを意識したものとなっており，影響を受けない対照地点も含まれている
- ☐ 盗掘や乱獲につながる可能性のあるものを除き，調査・予測結果は公開され，誰でも自由にア

クセスできる状態になっている
- ☐ 調査・予測結果は，地域の環境保全のためのデータベースに活用されている

付録 7

よりよい環境保全対策かどうかのチェックリスト

- ☐ 環境保全計画とモニタリング計画が含まれている
- ☐ 複数の環境保全対策を比較した上で，最終案が選択されている
- ☐ 回避しきれない影響に対しオフサイトミティゲーションやその他の代償措置が検討されている
- ☐ 予測の不確実性の高いものは，モニタリングでカバーされている
- ☐ モニタリング計画には，項目・頻度・方法・地点だけでなく，実施責任者，報告の書式，報告先も定められている
- ☐ 環境保全計画には実施スケジュールが記載されている
- ☐ ある項目のための環境保全対策が，別の項目の環境影響を増大することになっていないか，包括的にチェックされている
- ☐ 環境保全対策が確実に実施されるよう保全目標が設定されている
- ☐ 維持管理の現実性も含め，技術的・資金的に実現可能なものになっている
- ☐ 事業実施体制の中に環境担当の部署を設置し，環境保全対策の実施，モニタリング，モニタリング結果の評価，事業計画へのフィードバックを組織的に実施できる体制が提案されている
- ☐ 環境保全対策実施状況やモニタリング結果を公開し，誰でもアクセスできる計画になっている

付録 8

よりよい審査かどうかのチェックリスト

- ☐ 審査チームは第三者的立場を維持している
- ☐ 審査にあたるチームに，事業に利害のある人が入っておらず，NGO や地域の代表も含まれている
- ☐ 審査にあたる専門家が，必要な専門分野をカバーしている
- ☐ 審査にあたる専門家が自分の分野だけを見るのではなく，EIA の本質を理解した上で，自分の分野と他の分野の関連性を見ることができる
- ☐ 審査にあたるチームのメンバーが事業の特性に合わせて公平な手段で選定され，事業の利害関係者が選定に関わっていない
- ☐ 審査の協議を行う前に，一般からの意見が集められている
- ☐ 許容限度を越えた影響が残るものに対し，調査のやり直し，対策の見直し，計画の見直しなどを提言している
- ☐ 審査の協議では，チームメンバー同士の活発な意見交換が行われている
- ☐ 審査の協議の場に必要に応じて事業者と事業に意見を有する組織・個人が同席し，コメントを

- ☐ 求めている
- ☐ 審査の協議は原則として公開で行われ，協議記録が公開されている

付録9

よりよい事後対策かどうかのチェックリスト

- ☐ 影響が予測される項目がモニタリングされている
- ☐ 環境保全対策の実施状況がモニタリングされている
- ☐ モニタリング結果が対照地点と比較され，事業による影響かどうかが検討されている
- ☐ モニタリング結果を第三者が検証することになっている
- ☐ モニタリング結果が公表され，それに対する市民からの意見の受け付けが行われている
- ☐ 許容限度以上の影響が引き起こされる可能性が生じた場合は，追加の環境保全対策が検討されている

第2章　持続可能性に挑戦する環境アセスメント

§1. 21世紀の環境政策と環境アセスメント

　政策は，その時代の社会的な必要性などにより発展・展開していく．環境政策のこれまでの展開をごく大まかに見てみると，わが国においては，戦後の高度経済成長に伴う著しい公害問題へ対応するための公害対策基本法の制定（1967年）が1つのスタートであり，自然保護系ではもう少し古く国立公園制度の発足（1931年）がそれに当たる．国際的には，1972年のストックホルムでの人間環境会議が契機となって世界的に環境政策が展開するようになった．その20年後，1992年のリオデジャネイロでの国連環境開発会議（地球サミット）でリオ宣言およびアジェンダ21が採択されるとともに，国連気候変動枠組条約および生物多様性条約が成立して，世界における環境政策の大きな枠組みができあがった．わが国においても，地球サミットを受け，公害対策と自然保護対策を統合した形で環境基本法が成立（1993年）し，同法に基づき，環境施策の総合的かつ長期的な大綱を示す環境基本計画が4次にわたって策定されてきた．環境政策は，国内の社会経済の状況に加え，国際的な動向にも対応する形でその展開が図られている．

　21世紀の環境施策を展望するため，最も新しい第4次環境基本計画（2012年4月閣議決定．以下，断りがなければ「基本計画」）をベースに，低炭素社会，生物多様性，循環型社会，安全安心といった大きな政策テーマの動きと，東日本大震災および福島原発事故への対応にかかる政策の方向性について紹介するとともに，これらの政策を進める上での環境アセスメントの位置づけについて解説する．

1. 環境政策の目指すべき持続可能な社会

　基本計画では，環境行政の究極の目標として，低炭素・循環・自然共生の各分野を統合的に達成することに加え，安全がその基盤として確保される「持続可能な社会」を掲げている．これを実現する上で今後の環境政策の展開の方向として，①政策領域の統合，すなわち，環境・経済・社会や環境政策分野間の連携，②国際情勢に的確に対応した戦略をもった取り組み（国益と地球益の双方の視点），③持続可能な社会の基盤となる国土・自然の維持・形成，④地域をはじめ様々な場における多様な主体による行動と参画・協働があげられている．これらは，環境の要素（事象面）に横断的な政策である．事象面（地球温暖化，生物多様性，物質循環など）においても，それぞれ具体的な環境政策が定められている．

2. 事象横断的な重点分野の中長期目標と主な施策

　事象横断的な重点分野は，①経済・社会のグリーン化とグリーン・イノベーションの推進，②国際情勢への戦略的対応，③地域づくり・人づくりと基盤整備に整理されている．環境アセスメントは，この③の1つの施策として位置づけられ，事業実施者の意思決定過程に，環境配慮のための判断を行

う手続きと環境配慮に際しての判断基準を組み込んでいく手法であり，手続き的手法とされている．以下，それぞれの分野における中長期的な目標と主な施策について紹介する．

2・1 経済・社会のグリーン化とグリーン・イノベーション

経済・社会のグリーン化の中長期的な目標は，「環境利用のコストが価格を通じて十分市場に反映されることなどにより，環境によい商品・サービスが優先的に顧客や消費者から受け入れられるものとなること．また，環境配慮型商品・サービスが経済的に高く評価され，経済・社会の隅々まで普及すること」である．主な施策としては，供給側の行動を促すもの，需要側の行動を促すもの，経済的インセンティブがあり，①商品・サービスに係る環境に関する情報の共有，コミュニケーションの促進，②環境に配慮した選択を行う消費行動の推進，③事業者の環境マネジメントの促進および取り組み状況についての情報開示，④環境ビジネス振興，環境金融の拡大，⑤環境の視点からの経済的インセンティブの付与，⑥国際市場を視野に入れた取り組みなどがあげられる．

グリーン・イノベーションとは，環境・エネルギー分野における全く新しい技術や考え方を取り入れて新たな価値を生み出し，社会的に大きな変化を起こすことである．その中期的な目標として，「2020年において，環境関連新規市場が50兆円超，140万人の環境関連新規雇用創出を目指す」こととされ，長期的な目標としては，「環境負荷低減技術が利益に結びつき，環境関連産業が基幹産業としてさらに継続・発展していること」とされている．主な施策としては，①中長期的なあるべき社会像を先導するグリーン・イノベーションのための統合的視点からの政策研究の推進，②分野横断的な研究開発の推進，③各主体の連携による研究技術開発の推進，④環境技術普及のための取り組みの推進，⑤成果のわかりやすい発信と市民参画などがあげられる．

2・2 国際情勢への戦略的対応

国際社会の一員として，また，多くの資源を海外に依存している国として，途上国における環境問題の解決に向けた国際的支援に貢献していくこと，地球規模での環境保全を確保すること，環境活動を通じたわが国の安全保障の向上および環境産業の育成を図ることが中長期的な目標である．

主な施策としては，①グリーン経済を念頭においた国際協力，②重点地域における取り組み，③地球規模での環境保全への取り組み，④民間資金や多国間資金の積極的活用，⑤国際的な枠組みづくりにおける主導的役割などがあげられる．

2・3 地域づくり・人づくりと基盤整備

森林，農地，河川，海洋，都市などはそれ自体が環境を構成していると同時に，生物多様性の保全，地球温暖化対策などの環境保全にとっても重要な意味をもっている．持続可能な社会を構築するためには，それぞれの地域における自然，社会，経済などの特性に合わせた地域づくりを行うことにより，国土がもつ機能や価値を保全し高め，将来世代に引き継いでいくことが必要である．こうした地域づくりとそれを支える人づくりのための主な施策としては，①国土の国民全体による管理の推進と多様な主体による参画の促進，②持続可能な地域づくりのための地域資源の活用と地域間の交流などの促進，③環境教育・環境学習などの推進と各主体をつなぐネットワークの構築・強化などがあげられる．

このような地域づくり・人づくりを進めるためには，環境に関する情報の整備・提供や環境影響評価による環境配慮の促進などの基盤を整備する必要がある．情報整備の主な施策としては，①環境に関する統計情報の充実，②環境政策に関する情報提供の充実などがあげられる．環境影響評価の主な

施策としては，①より上位の戦略的環境アセスメントの検討，②環境影響評価制度の着実な運用などがあげられる．

3. 事象面ごとの重点分野の中長期的な目標と主な施策

事象面における重点分野は，①地球温暖化，②生物多様性，③物質循環，④水環境，⑤大気環境，⑥化学物質に整理される．

以下，それぞれの事象面ごとに中長期的な目標と主な施策の概要を紹介するが，環境アセスメントは，基本的に，これらすべての事象面を対象としており，それぞれの政策目標や施策内容の確保を図るためのツールの1つとして機能している．

3・1 地球温暖化

国際的な連携の下に，気候変動枠組条約が掲げる「気候系に対して危険な人為的干渉を及ぼすこととならない水準において大気中の温室効果ガスの濃度を安定化させること」が究極の目標である．長期的な目標としては，「2050年までに80%の温室効果ガスの排出削減を目指す」こととしている．一方，中期目標については，「すべての主要国が参加する公平かつ実効性のある国際枠組みの構築と意欲的な目標の合意を前提として，2020年までに1990年比で25%の温室効果ガスを排出削減する」としつつも，東日本大震災，原子力発電所の事故といった事態に直面しており，エネルギー政策を白紙で見直すべき状況にあることから，2013年以降の地球温暖化対策・施策の検討をエネルギー政策の検討と表裏一体で進め，中期的な目標達成のための対策・施策や長期的な目標達成を見据えた対策・施策を含む地球温暖化対策の計画を策定することとしている．

主な施策としては，①監視，予測，影響評価などにかかる科学的知見の充実，②国民各層の理解を得ていくための低炭素社会の姿の提示，③原発への依存度低減と同時に，一層の省エネルギーの推進，再生可能エネルギーの拡大，化石燃料のクリーン化・効率化の推進などによるエネルギー起源CO_2の排出抑制や低炭素な地域づくりの推進，④エネルギー起源CO_2以外の温室効果ガスの排出削減，⑤森林などの吸収源対策やバイオマス資源などの活用，⑥国際的な地球温暖化対策への貢献，⑦短期的影響を応急的に防止・軽減するための適応策の推進と中長期的に生じうる影響の防止・軽減に資する適応能力の向上，⑧税制のグリーン化，国内排出量取引制度などの横断的な施策・対策などがあげられる．

3・2 生物多様性

2050年目標として，「生物多様性の状態を現状以上に豊かなものとし，自然と共生する社会の実現」を目指すこと，2020年目標として，「生物多様性の損失を止めるために，①社会における生物多様性の主流化，②生物多様性の3つのレベル（生態系，種，遺伝子）での保全または回復，③持続可能な利用による自然からの恩恵の強化」を図ることとされている．

主な施策としては，①生物多様性および生態系サービスの価値評価の検討や生物多様性に配慮した事業活動の推進など生物多様性の主流化に向けた取り組みの強化，②生物多様性保全上重要な地域や脆弱な自然環境の保全，過去に損なわれた生態系などの自然環境の再生など国土の保全管理，③海洋における生物多様性の保全，④野生生物の適切な保護管理と外来種対策の強化，⑤生物多様性をより重視した持続可能な農林水産業の推進や地域の自然観光資源の持続的な利用，⑥自然環境データの整

備などがあげられる．

3・3 物質循環

「廃棄物等について，①発生の抑制，②適正な循環利用の推進，③循環利用が行われない場合の適正な処分の確保により，天然資源の消費が抑制され，環境への負荷ができる限り低減される循環型社会の形成」が目標である．

主な施策として，①排出者責任・拡大生産者責任の徹底，有用金属回収，水平リサイクルなど「質」にも着目した循環資源の利用促進・高度化，②低炭素社会，自然共生社会づくりとの統合的取り組み，③2R［リデュース（発生抑制），リユース（再使用）］を重視したライフスタイルの変革，④廃棄物として処分されまたは未利用のままになっているバイオマス系循環資源などを地域内で循環利用するための地域循環圏の形成，⑤循環分野における環境産業の育成，⑥アスベスト，PCB，鉛などの有害物質の適正処理やリサイクル減量の効果的な管理など安全・安心の観点からの取り組みの強化などがあげられる．

3・4 水環境

「流域の特性に応じた水質，水量，水生生物等，水辺地を含む水環境や地盤環境が保全され，それらの持続可能な利用が図られる社会の構築」が目標である．具体的には，①水質について，人の健康の保護，生活環境の保全，さらには水生生物などの保全上で望ましい質が維持されること，②水量について，水質，水生生物，水辺地の保全などを勘案した適切な水量が維持されるとともに，流量の変動が適度に確保され，また，土壌の保水・浸透機能が保たれ，適切な地下水位，豊かな湧水が維持されること，③水生生物について，人と多様な水生生物などとの共生がなされ，豊かな生物多様性が保全されること，④水辺地について，人と水とのふれあいの場となり，水質浄化の機能が発揮され，水辺地周辺の環境と相まって，豊かで多様な水生生物などの生育・生息環境として保全されることとされている．

主な施策としては，①流域全体における水の再利用，水利用の合理化などによる流量確保，貯留浸透・涵養能力の保全向上，湧水の保全・復活，水辺地の保全・再生，②山間部における森林の保全，育成や適切な管理，③農村・都市郊外部における川の流れの保全や回復，面源からの負荷の削減，④都市部における雨水浸透施設の整備や緑地の保全などによる地下水涵養機能の増進，都市内の水路などの創出・保全，⑤閉鎖性水域における湖辺環境や干潟，藻場などの保全，底質環境の改善に向けた取り組みの推進などがあげられる．

3・5 大気環境

「大気汚染および交通騒音にかかる環境基準を確実に達成および維持するとともに，可能な限り更なる大気にかかる生活環境の改善に努め，また，環境的に持続可能な都市・交通システムの実現を図るとともに，生活様式や経済活動についても環境的に持続可能なものへの転換を図ること」が中長期的な目標である．

主な施策としては，①排出ガス，騒音などの自動車に起因する環境負荷の低減，②光化学オキシダントやPM2.5などの広域的な取り組みの重視，③交通施設の沿道・沿線に住居などが新たに立地しないような誘導策などによる交通騒音問題の未然防止，④アスベスト，低周波音，ヒートアイランドなどの新たな課題への対応などがあげられる．

3・6 化学物質

「化学物質の環境リスクを低減することにより，国民の安全を確保し，国民が安心して生活できる社会を実現するため，①化学物質が，人の健康と環境にもたらす著しい悪影響を最小化する方法で使用，生産されることを 2020 年までに達成，②製造から廃棄に至るライフサイクル全体を通じた化学物質の環境リスクを低減することなど」が目標とされている．

主な施策としては，①科学的なリスク評価の推進，②化学物質の製造・輸入・使用・環境への排出など，ライフサイクル全体にわたるリスクの削減，③胎児期から小児期にかけての暴露が与える健康影響や内分泌かく乱作用など未解明問題への対応，④各種環境調査，モニタリングの実施などによる安全・安心の一層の推進などがあげられる．

4. 東日本大震災および福島原発事故への対応

東日本大震災およびそれに伴う福島原発事故は，環境面でも深刻な問題を引き起こした．膨大な量の災害廃棄物が発生するとともに，原発事故により放射性物質が一般環境に放出され，通常の災害廃棄物処理に加え，放射性物質に汚染された廃棄物の処理や土壌などの除染などの対応が大きな課題となっている．また，東日本大震災は，多くの国民に，自然のもつ圧倒的な力に対し，社会やシステムの脆弱性など，人間の力の限界を改めて認識させるとともに，大量の資源・エネルギーを消費する今日の社会のあり方を見つめ直し，社会を持続可能なものへとしていく必要性を改めて意識させた．

東日本大震災からの復旧・復興に際しての環境面から配慮すべき事項として，①被災地を，災害に強く環境に関して持続可能な地域として復興するための基盤となる地域コミュニティの再生・構築，②環境保全の確保と両立した環境影響評価における手続きの迅速化，③地球温暖化対策の観点に配慮した地域づくりおよび節電・省エネルギー・省 CO_2 の推進，④循環型社会の構築，⑤自然共生社会の構築，⑥安全の確保，⑦環境研究・技術開発からの貢献などがあげられる．②については，震災により原形に復旧することができなくなった自社の発電設備の電気供給量を補うために，東京電力および東北電力の災害復旧の事業として位置づけられた発電設備の設置などの事業は，環境影響評価手続きの適用除外となることとされ，環境への負荷を可能な限り低減し，環境保全に適正な配慮が行われるよう政府として指導することとされた．また，東日本大震災復興特別区域法（2011 年 12 月施行）の特定復興整備事業として行われる土地区画整理事業または鉄道の建設などについては，環境アセスメントの特例規定が置かれ，手続きの迅速化を図りつつ，適正な環境保全の配慮を確保することとされた．

放射性物質による環境汚染からの回復については，事故由来の放射性物質によって生じた汚染廃棄物の処理，土壌などの除染と除去土壌などの収集・運搬・保管および処分を実施していくこととなる．また，健康管理対策を推進するとともに，放射線による野生動植物への影響を把握することとしている．なお，従来，放射性物質による環境汚染を防止するための措置は，環境基本法などの法律の下ではなく，原子力基本法などの法律の下で講じられてきたが，原子力規制体制が変更される．今後は，放射性物質による汚染についても，環境基本法などの法律の枠組みにおいても対応が求められるところであり，環境影響評価法においても，検討が必要となることが想定されている．

§2. 生物多様性保全と定量的評価

1. 生態系評価の意義

生物多様性低下の最大原因である開発行為[1,2]と環境保全のバランスを図る社会制度は環境アセスメント制度である．つまり，生物多様性保全は環境影響評価制度の在り方に大きく依存している．

さて1997年環境影響評価法では，評価項目に「生態系」が追加された（これを「生態系評価」と称する）が，これは自然を総合的に捉える必要性があったからである[11]．また，定量評価や「回避，低減，代償」という環境保全措置（ミティゲーション方策）の種類が示されたが，これは環境アセスメントの目的を，各種環境調査の結果を環境保全措置や事業内容の決定に反映させることによって環境保全を実現すること（同法第1条）としているからである．同法の生態系評価では，「時間軸と空間軸の視点，定量評価，環境保全・創出といったミティゲーション方策，調査段階における有識者からの助言や指導の重要性が求められている」[1]．具体的には，当該生態系の上位性（上位種など），典型性（優占種など），特殊性（特殊環境依存種など）から注目すべき生物種や群集を選び，これらの調査・解析を通じて当該生態系に対する影響の度合いを把握する．しかし同法施行後も，注目すべき種の確認地点の把握などにとどまり，それらのハビタット（生息空間）解析を行うものは少ない[3]．依然として日本の環境アセスメントは，生物多様性保全の最重要課題であるハビタット保全に結びつかないという課題を抱えたままである．

このような背景を踏まえて，同法制定時から注目され最近では実際の環境アセスメントにも適用され始めている「HEP（Habitat Evaluation Procedure，ハビタット評価手続き）」[4]を概説し，これからの生態系評価の在り方を記した．

2. ハビタット評価手続き

2・1 HEPの有効性

HEP（ヘップ）は，複雑でわかりにくい生態系の概念を，野生生物のハビタットという空間に置き換え（ハビタット・アプローチ），提案事業の影響や対策をハビタットとしての適否の観点から定量評価する手法である．HEPの4つの評価の観点を表2-1に示した．

表2-1 HEPの4つの評価の観点

観点	内　　容
主体	調査地域を，どのような野生生物（主体）のハビタットとして評価するか？
質	調査地域はハビタットの適否から見たらどのような状況か？
空間	上記の状況を有するハビタットの面積や配置は？
時間	上記の状況を有するハビタットの存続期間，創出時期，消滅時期は？

HEP誕生は，1969年公布の米国国家環境政策法（NEPA）が起源である．NEPAは，「（前略）現在は定量化されていない環境価値に対して，適切に配慮するための方法の策定」を各連邦政府機関に要求しており（第102条（1）B項）．野生生物保全を主務とする連邦魚類野生生物局が作成したのが

HEP である．米国の環境アセスメントでは最も広く利用されており[5, 6]，近年ではドイツやオーストラリア，英国などでもその簡易型が普及している．

このように，HEP は環境アセスメントの手法として野生生物保全を主務とする行政機関が開発したものであり，日本の生態系評価の参考になる点は少なくない．HEP の特徴と日本での有効性を表 2-2 に示した．これらはこれからのわが国の生態系評価のニーズと合致している．

表 2-2 HEP の特徴と日本での有効性

1	土地の広がりと直結したハビタット空間に対する影響と保全対策効果を定量評価
2	ハビタットへの影響を，「質」×「空間」×「時間」の値から定量評価
3	事業者の単一案だけではなく，複数事業案の相対比較
4	事業者側専門家だけではなく，自然保護側専門家，HEP 専門家，評価種専門家を加えた，オープンでフェアな HEP チーム編成
5	複雑で専門性の高い生物多様性保全の視点からの合意形成を促進

2・2 HEP の基本的メカニズム

HEP の基本フローを図 2-1 に示した．HEP は，チーム編成，目標設定，評価種の HSI モデル（HSI：Habitat Suitability Index）の確保へと進み，最後に複数案を評価して生物多様性の観点から望ましい案を選定するものである．

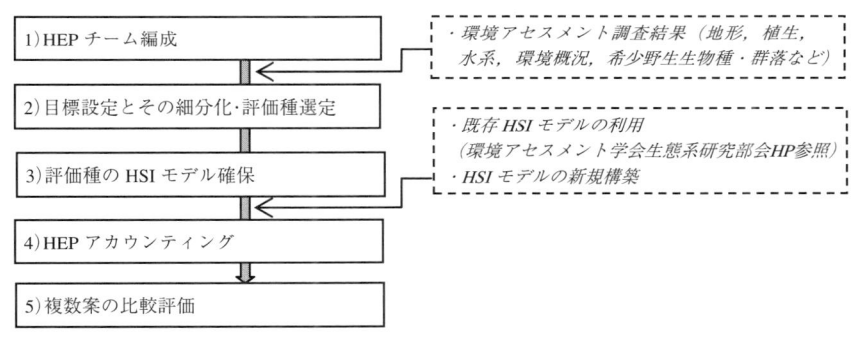

図 2-1 HEP のフロー

1) HEP チーム編成

HEP 実施で重要なことの 1 つに，事業者側だけではなく保全側専門家が入ったフェアなチーム構成がある．米国の環境アセスメント自体がそうであるように，HEP もこれが大前提である．社会慣習が異なる日本で米国同様のチーム構成は容易ではないが，可能な限り目指すべきである．表 2-3 に既に日本で実施された HEP チームの例を示した．

2) 目標設定とその細分化・評価種選定

本プロセスは，目標→目的→評価種選定という流れで目標を細分化し，それらを指標しうる生物種やギルドを選定する．図 2-2 は，都市周辺部の谷戸と丘陵地から構成される里山生態系における住宅開発事業の例である．この里山生態系の保全には，水域と陸域ならびに両者の連結性が不可欠である．

表 2-3 日本の環境アセスメントで実施された HEP のチームメンバー構成 (例)

名 称	説 明	人数
HEP コーディネーター	HEP チーム・リーダー：中立的立場の生物多様性分野および HEP の専門家	1 名
評価種専門家	当該地域のホタル類とカエル類それぞれを専門とする生物学者（各 1 名）	1 名
市民団体代表	提案された開発事業に反対する NPO3 団体の各リーダー	3 名
事業者側代表者	設計・プランニング担当（ハビタット保全のための設計変更の権限を有する）	2 名
HEP チーム事務局	事業者に委託された環境コンサルタント会社の専門家	1 名
合 計	（ホタル類とカエル類のそれぞれの HEP チームの合計）	8 名

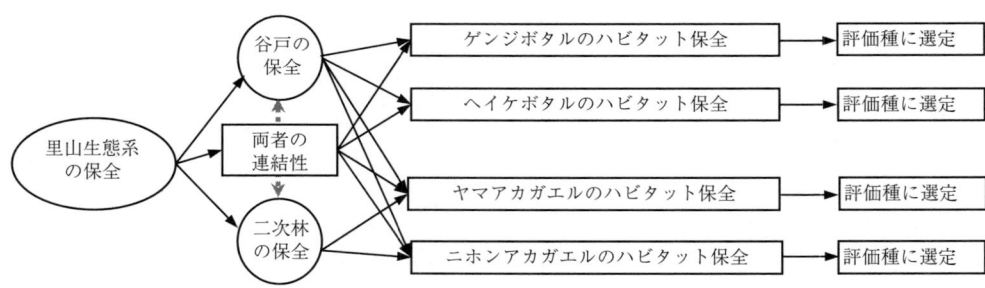

図 2-2　目標設定とその細分化・評価種選定（例）

そこで評価種としては、上位性，典型性，特殊性，希少性，脆弱性，移動性，市民の関心の度合いを考慮した上で，植物相および動物相から，水域と陸域ならびに両者の連結性を指標しうる野生生物種を選定した．里山生態系のようなモザイク状の土地利用では，両生類やホタル類のような水陸両用の生物種を選ぶことは重要である．モザイク状の湿地は開発において極めて脆弱であるからである．

3）評価種の HSI モデル確保

HSI モデルは，ある生物種の生態およびそのハビタット条件に関する文書である．HSI モデル文書には，HSI を複数の SI（SI モデル）から算出する SI 結合式が示されている．SI モデルおよび HSI モデル作成は当該種の専門家による判断に基づく．両指数とも 0（不適）から 1（最適）の間の数値で表現される．図 2-3 にニホンアカガエル（Rana Japonica）の HSI モデルの一部を，図 2-4 に SI モデルを，図 2-5 に SI 結合式をそれぞれ示した．

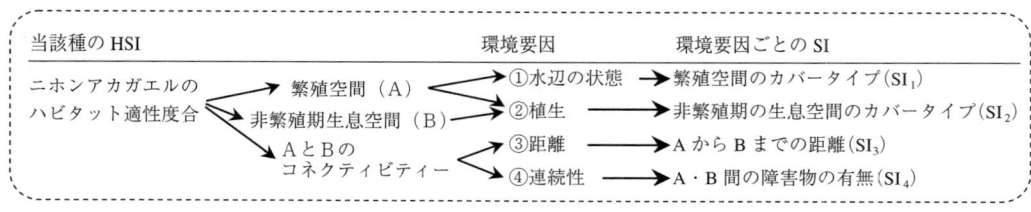

図 2-3　ニホンアカガエル（Rana Japonica）の HSI モデルに示された生存必須条件（例）

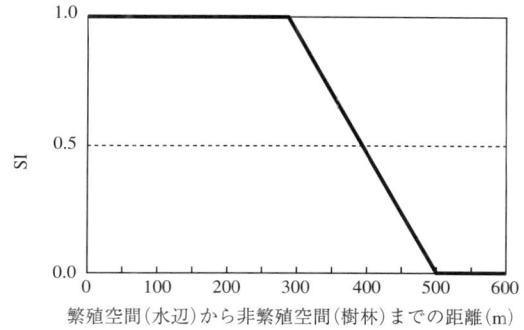

図 2-4　ニホンアカガエル（*Rana Japonica*）の SI モデル（水域と陸域の距離：SI_3）（例）

ニホンアカガエルのHSI ＝（繁殖空間SI値＋非繁殖空間SI値）×（繁殖空間と非繁殖空間のコネクティビティーSI値）

$$HSI = \left\{\left(\frac{SI_1 + SI_2}{2}\right) \times (SI_3 \times SI_4)^{\frac{1}{2}}\right\}^{\frac{1}{2}}$$

図 2-5　ニホンアカガエル（*Rana Japonica*）の HSI モデル（SI 結合式）（例）

4）HEP アカウンティングと複数案評価

HEP は，複数案評価を生物多様性保全の観点から行う手続きである．HEP を適用する際には複数案をもとに各案の調査区域を地形や植生から小評価区域に分ける．小評価区域ごとに SI モデルから SI 値を，さらに HSI モデルから HSI 値をそれぞれ算出する．HSI 値に面積を乗じたものが HU（ハビタット・ユニット）である．最終的に，案ごとに THU（質×空間）あるいは CHU（質×空間×時間）を算出する．HEP では最も高い THU あるいは CHU を示す案が最も生物多様性保全の観点から望ましい案ということになる．

3. 生態系評価の今後の課題
3・1 ミティゲーション・ヒエラルキーと複数案評価

環境影響評価法における「回避，低減，代償」というミティゲーション方策は，生物多様性保全のために特に重要である．現状では「〜への影響は回避・低減できる」のような回避と低減を区別しないような曖昧表現がなされ，環境保全措置の検討が形骸化している．

環境アセスメントが生物多様性保全効果を発揮するためには，図 2-6[7] に示すような，「ミティゲーション・ヒエラル

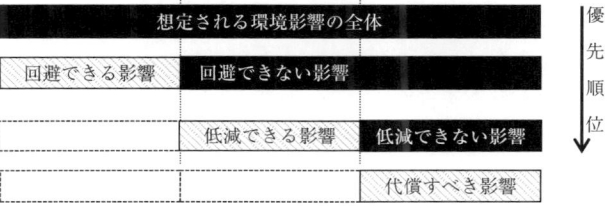

図 2-6　ミティゲーション・ヒエラルキー（環境保全措置の優先順位）[7]

キー」（環境保全措置の種類と優先順位）に基づき明確化することが必要である．回避案，最小化案，代償案という方策を複数案として考えることができる．回避については，「全面回避（中止＝ノーアクション）」はもとより，「時間回避（延期）」，「空間回避（場所変更）」の検討が不可欠である．

3・2 代償ミティゲーションと生物多様性オフセット

最近，生物多様性分野の「代償ミティゲーション」である「生物多様性オフセット」が国際社会に広まっている．発祥国である米国，カナダ，オランダ，ドイツ，オーストラリア，韓国，ブラジルなど少なくとも50カ国以上で制度化され，その経済的手法である生物多様性バンキング（ミティゲーション・バンキング）も米国，ドイツ，オーストラリアなどで盛況である[8]．生物多様性オフセットの推進を図る国際団体BBOPは2012年2月，国際標準としての生物多様性オフセット・ガイドラインを発表した[9]．ちなみにHEPは本ガイドラインの定量評価手法の筆頭に例示されている．

環境影響評価法の基本的事項では「回避，低減を優先し，必要に応じて代償の検討をする」としているが，自然の残された場所で開発事業が行われる以上は回避できない部分が存在し，代償ミティゲーション義務がなければ，生物多様性の劣化は避けられない．開発事業のより早い段階で事業者が代償ミティゲーションの内容・コストを知ることによって，事業者自身が当該開発事業の生物多様性への悪影響の深刻さを認識ができる．そのことにより，「代償」よりも優先されるべき「最小化」や「回避」が選択されるインセンティブとなることが期待される．

3・3 生物多様性保全分野の人材育成

本分野実務を担っているのは，生態学，造園学や土木工学などを専攻した者で環境，建設，造園コンサルタント会社等に所属する者である．本分野は典型的な境界・複合領域であり，生態学と開発の双方の知識と技術に加え，合意形成，法制度などの専門性も重要である．近年では，このような分野に焦点を当てた環境学部や大学院も誕生している．本分野の関連資格には，技術士（建設部門建設環境，環境部門），環境アセスメント士，生物分類技能検定，ビオトープ管理士などがある．前者2件は実務経験を必要とするが，それ以外のものや技術士補は学生でも取得可能である．資格試験の重要性は年々高まっており，本分野を目指す学生は在学中に関連資格を取得することが望ましい．これらに従事する実務者は，専門家としての知識や技術と併せて，高い倫理感を有することが重要である．

§3. 成長管理型まちづくり

1. 持続可能な社会を目指した成長管理型まちづくり

1・1 持続可能性アセスメント

これまで環境アセスメントは，道路や発電所といった個別の開発事業において用いられてきた．これらの事業は，その地域の開発の長期計画といった，より上位の政策に基づいて実施されている．持続可能な社会を目指すには，個別の開発事業のみでなく，地域全体で広域的に環境負荷を管理する必要がある．このために，地域政策や広域計画の方針を決定する際の戦略的環境アセスメントが極めて重要である．このような戦略的環境アセスメントでは，環境面以外の経済や社会の側面も重要な分析対象となる．

一方，まちづくりでは，その方針によってまち全体の環境負荷や周囲への環境影響が大きく左右さ

れるため，事前の慎重な環境配慮が欠かせない．同時に，正・負の経済的・社会的影響も発生するため，住民の抱える問題意識やまちの将来への発意と合意が重要になる．このように，まちづくりにおいては，環境影響の配慮に加え，地域経営に関する経済影響や日常の生活に関する社会影響への配慮が統合されなければならない．海外では従来の環境面に重点を置いた環境アセスメントから，経済や社会の側面を取り込んだ包括的な持続可能性アセスメントへと進展している．

1・2 長期的視点による戦略の構築

現在の日本は人口減少時代に入り，これまでの人口増加を前提としたまちづくりからの転換が求められている．まちづくりの基盤となるインフラ整備にかかる費用では，新規の建設よりも，既存インフラの維持や更新にかかる費用の方が大きくなり，今後はこのインフラの維持・更新でさえも十分な財源を確保することが難しいと言われる．これは，道路や水道，公共施設といった社会インフラだけでなく，国土の7割を占める森林や農地，河川など自然環境と密接にかかわる領域でも，その管理の財源や担い手の不足が問題となっている．まちづくりというと，これまでは市町村などの地方公共団体が中心となって実施してきたが，成長管理では関係性のある地域を一体的に考慮する必要がある．

このような背景から，まちづくりにおいては30年や40年といった長期的な見通しを基に，新たな開発，既存市街地などの維持，極端な過疎地域からの撤退など，多様な選択肢を用いて戦略的な管理を行う必要がある．このように限られた資源の中で，開発，維持，撤退などを巧みに組み合わせて無秩序な開発を防ぎ，環境容量に適した望ましい将来像を実現する方法を「成長管理型まちづくり」と呼ぶ．このため，成長管理を行う主体には，国や都道府県といった広域行政体も含まれる．広域行政体が行うことによって，水源となる山林から河口までの流域スケールや，通勤・物流などを踏まえた都市圏スケールといった規模でまちの成長を管理できる．これによって，開発投資の分配や人口の分布を，自然・社会環境の連続性のなかで考慮することが可能になり，環境容量を踏まえた成長管理が可能になる．

1・3 成長管理のための持続可能性アセスメント

このように成長管理型まちづくりといっても，そのスケールには階層がある（表2-4）．国が行う場合と広域行政体が行う場合，市町村の場合で，それぞれ成長管理の主な内容が異なる．そのため，成長管理に対応した持続可能性アセスメントもその方法が多様である．国の階層であれば，国際的な指標を含めて国全体の統計情報を基盤に，中央政府が国としての持続可能性目標を形成していく必要がある．この階層のプロセスでは，統計情報による分析と専門家によるチェック，そして政治的な意思決定が行われる．広域行政の階層では，各地域や都市圏ごとに，人口動態や経済指標などの地域統計を基に，代替案ごとに環境負荷を分析し，持続可能性目標との整合を評価する．この意思決定プロセスでは，地域内での積極的なアウトリーチや住民参加によって，地域内の複数の自治体でそれぞれ異なるニーズを集約しなければならない．場合によっては，ゾーニングなどにおいて地域内で利害が対立する可能性もあり，意思決定には地域内の代表者による議会承認などが必要となる．市町村の階層では，住民の生活に根差した具体性の高い環境アセスメントが実施される．この環境アセスメントでは，地域経営の基盤であるコミュニティーに着目し，それぞれの運営を財源や担い手などの具体的な側面で評価する必要がある．そしてこのプロセスにおいては，住民の主体的な発意と合意形成によって，住民自らがまちづくりの担い手としての意識を醸成し，まちづくりの専門性を獲得する必要がある．

表 2-4 成長管理の階層で整理した持続可能性アセスメントの特徴

階層	成長管理の主な内容	持続可能性アセスメントの特徴
国	●国際的な開発・保全に関する目標・指標と国内の方針との整合 ●国際的な都市間競争における国内都市の方向性の提示 ●国内の各地域における成長管理方針の整合	【内容】環境面の国際的な動向（気候変動枠組条約，生物多様性条約など）に対応し国の持続可能性目標を提示し，関連する統計の動態予測をもとに評価を行う． 【プロセス】中央政府が実施し，専門機関や委員会が審査を行う．
都道府県・都市計画区域など	●地域の将来像の形成 ●将来像を実現する成長管理方針，目標，指針の提示 ●成長管理施策の提示（地域内の各エリアにおける開発ボリュームを規定するゾーニングの提示，交通・生活インフラなどの新設，維持・更新の方針） ●各施策の実施プログラムの提示	【内容】人口動態や経済指標などの地域の統計資料を基に環境負荷を予測し，代替案ごとに地域の持続可能性目標との整合を評価する． 【プロセス】広域行政体が主導し，地域内での積極的なアウトリーチや住民参加による議論を継続する．地域内で利害が対立する可能性もあり，意思決定には議会承認などがあげられる．
市町村，自治会，コミュニティーなど	●まちの将来像の形成 ●将来像の実現目標・指標，および達成のための施策・事業の提示 ●自治体内の各コミュニティーにおける将来の方針を提示 ●まちづくり施策・事業の予算方針やコミュニティーの担い手を提示	【内容】コミュニティー運営の視点から，まちの持続可能性目標を提示し評価する．同時に，開発や維持，撤退にともなう影響を分析する． 【プロセス】住民が主体的に参加し，合意形成を重視したワークショップなどを重ね，まちづくりの担い手としての意識を醸成し専門性を獲得する．

　いずれの階層においても，持続可能性アセスメントでは，地域経営を大きく左右する産業への影響や地域生活への影響といった経済・社会面のアセスメントが行われる．そして，これらは環境面のアセスメントと並行して行わなければ，環境容量の中での持続可能な地域の成長管理の妥当性は評価できない．よって，持続可能性アセスメントでは，環境アセスメントのプロセスと計画策定のプロセスの連携が重要となる．従来の環境アセスメントでは，計画案が形成されてから，その評価を行う形式（分離型）が多く用いられてきたが，持続可能性アセスメントでは計画案の形成段階から，計画課題の分析と環境アセスメントのスコーピングを同時に進める形式（統合型）が有用とされる[10]．統合型は計画案の形成前から環境面を含めて包括的な配慮が可能になる利点がある．一方で，経済・社会面とのトレードオフによって環境面において十分な考慮がなされなくなるおそれもあり，環境の専門家が計画案の策定に直接関与することが重要である．

2. 持続可能性アセスメントの事例
2・1 米国シアトル都市圏の成長管理政策

　米国のワシントン州では，1971年に州環境政策法が制定され，環境アセスメントが実施されている．そして1990年に州成長管理法が制定され，この枠組みに基づいて州内の都市圏ごとに成長管理政策が策定されるようになった[11]．この成長管理政策は，州内の郡や市の策定するマスタープランの上位計画に位置付けられ，土地利用や交通，その他のインフラ整備に係るあらゆる計画の最も上位の計画となっている（図2-7）．なお，1995年には州の環境政策法の規定が改定され，持続可能性アセスメン

トにあたる手続きが成長管理法の計画手続きと統合されるようになった．

シアトル都市圏（図2-8）は人口360万のワシントン州最大の都市圏で，ピュージェット湾を中心にキング郡，ピアス郡，スノホミッシュ郡，キットサップ郡の4つの郡，82の市町村で構成されている．この都市圏には，ピュージェット湾広域委員会と呼ばれる広域行政体があり，郡や基礎自治体の代表から構成される議会と行政庁がある．このシアトル都市圏では，人口流入による郊外の乱開発（スプロール）が問題となっており，これを抑制するため計画目標年を40年後とする「VISION 2040」と呼ばれる成長管理政策が策定されることになった．このVISION 2040は，地域の目指すべき将来像「持続可能な環境を目指して」を提示するとともに，今後40年の各郡・市町村の人口分配を規定する「地域成長戦略」，土地利用規制とインフラ整備に係る方針である「広域計画方針」，これらを実施するための「行動計画」の4部から構成されている．

2・2 統合型の持続可能性アセスメント

このVISION 2040は，2003年から策定の作業がはじまり4年の時間をかけてつくられた．この間，80回を超える説明会やワークショップ，継続的な意見募集などあらゆる手段でアウトリーチが実施されている．この持続可能性アセスメントでは，人口分配のパターンを軸に4つの代替案が比較され，環境・経済・社会面を含む全66項目で予測評価が行われた．

そして方法書や準備書は，政策文書と一体化した統合文書として作成され，政策案と補遺版の準備

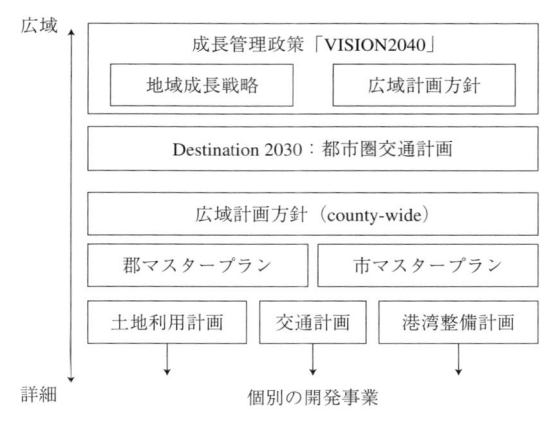

図2-7　ワシントン州成長管理法における計画体系

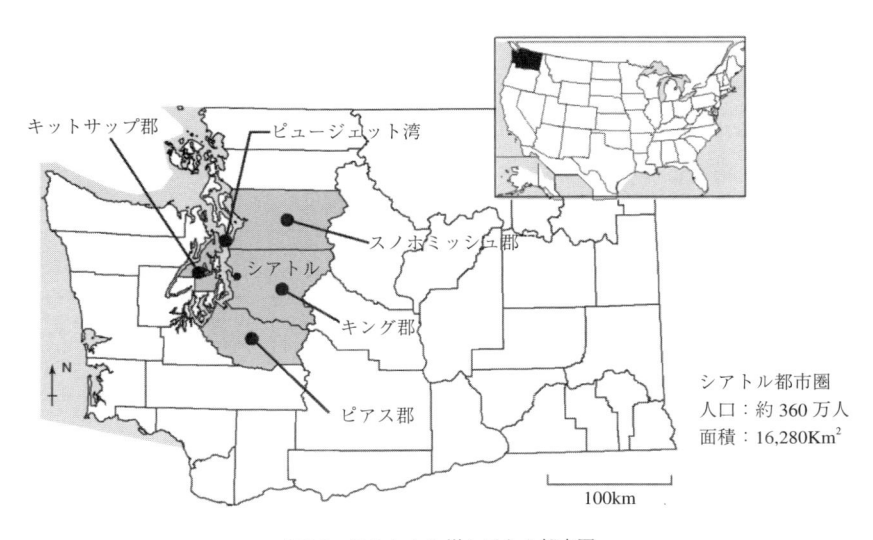

図2-8　ワシントン州シアトル都市圏

シアトル都市圏
人口：約360万人
面積：16,280Km²

書, 最終案と評価書を同時に作成・公告した（図2-9）．これによって，接続可能性アセスメントプロセスは政策策定のプロセスと完全に統合され，環境配慮を経済・社会面の配慮と一体的に行うことに成功している[12]．この結果，最終案を議論する段階では，より広い範囲での開発の権利を求める主張もあったが，地域全体の環境負荷量が中心的な議論となり，郊外の開発を厳しく制限する案が採用された．この事例は，有限の環境容量の中で持続可能な社会をつくるという成長管理型まちづくりにおいては，持続可能性アセスメントを統合的に用いることが合意形成の面で有効であることを示している．

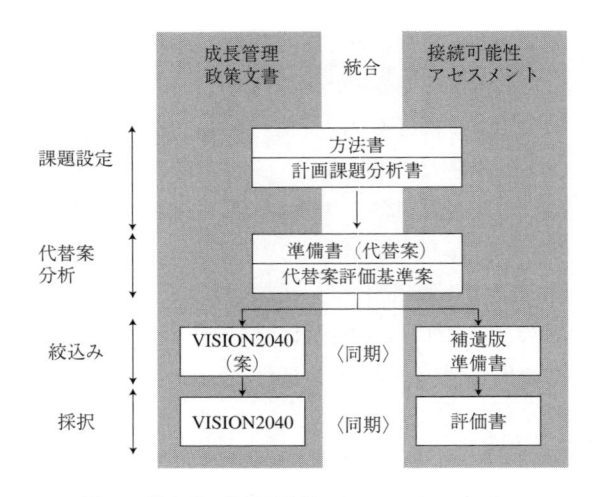

図2-9 統合型の持続可能性アセスメントのプロセス

§4. 持続可能性と環境指標

1. 環境指標の概念
1・1 環境指標の定義

環境指標は，「環境に関するある種の状態を可能な限り定量的に評価するための物差し」[13]，「環境の状態やその原因となる負荷の程度，環境対策の状況を定量的に表現した尺度」[14]と定義されている．これは状態・負荷・対策という各断面を通して，環境指標がもつ持続可能性のモニタリング機能を意識したものである．

日本では環境指標という用語には指標（Indicator）および指数（Index）をも含意しているが，これらはあまり明確には区別していない．しかし，アドリアンセの情報のピラミッドによれば（図2-10），指数は指標の上位に位置づけられ，また分析データは一次データより加工度が高いか集約された値である[15]．

例えば，大気汚染物質濃度を取り上げてみると，ピラミッドの一次データはサンプリングした気体，分析されたデータはそこから検出された窒素酸化物や硫黄酸化物，指標はそれら化学物質の環境基準値，指数は目標値と現実の指標値の比率というように，それぞれを下層から上層に向けたピラミッドの階層に対応させることができる．

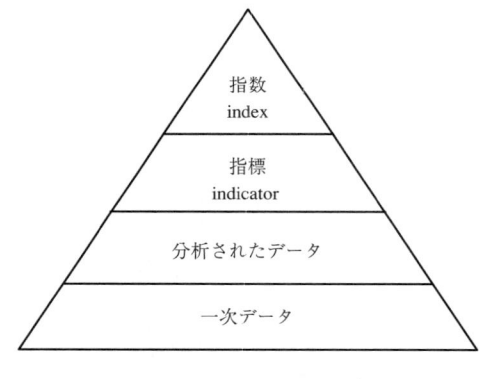

図2-10 情報ピラミッド[15]

指標のもととなる現象の多くは，その理解に専門知識を必要とするが，それをあえて平易な形で表現し客観的な評価を与え，市民レベルで広く共有できるところが環境指標の優れた特性である．誰にでもわかるという意味では，環境の状態を定量的に測定することが可能で，それをできるかぎり数値

化して評価していくことが目指すべき姿である．さらにそれを，情報ピラミッドの頂点に位置するIndex まで昇華することができれば，客観性ばかりでなく高い汎用性も備える優れた指標といえる．

1・2　状態と価値

環境指標は状態と価値の評価視点から，第Ⅰ種と第Ⅱ種の2つのタイプに分類されており，この2タイプには環境指標の根本的な性質がよく表されている[16]．

第Ⅰ種の指標は，ある対象の状態を客観的にとらえて，その特徴をわかりやすい形で表現している．大気や水，自然などの諸現象の解析に用いられ，大気の指標，植生自然度などがこれに該当する．自然現象を直接に表した指標タイプである．

一方，第Ⅱ種の指標は，測定された状態量を何らかの価値量に変換している．自然現象に対してある視点をもって評価する指標である．こちらは，大気汚染による健康被害のような科学的データに基づく客観性の高い尺度のほか，緑の量による満足度のようなむしろ主観的な尺度の場合もある．

1・3　環境指標の役割

環境指標は，ある地域（地点）の環境要素の状態を把握し，その環境要素の状態を地域（地点）間で容易に比較することができるという優れた特性をもっている．このような環境情報が多数集積してくると，環境要素が表す地域的な標準値が明らかになってくるし，それが人の生活環境として適当であるのかも判明してくる．また，そこから発展して，環境の調査や分析の手法も考案されることもあるかもしれない．

環境指標の役割としてとくに期待されるのは，それが，科学的かつ合理的な環境政策実現を促すと同時に，市民に対して高い透明性を持って意思決定を計るツールにもなりうるという点である．

環境対策に際して，現状の環境に及ぶ負荷や対策による改善効果などが，目に見える形で検証されることは重要であり，そこに環境指標を用いることにより，実効的な対策の採否を検証することが可能である．また，現在，市民に向けた説明責任や環境施策への住民参加が期待されるなかで，環境指標はその性格から合理性や透明性などの点で，わかりやすい情報を提供する．そのうえで，環境指標とその達成目標を組み合わせることにより，将来の環境改善に向けた戦略的な環境計画を策定することが可能となる．

2. 持続可能性と環境指標

2・1　持続可能性の指標

持続可能性とは，環境的持続可能性を基盤としつつ，経済的持続可能性と社会的持続可能性の両側面も合せて均衡した定常状態のことである[17]．この定常状態のバランスを計るためには，環境側面にも十分に配慮していくことが必要であることは，いまや世界の共通認識である．

持続可能性を確保するために現在，様々な環境指標の開発が行なわれているが，そこに求められる視点は，常に人間活動と環境との関わりを考慮した指標の設定である．

2・2　状態・負荷・対策

環境指標の効用を，地域の環境改善などの政策目標に活用していくためには，環境指標を状態・負荷・対策の3つの断面でとらえておく必要がある．

状態指標とは，環境状態（State）や環境影響（Effect）を評価するもので，大気汚染物質濃度や森

林面積率のような自然現象の状態，それに原因する喘息発症率や二酸化炭素固定量などである．

負荷指標とは，負荷をもたらす経済活動（Driving force）や環境負荷（Pressure）を評価するもので，大気汚染物質排出量や市街化地域率などである．人間活動により起きる環境負荷をとらえた指標である．

対策指標は，こうした人間活動による環境負荷を，抑制または緩和する対策（Response）を評価するものである．道路交通量規制量や屋上緑化率などがこれにあたる．

この3つの断面のうち，状態指標は自然現象そのものを扱うもので，従来から一般によく用いられてきた指標である．かたや負荷と対策の指標は，人間活動の関わりにより生じる現象を評価する指標でその歴史は比較的新しい．

2・3 個別指標・総合指標・総合的指標

環境指標はその使用目的により，単一の個別指標として扱われるだけでなく，評価視点や尺度単位の異なる自然現象や環境負荷などを集約して1つの指標とした総合指標として用いることがある．個別指標は，扱う環境の状態変化を端的に表すことができるので，環境要素の究明には向いているが，地域の環境目標やその成果を表す場合には，包括的な性格をもつ総合指標の方がむしろわかりやすい．

そのような総合指標は反面，個別指標にある特有の情報が埋没されてしまうという懸念がある．そこで，個別指標の集合体からなる指標のセットが採用されることも多く，これを総合的指標と呼び，総合指標とはあえて区別している．

この総合的指標は汎用性が高く，経済協力開発機構（OECD）や国連持続的開発委員会（UNCSD）などの国際機関や，わが国の環境基本計画において，環境政策の指標に利用されている[18]．

2・4 環境指標の枠組み

環境政策における環境指標の活用は，あくまでも人間活動の枠組みのなかで実施していく必要があ

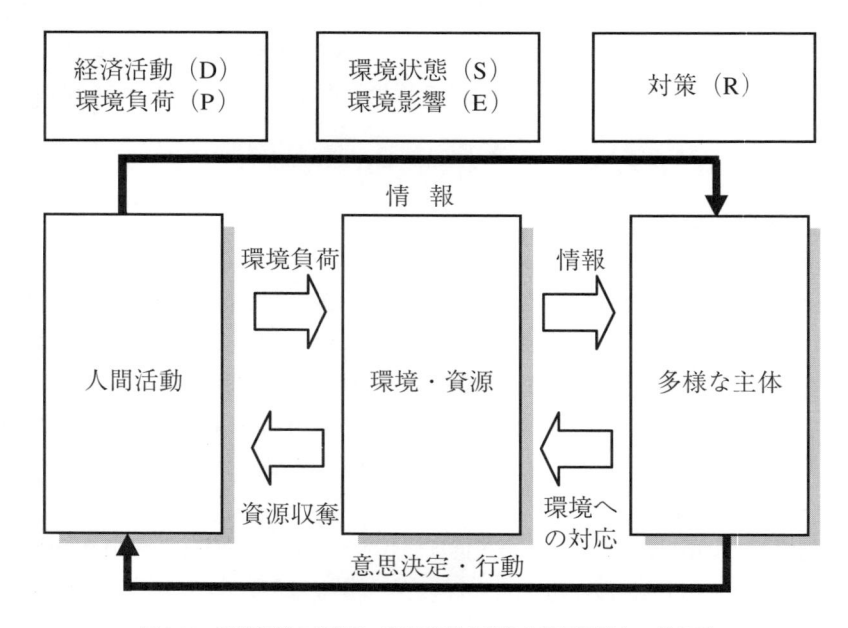

図 2-11 環境指標の枠組み（環境省総合環境政策局資料を一部変更）

る．こうした環境指標の枠組みとしては，経済活動－状態－対策（D-S-R）または環境負荷－状態－対策（P-S-R）モデル，あるいは経済活動－環境負荷－状態－環境影響－対策（D-P-S-E-R）モデル[14]が国際的な標準となっている．DP-SE-R（経済活動・環境負荷－環境状態・環境影響－対策）モデルを提唱しており，すべての断面が包含されていてわかりやすい．なお，環境省では，状態・負荷・対策の指標の視点からD-S-Rの枠組みを基本に用いている[19]．

例えば，環境指標の枠組みにおいて，地球温暖化という環境問題に対する指標では，二酸化炭素排出量はD指標（負荷指標），市街化区域緑比率はS指標（状態指標），新エネルギー導入量はR指標（対策指標）のように区分する．指標の種類によっては複合的な性格をもつものもあり，必ずしもD-S-Rが直接に関係を結ばないこともあるが，負荷，状態および対策の現状が明らかにされるので，取り組むべき環境政策の客観的判断には十分に活用することができる．また，この指標群をチェックすることで，現状で懸念されている環境問題に該当する指標がないときには，その指標の研究開発を促すことも可能になる．

2・5 環境アセスメントと環境指標

環境アセスメントは，事業特性に基づいて選択された環境要素について，現況調査を実施して環境の状態を把握し，そこに，将来の事業による環境負荷が加えられた状態を想定したうえで，さらにその環境負荷を解決する対策が実施されたときに得られる効果までの一連の予測を行う．この一連の手続きの中で選択された環境要素に係る環境指標は，持続可能性を追求するために有効な評価基準になりうるものといえよう．

3. 環境指標から見える世界

3・1 無機的指標と生物指標

環境指標は，大別して有機的要素と無機的要素の2つに由来する．有機的要素は動植物などの生物が対象であるのに対して，無機的要素はそれ以外の大気や水などである．

この区分は一見わかりやすいようであるが，実は線引きが難しい．無機的要素とされる土壌の一部は生物の遺体などに由来する有機物であるし，有機的要素である生物体内に蓄積した化学物質は無機物である．もっとも，環境指標はわかりやすさを重視するので，分析検体などの一次資料に対して有機（生物）か無機（無生物）かを区別すればよいという考えもあり，実際に，無機的指標に対して，有機的指標ではなく生物指標の用語が使われることが多い．

無機的指標は，計測機器を用いた物理化学的手法で測定可能であるのに対して，生物指標は生物の状態や現象を扱うために，負荷や影響が直接視認できるという長所がある．その反面，定量化の容易な無機的指標に対して，生物に見いだされる影響は定量化しにくいという短所も認められる．それでも，生物指標は，得られる情報が無機的指標に比べてはるかに多いうえに，生物という未知の可能性を秘めた対象を扱えることから，多くの点で魅力のある環境指標といえる．

3・2 伝統的な環境指標

日本自然保護協会[20]は，日本の自然観を反映したユニークな環境指標を紹介している（表2-5）．これらの指標は，土壌や水などのような無機的要素から農林水産業，文化などにも幅広く言及しており，日本人の自然に対する根源的な理解が随所に尽くされている点においてたいへん興味深い．

環境指標は，高度に科学的に裏付けされたイメージをもつが，こうした伝統的な先達の経験則に基づく指標も，あながち否定することはできない．

3・3　米環境保護局の生態学的指標

　米国では，1960〜1970年代にかけて多くの環境指標が研究開発されてきたが，これは水質法や水質浄化法の制定と並行して，河川や湖沼などの水を監視する物理化学指標の開発が進んだことに起因する．その後，1969年に制定された国家環境政策法のもと，指標的価値のある生物種に注目したHEPの開発が行われたのを皮切りに，生態系管理あるいは生態系アプローチの重要性が認識されるにいたり，生物種だけではなく，生態系全体の状態を診断する指標の開発が進められてきた．

　このような経緯を経て，米国の環境保護局では，生態系の広がりと状態，生態学的資本および生態学的機能の3つの視点から，国レベルでの生態学的指標を提案している（表2-6）[21]．

3・4　保全生態学の生物指標

　保全生態学は，人間活動の影響により絶滅の危機に瀕している野生生物の個体や生息・生育地を保全するために，生態学や遺伝学などの様々な分野の科学的知見を背景に，その実践を前提とする応用的な学域である．その保全対象は種集団におくことを基本としているが，複数あるいは多数の種により構成される群集や生態系の保全には，環境や生態的地位に着眼した指標種の保全を目標にすえて，全体の保全を図るという考え方がよく採用される．

　このような指標種は様々な側面から定義づけることは可能であるが，その代表的なものに次の5つがあげられる[22]．

　①生態的指標種（Ecological indicators）：生息場所や環境条件要求性をもつ種群を代表とする種
　②キーストーン種（Keystone species）：生物間相互作用と多様性の要をなしている種
　③アンブレラ種（Umbrella species）：生息地面積要求性の大きい種．生態系ピラミッドの上部に位置する食物連鎖上の高次消費者

表2-5　伝統的な日本の環境指標

対象		生物指標
土壌	肥沃地	カツラ，クルミ類，ヨモギなど
	痩せ地	アカマツ，ヤマツツジ，ススキなど
	多湿地	ヨシ，ヤチダモ，ハンノキ，シダ類など
林業	スギ植林地	イノデ，ジュウモンジシダなど
	ヒノキ植林地	ベニシダなど
農業	豊作	ヤマザクラ（開花が早い） ミンミンゼミ（鳴き始めが早い）
	凶作	マンサク（花が付かない） ミンミンゼミ（鳴き始めが遅い）
	結氷	シュレーゲルアオガエル（夜半に鳴き止むときは水田に水を深く張り氷結防止）

（（財）日本自然保護協会，1985 [20] より一部を示す）

表2-6　生態学的条件の国レベル指標

生態学的情報のカテゴリ	推薦される指標
生態系の広がりと状態	土地被覆と土地利用
生態学的資本 　生物資本 　非生物資本	総種多様性 固有種多様性 栄養流出 土壌有機物
生態学的機能	生産力：炭素貯蔵 純一次生産力（炭素・エネルギー貯蔵） 生産能力（炭酸同化作用） 湖沼栄養状態 河川酸素 土壌有機物 栄養利用効率と栄養収支 土地利用

（恒川，2005 [21] を一部省略）

④象徴種（Flagship species）　　　　：その美しさや魅力によって，われわれに特定の生息場所の保護をアピールしてくれる種
⑤危急種（Vulnerable species）　　　：希少種や絶滅の危険性の高い種

§5. 環境データベース

わが国では，国や地方公共団体や研究機関など様々な主体が環境情報を収集している．特に，公的機関にて収集された環境情報の多くは，情報化社会の進展に合わせて様々な形でデータベース化され，インターネットによって公開されている．ここでは，まず，第1，環境省が整理を行っている「環境総合データベース」について，第2，独立行政法人国立環境研究所が地理情報システム（GIS：Geographic Information System）を用いて情報を提供している「環境GIS」について，第3，環境アセスメントの実施にあたり今後の整備・活用にむけて一般社団法人日本環境アセスメント協会が取り組みをおこなっている「生物多様性ポテンシャルマップ」（BDPマップ：Biological Diversity Potential Map）について紹介する．

1. 環境総合データベース

環境省ホームページ（表2-7）[23)]では，「環境総合データベース」のページを設けており，インター

表2-7　環境省「環境総合データベース」のテーマ分類と掲載データベース

テーマ分類	掲載されているデータベース名
1. 物質循環 （全18項目）	・一般廃棄物焼却施設の排ガス中のダイオキシン類濃度 ・一般廃棄物の排出及び処理状況
2. 大気環境 （全18項目）	・国立環境研究所環境情報センター環境数値データベース ・環境GIS　　・大気汚染物質広域監視システム（愛称そらまめ君） ・有害大気汚染物質モニタリング調査結果　・光化学大気汚染等の概要調査 ・環境放射線等モニタリングデータ公開システム
3. 水環境 （全18項目）	・水質汚濁物質排出量総合調査（調査結果概要）　・地下水質測定結果 ・海洋環境モニタリング調査結果 ・土壌汚染対策法の施行状況および土壌汚染調査・対策事例等調査結果
4. 化学物質 （全14項目）	・PCB特別措置法に基づくPCB廃棄物の保管などの届出の全国集計結果について ・食品中のダイオキシン類等汚染実態調査報告 ・化学物質と環境　　・PRTRデータ集計・公表システム
5. 自然環境 （全27項目）	・日本の自然保護地域　　・日本の重要湿地500 ・自然環境保全基礎調査　・RDB種情報検索
6. 地球環境 （全11項目）	・フロン回収破壊法に基づくフロン類の回収などの報告の集計結果 ・温室効果ガス排出量・吸収量データベース
7. 全般 （全36項目）	(1) 全般（行政）　　・環境法令データベース　・白書情報 (2) 全般（技術・研究）　・環境技術交流フォーラム　環境技術検索 (3) 全般（調査）　　・環境にやさしい企業行動調査 (4) 全般（環境コミュニケーション）・環境ラベルなどデータベース (5) 全般（環境保全活動）・環境関連団体情報検索 (6) 全般（総合）　　・環境統計集　・環境会計関連資料

出典：環境省ホームページ（2012年6月時点）　http://www.env.go.jp/sogodb/　を基に作成

ネット上に公開されている環境関連の情報で，環境省などで継続的に調査を実施または情報を更新している数値情報，地図情報，事例情報など，テーマ別の分類の上，個別データベース名を掲載している．また，個別データベースを選択すると当該データベースの概要として「データベース名」「URL」「担当部局」「情報分類」「内容」「想定対象者」「目的」「概要」「情報収集」「管理状況」「運用状況」「収録データ」「運用開始」「データ更新時期」「利用条件」「検索機能」「ファイル形式」「結果表示形式」を一覧で確認することができる．実際のデータベースは，「URL」にリンクを掲示し，これを選択することで詳細情報を得られるよう整備されている．

2. 環境 GIS

環境省ホームページ「環境総合データベース」に紹介されている「環境 GIS」は，全国の環境の状況などを示す基本的なデータ（大気環境，水環境，化学物質の環境汚染の状況など）を，地理情報システム（GIS）を用いて視覚的な形に加工してホームページから広く一般に提供するものである（表2-8 カラー口絵）[24]．大気汚染状況，水質汚濁状況や自動車交通騒音など11種の分野におけるデータを加工し，全国各地の環境の状況を地図上の図やグラフで視覚的に捉えることができるようにしており，国立環境研究所のホームページから提供している．特に，大気汚染状況や水質汚濁状況については，過去30年分のデータの蓄積を基に整備しており，その経年変化をグラフから一目で見ることができるようになっている．

収録データは，大気汚染状況の常時監視結果（1970〜），有害大気汚染物質マップ（2001〜），全国自動車交通騒音マップ（2002〜），公共用水域の水質測定結果（1971〜），日本周辺海域における海洋環境の状況（1975〜），水質汚濁物質排量総合調査（1994〜1998），瀬戸内海環境管理基本調査（1991〜1994），ダイオキシンマップ（2003〜），大気環境保全に関する規制・指定の状況，水質環境保全に関する規制・指定の状況，生活環境情報である．

情報収集は，環境省が都道府県から提供を受けたデータを取り纏め，ホームページの管理は独立行政法人国立環境研究所が行っている．

3. 生物多様性ポテンシャルマップ（BDP マップ）

3・1 BDP マップ整備の目的

2008年6月施行の生物多様性基本法において，事業計画の立案の段階から実施段階における生物多様性への影響予測・評価が基本的施策に盛り込まれた．また，2013年4月に完全施行される環境影響評価法の一部を改正する法律にて計画段階配慮書の手続きが新設され，特に自然環境系の動物，植物，生態系の項目において，重大な環境影響の回避，低減が期待される．計画段階配慮書の手続きは，原則として事業の位置・規模又は配置・構造に関する適切な複数案を設定すること，調査は原則として既存の資料により行う（重大な環境影響を把握する上で必要な情報が得られない場合には，専門家などからの知見の収集を，それらによっても必要な情報が得られない場合は，現地調査・踏査などを行う）こと，予測は科学的知見の蓄積や既存資料の充実の程度に応じ可能な限り定量的に行うことに努めること[25]，とされている．

自然環境分野に関する環境情報は，古くから問題とされてきた環境情報が蓄積されてきた公害系の

生活環境分野と比較して，必ずしも十分に蓄積されているとはいえない状況にある．一方，複数の位置における自然環境系の現地調査の実施は，期間的・費用的に大きな負担となることが予想される．そのため，自然環境系の既存情報の充実および既存情報を活用した定量的な評価手法や評価基準の確立と社会的な合意が必要な状況にある．

このような状況を踏まえ，一般社団法人日本環境アセスメント協会では，生態系の定量的予測・評価手法の普及と生物多様性に関する研究[26)]を継続し，生態系の定量的予測・評価手法の調査・検討BDPマップの作成を行い，これを活用する環境を整えるための普及活動を行っている．

3・2 BDPマップ概要

自然環境配慮の検討では，生物の移動経路や生態系ネットワークなどに対する配慮を前提とした，広域の生物分布情報が必要となる．十分な現地調査を実施する時間的・経済的な余裕がない場合であっても，国や地方公共団体が整備しつつある環境情報，入手が容易な航空写真などの広域情報を活用し，自然環境配慮において鍵となる環境要素を把握することは可能である．

このように情報源が比較的限られている場合でも，与えられた環境条件をもとに生物の生息可能性を推測する方法がBDPマップの技術である．

このBDPマップは，既存の環境情報データをもとに，生物にとっての好適性（SI）や生物の生息可能性（HSI）を予測し，地図情報として整理するものである．精度検証を実施したうえで，環境配慮政策などの検討ツールとして用いる（図2-12）[27)]．

BDPマップでは，対象種の生息可能性（HSI）マップの上に社会・経済的要素を重ね合わせた検討も可能である．自然環境配慮における意思決定では，近接する社会基盤施設の利用，上位計画，自然公園などのレジャー利用，農林水産業に対する配慮など総合的な判断に資することが可能と考えられる（図2-13）[27)]．

また，BDPマップは，生物生息可能性（ポテンシャル）を検討するため，現況では存在していない環境の状態を予測できるという特徴があり，予想される自然再生や環境創造などの検討に適している．

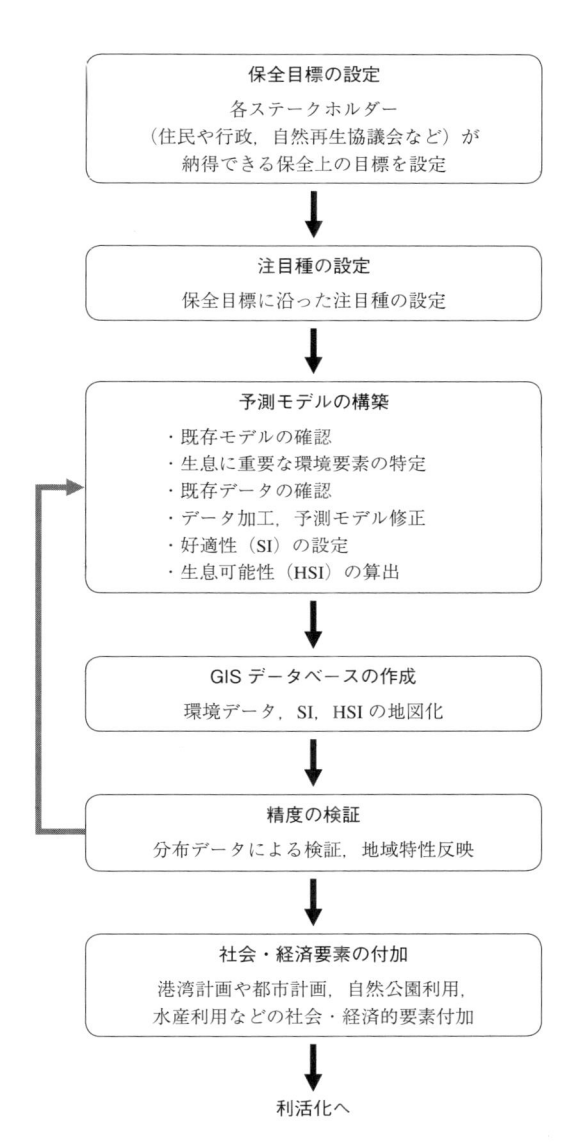

図2-12 BDPマップ検討実施フロー[27)]

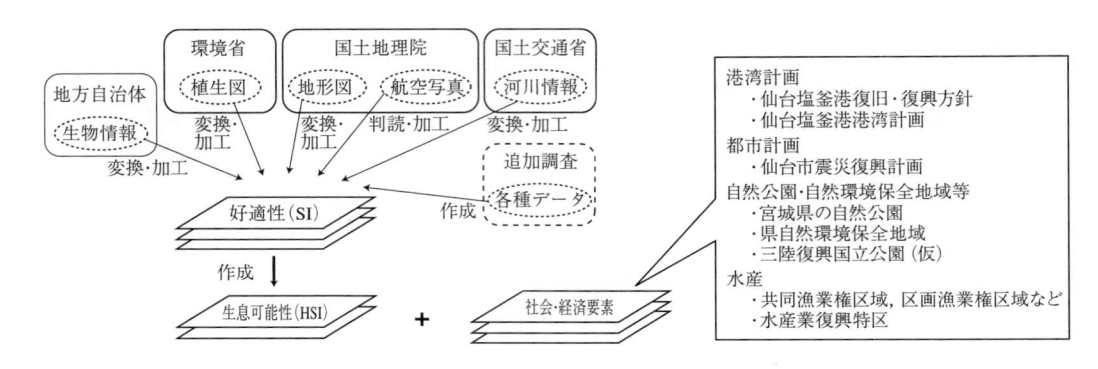

図 2-13 GIS データベースの作成イメージ[27]

3・3 BDP マップの普及

地域の生物多様性を保全するためには，対象とする環境要素や重要種などの分布を事業計画地に限らず，広域的に知る必要があるが，実務上，データの入手の時間的な制約，経済的な制約が生じる．そのため，国や地方公共団体によって予め地域レベルのBDPマップが整備・提供され，その情報を環境アセスメント実施の際に適宜利用できることが望ましい．また，今後，各地方公共団体でBDPマップを整備する際には，対象となる項目や情報量などが，環境アセスメントにおける予測・評価を行う上で十分な情報を有していること，また，各地方公共団体で統一されていることが望ましい．

§6. 簡易アセスメント

1. 環境アセスメントの実施件数

日本の環境アセスメントの実施件数は世界各国に比べ極端に少ない．2011～2012年に特に大きな問題となった沖縄の「辺野古アセス」など，環境アセスメントのことは時々新聞やテレビで報道されるので多いと思われるかも知れないが，わが国ではこのような巨大な事業で，しかも大きな環境影響が出そうなものしか，法制度上は環境アセスメントの対象となっていない．その結果，わが国の実績は，国と地方を合わせて年間わずか約70件で，アメリカの推計7万件の1000分の1ほどしかない[28]．

大規模事業しか対象としていないから，その環境アセスメントは時間も費用もかかり，問題も起きやすい．だから，環境アセスメントには事業者には負のイメージとして認識される．しかし，本来の環境アセスメントは事業者の環境配慮を促進するもので，環境をよくして行くというプラスの効果がある．持続可能な社会を目指すなら，本来の環境アセスメントの理念を十分に活かしていく必要がある．

事業による環境影響の可能性が少しでも想定されれば，まず，これをチェックしてみる．こ

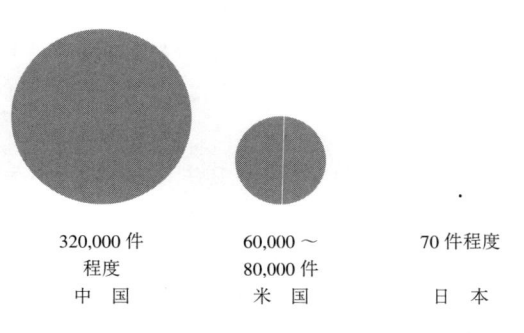

320,000件程度　　60,000～80,000件　　70件程度
中　国　　　　　　米　国　　　　　　日　本

図 2-14　こんなにも少ない日本のアセスメント実施件数(年間)

れが科学的なアプローチである．世界各国の環境アセスメントは簡単なアセスメントを広範な事業で実施している．結果的に，簡易アセスメントの実施数は経済規模や人口に比例するので，中国のような大国では年間30万件を超える環境アセスメントが実施されている（図2-14）．

環境影響評価法は2011年4月に改正されたが，対象事業の範囲は風力発電施設が加わったくらいで，ほとんど拡大していない．環境アセスメント本来の理念に立ち返り，少なくとも年間数万件以上は対象とするような制度体系へ大きく進展させる必要があると考える．

2．簡単にチェックする

環境アセスメントは通常の公害規制などとは違う政策手段である．環境保全の行動を誘導するために，情報公開を基本として参加を行い公衆の意見を聞き，それに応答する．環境アセスメントの手続きだけを決めて，環境保全行動の中身は主体の自主的な判断に任せる．すなわち，事業者の社会的責任を果たすCSR（Corporate Social Responsibility），あるいは，より一般的に言えば，組織の社会的責任を果たすSR（Social Responsibility）である．環境アセスメントの対象が手続きを守る以外，行政から特段の指示はない．それ以上どこまで環境配慮を行うかは個々の事業者の判断次第である．この自主的な取り組みを，社会に対して公表する．

環境アセスメントの本来の趣旨からして，事業の規模で対象を限定しているものではない．規模が大きな事業は環境への影響は大きそうだが，規模が小さければ大丈夫とは限らないので簡単にチェックしてみる．例えば，微生物を扱う事業は住宅程度の大きさの施設でも可能だが，環境への影響が小さいとはいえない．逆に巨大な事業でも，環境への影響は少ない場合もありうる．例えば，すでに出来上がっている干拓地で農業を行う場合は広大な面積が必要だが，通常の方法で農業を行うのであれば他の地区での経験から大きな環境への影響は少ないこともある．

したがって，各国の制度では，まず事業の環境への影響の程度を知るために簡単なチェックをして，さらに詳しい調査をするかは，その結果を見て判断する．例えば，アメリカ連邦政府のNEPAアセスでは，まず簡便な調査，EA（Environmental Assessment）を行う．その結果，問題がないと判断されれば，この段階で環境アセスメントは終了する．さらに検討が必要だと判断された場合だけ，わが国のような詳細な環境アセスメントが行われる．これは，いわばスクリーニングが充分に行われていることを示している．その結果，年間40,000件ほどののうち，詳細な環境アセスメントは，200～250件程度で全体の0.5%ほどにしかすぎない．すなわち，99.5%は簡易アセスで終わっている[29]．

この2段階で進めるというところに大きな意味がある．誰が見ても明らかに環境影響が少ない事業は環境アセスメント対象から外してよいが，少しでも環境影響の可能性があれば，まずチェックをしてみることが重要である．

3．簡易アセスメント制度の導入の必要性

環境アセスメント本来の理念に立ち返り，環境アセスメント制度の枠組みは，少なくとも年間数万件以上は対象とするような制度へ抜本的に変えることが急がれる．

すなわち，アメリカ型手順（図2-15）に準じて，国が何らかの形で関与する事業で明らかに環境影響のないと思われるもの以外は，まず簡易アセスメントを行うこととし簡易アセスメントの結果に基

づきスクリーニングをして詳細アセスメントを行うものを絞り込むという方式である．

簡易アセスメントの導入により，対象事業を拡大すると，多くの効用をもたらす．直接的な利点は以下の2点があげられる．

第1に，いわゆる「アセスメント逃れ」をなくすことができる．この「アセスメント逃れ」とは，詳細なアセスメントの実施を逃れることである．例えば，対象事業の規模がその規模の下限に近い事業を計画する事業者は，規模を若干小さくして環境アセスメントの実施を逃れることがある．これは，経済的な観点からは合理的な対応にも見えるが，持続可能性の観点からは不合理である．そこで，単純に規模により判断するのではなく，まず簡易アセスメントを実施することで，簡単なチェックをすることから始めれば，「アセスメント逃れ」はできなくなる．

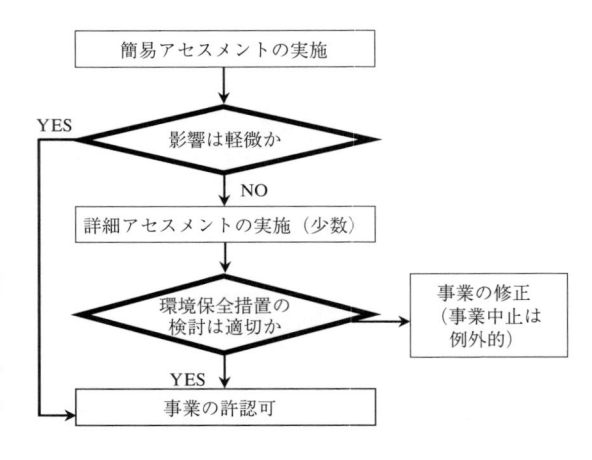

図2-15 簡易アセスメントを用いた2段階の環境アセスメント手続き

第2に，幅広く環境アセスメントが行われれば環境配慮の累積効果が生じることがある．例えば，大気や水質などの汚染物質の排出量の削減は，特定少数の事業だけで行っても環境改善上の効果は大きくない場合があるが，全ての開発行為で自主的な削減が行われれば，その累積効果は大きい．特に，温室効果ガスの削減は，簡易アセスメントにより毎年数万件もの事業で自主的に削減がなされれば，その累積的効果は絶大であることが推測できる．

簡易アセスメントは情報公開を基礎とするため，環境アセスメント実施への企業努力が社会から正当に評価されることとにつながり，これこそCSRの一部といえる．

簡易アセスメントが社会に与える効果として，少なくとも以下の4つは考えられる[28]．

第1に，全国各地で何万件もの簡易アセスメントが行われることで，地域の環境情報の蓄積がされてゆくと同時に，これらの情報整備の公共的な価値が認識されるようになり，緑の国勢調査のような，国全体での環境情報の基盤整備も進むことが考えられる．これらの環境情報が蓄積されてゆくことで，さらに次の簡易アセスメントをやりやすくなる．

第2に，環境アセスメント技術の発展が望める．例えば，大気環境や水環境のシミュレーションモデルでは，費用もあまりかからない，より簡便なものが開発されるようになると考えられる．現在は極めて少ない環境アセスメント件数だが，適用事例が増えることにより技術発展に必要な経験やデータの蓄積や整備は大幅に進み，グリーンイノベーション，すなわち，環境分野での技術革新が行われ，これが産業構造を変えて行くことにつながる．

第3に，簡易アセスメントであっても，それが毎年何万件も実施されるようになれば，環境アセスメント産業という環境産業の発展が望める．この経済効果は大きいと考えられる．調査や参加支援など，人手に頼る部分が多くなる環境アセスメントでは雇用創出力も大きい．これによる新たな雇用の創出は経済のグリーン化の一例である．例えば，環境アセスメント件数の多いアメリカでは，環境アセスメント分野は大きな産業となり，GISなどの技術開発も進展し，人材の育成も進んでいる．中国

も環境アセスメント分野での産業の発展は著しい．

　第4に，環境教育，環境学習上の効果などの社会的な影響が絶大であると考えられる．現在は国民が環境アセスメントを経験するのは一生に一度あるかないかだが，件数が千倍ほどにもなれば環境アセスメントの経験は一般的になる．そうすれば環境アセスメントにも慣れ，影響評価なども広く普及し，その結果，人々は日常的に身近な環境に目を配るようになり，環境配慮への行動が進展する．このように，わが国の社会に環境配慮のハートウェア（あるいは，マインドウェア）が形成され，環境配慮の姿勢が変わってくる．ハートウェアとは，ハードウェア，ソフトウェアとともに，社会を動かす3要素の1つで，人々の具体行動につながる意識，意欲のことである．ハートウェアが形成されれば，社会全体が持続可能性を追及するようになる．

　政府が環境立国を標榜し，持続可能な社会づくりを真に目指すのであれば，環境アセスメント制度の充実は緊急の課題である．簡易アセスメントは時間も費用もあまりかからない，CSR感覚で行うものである．このCSRは日本を持続可能な社会に導く大きな可能性をもっている．

引用文献

1) 環境省，2002，新・生物多様性国家戦略．
2) TEEB, 2010, The Economics of Ecosystem and Biodiversity: Mainstreaming the Economics of Nature: A synthesis of the approach, conclusions and recommendations of TEEB.
3) 増山哲夫，2007，環境アセスメントにおける生態系評価．新里達也・佐藤正孝編　野生生物保全技術第二版，海游舎，259-274．
4) 田中　章，2011，HEP入門—〈ハビタット評価手続き〉—マニュアル（新装版），朝倉書店，267pp．
5) Canter, Larry W., 1996, Environmental Impact Assessment 2nd ed. McGraw-Hill, Inc.660pp.
6) Bartoldus, Candy C., 1999, A Comprehensive Review of Wetland Assessment Procedures: A Guide for Wetland Practitioners. Environmental Concern Inc. 196pp.
7) 田中　章，1997，環境アセスメントにおけるミティゲーション規定の変遷，ランドスケープ研究，61（5）763-768．
8) 田中　章・大田黒信介，2010，戦略的な緑地創成を可能にする生物多様性オフセット〜諸外国における制度化の現状と日本における展望〜，都市計画，59（5）18-25．
9) BBOP, 2012, BBOP Standard on Biodiversity Offsets. Business and Biodiversity Offsets Programme.
10) Partidário M. R., 2007, "Scale and associated data — What is enough for SEA", *Environmental Impact Assessment Review*, 27（5），460-478．
11) 小泉秀樹・西浦定継編著，2003，スマートグロース—アメリカのサスティナブルな都市圏政策—，学芸出版．
12) 柴田裕希・多島　良・原科幸彦，2010，"SEAが統合された成長管理政策策定過程の参加手法　〜ピュージェット湾広域委員会VISION2040を事例に〜"，計画行政，33（2），28-38．
13) 内藤正明・西岡秀三・原科幸彦，1986，環境指標—その考え方と作成手法—，学陽書房，209 pp．
14) 中口毅博，2001，環境総合指標による地域環境計画の目標管理に関する研究（学位論文），287 pp．
15) Adriaanse, A., 1993, Environmental Policy Performance Indicators: A Study on the Development of Indicators for Environmental Policy in the Netherlands. Hague, SDU Publishers, 175 pp.
16) 内藤正明，1995，環境指標とは何か？　日本計画行政学会編：「環境指標の展開：環境計画への適用事例」，学陽書房，pp3-8．
17) 矢口克也，2010，「持続可能な発展」理念の論点と持続可能性指標，レファレンス，2010（4），1-27．
18) 環境省，2005，総合的環境指標について（説明資料）．12pp.＋3pp.（参考データ）．
19) 環境省，2011，H23度版環境統計集，［2012.3.31; http://www.env.go.jp/doc/toukei/contents/index.html］．
20) （財）日本自然保護協会（編集・監修），1985，指標生物—自然をみるものさし—，355 pp．思索社．
21) 恒川篤史，2005，緑地環境のモニタリングと評価，朝倉書店，248 pp．
22) 鷲谷いずみ・矢原徹一，1996，保全生態学入門，文一総合出版，270 pp．
23) 環境省ホームページ（2012年6月時点）http://www.env.go.jp/sogodb/
24) 国立環境研究所ホームページ（2012年6月時点）http://tenbou.nies.go.jp/gis/
25) 環境省総合環境政策局，2012，環境影響評価法に基づく基本的事項等に関する技術検討委員会報告書（平成24年3月），p3〜5．
26) 一般社団法人日本環境アセスメント協会，2010，生態系の定量的予測・評価手法の普及と生物多様性評価に関する研究（平成．22年5月），p50〜51．

27) 一般社団法人日本環境アセスメント協会，2011，復興アセスのすすめ（平成 23 年 12 月），p10.
28) 原科幸彦，2011，「環境アセスメントとは何か―対応から戦略へ」，岩波書店．
29) 原科幸彦編著，2000，改訂版・環境アセスメント，放送大学教育振興会．

第3章　環境科学の基礎に立つ環境アセスメント技術・手法

§1．大気・悪臭

1．大気・悪臭の意味と対象
1・1　影響評価項目の選定
　大気汚染，水質汚濁，騒音，悪臭などの項目は，生活環境系項目と呼ばれ，私たち人間の生活に直結した項目である．それと同時に，大気汚染物質や水質汚濁物質は，呼吸や飲料水摂取によって直接人体に取り込まれるため，健康や，場合によっては生命にも関わるような影響を及ぼす可能性さえあることから大気汚染や水質汚濁は評価項目として選定されることが多くなっている．

1・2　大気汚染の選定
　表3-1は，1998年から2007年の間の環境影響評価法対象事業において，各評価項目が選定された割合を示したものである．大気汚染が高い割合で選定されていることがわかる．特に道路事業と火力発電所事業においては，ほとんどすべての案件において，大気汚染が選定されている．大気汚染の発生源は，対象物質が有害化学物質の場合と，火力発電所に関する事業の場合を除くと，近年では大半が自動車となっているが，環境アセスメントでは工事中の建設用機械を評価対象とする場合が多い．

表3-1　法対象アセスメント事例における大気汚染・悪臭の項目選定状況（1998－2007）

	事業数	大気汚染選定事業数	悪臭選定事業数
全事業	102	100	13
道路事業	40	40	2
火力発電所事業	22	21	3
廃棄物最終処分場事業	3	3	3

1・3　悪臭の選定状況
　悪臭は，評価項目として選定されるケースが格段に少ない．その原因の第一は，発生源が限られていることにある．選定されることが多いのは，廃棄物最終処分場に関する事業の場合である．悪臭の発生源となり得る施設の種類は，他にも多数あるが，それらの施設は比較的小規模であることが多いために，環境アセスメント対象事業にならないケースが多いものと考えられる．

2．事業の大気・悪臭に及ぼす環境影響に対して提案された優れた環境保全措置事例
2・1　環境保全措置の考え方
　環境保全措置は，図3-1に示すように，大別すると発生源に対する措置と発生後に対する措置に分けられるが，大気・悪臭の場合には，一旦大気中に出てしまうと，その後の対策は極めて困難であることから，発生源対策がほとんどを占める．なお，後者としては，道路のトンネル化などがある．

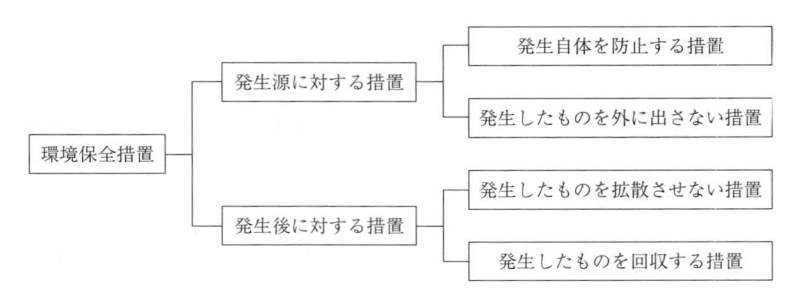

```
環境保全措置 ─┬─ 発生源に対する措置 ─┬─ 発生自体を防止する措置
              │                      └─ 発生したものを外に出さない措置
              └─ 発生後に対する措置 ─┬─ 発生したものを拡散させない措置
                                     └─ 発生したものを回収する措置
```

図 3-1　環境保全措置の考え方

2・2　大気汚染に関する環境保全措置の現状

大気汚染に関する発生源対策は，さらに発生自体を防止または削減する方法と発生した汚染物質が発生源から大気中に出る前に除去する方法とに分けられる．

発生自体を防止する対策には，発生源を改良して発生を防止・削減する方法と，発生源の稼働を抑制することによって発生を防止・削減する方法が含まれる．環境アセスメントにおける環境保全措置で多くみられる前者の方法は，火力発電所の場合には燃料の転換や燃焼装置の改良であり，またすべての事業に共通するのは低公害型の建設用機械の導入である．後者の方法としては，建設用機械の稼働時間を調整して，同時に稼働する台数を抑制する方法が代表的なものである．施設内で発生した汚染物質を除去する方法には，古くから開発導入が行われてきた脱硫・脱硝装置や，1990年代後半に急速に開発が進んだダイオキシン除去装置も含まれる．しかしこれらは既に，備えられていることが当然という状況であり，さらに効果的な環境保全措置が求められるのが現在の状況である．また，粉じんの飛散を防ぐための散水やシート設置も，発生源からの拡散を防ぐ環境保全措置として代表的なものの1つである．なお，火力発電所や廃棄物焼却施設のような燃焼施設の場合には，煙突の高さも環境保全措置に直結する要素となる．地表濃度を低減する観点からは，煙突の高さは高いほどよい．しかし高い煙突は景観を損ねることになるため，煙突の高さの決定は大気汚染と景観のトレードオフとなり，十分な検討を要する．

2・3　悪臭に関する環境保全措置の現状

悪臭に関する発生源対策は，大気の場合と同様に，悪臭の発生自体を防止する方法と悪臭が大気中に出ることを防止する方法に分けられる．前者の代表的な例は，燃焼方式の改良によって副生物としての悪臭物質の生成を防ぐものである．後者は脱臭装置の設置が最も主要なものである．ただし現在までに開発されている脱臭装置のほとんどは，比較的小規模な施設を対象としたものであり，環境アセスメント対象事業となるような大規模施設向けのものは少ない．

廃棄物最終処分場の事業では，埋め立てた廃棄物に覆土を行うことが多く行われている．この覆土の時間間隔を短縮することは，悪臭物質の拡散防止に効果が大きいとされている．廃棄物中間処理(焼却)施設の事業では，廃棄物運搬車両や廃棄物を貯留するゴミピットからの悪臭発生が問題となるケースがある．ゴミピットからの悪臭の発生自体を防ぐことは困難であることから，ゴミピットには扉を設けて，投入時以外は閉扉しておく措置と，建屋の出入り口（廃棄物運搬車両が出入りする）に二重扉またはエアカーテンを設置して，悪臭の建屋外への漏出を防ぐ措置が多くとられている．

3. 環境保全措置に結びつく現況調査，予測，評価の手法

3・1 現況調査，予測，評価と環境保全措置の関係

環境アセスメントの実務的な手順としては，現況調査→予測→評価→環境保全措置検討→評価という流れが一般的である．最初の評価において環境保全措置の必要性が判断され，それに対応して必要な環境保全措置が検討された後，環境保全措置の効果も含めた評価が行われて結論が得られる．したがって，現況調査と予測の結果が評価に直結することになり，それは現況調査と予測の精度が評価結果の信頼性を左右することを意味する．

3・2 大気汚染・悪臭の現況調査の内容と方法

大気汚染や悪臭の現況調査は，図3-2に示すように，既存資料調査と現地調査が併用されるのが一般的である．既存資料調査は，地方公共団体が実施している調査の結果を収集整理したものが多い．大気汚染常時監視システムは，全国的に配置された1700局以上の測定局において自動測定機器によって得られた1時間値の測定結果がオンラインで収集されており，有効な現況情報となっている．また有害大気汚染物質については，原則年12回の24時間値測定が300地点前後（物質によって異なる）で行われており，これも有効な情報である．

悪臭については，悪臭防止法が苦情発生に基づいて実態調査や対策検討を行うことを基本としていることから，大気汚染のような常時監視的な調査はほとんど行われていない．既存資料として利用可能なのは，地方公共団体が単発的に行った調査や既存の環境アセスメント事例の図書などに限られる．

現地調査は，事業対象地域で実際に調査を行うものであり，事業対象地域の状況を直接的に表すデータが得られるという点で，最も有効な手段といえる．大気汚染（気象を含む）や悪臭の現地調査方法は，技術的には既にほとんど確立されていると言ってよく，その点では課題は少ない．調査地点の設定は，地点数と位置を決めることである．地点数は多いほど情報量が増えるが，コストや使用可能な機器の数の問題があり，最適な地点数を決めるには多くの要素が関わる．また位置の設定にも，地形や周辺建屋の影響，地権者の同意，さらには電源確保の可否など，多くの要素が影響する．調査期間の設定は，まず通年測定か期間を限定した測定かを決める必要がある．日本は四季の変化の大きい気候条件であることから，限られた季節のみの調査では不十分であることが明らかである．そのため，ある程度以上の事業規模で，測定機器による自動測定が可能な場合には，通年測定が多く行われている．一方，近隣に大気常時監視測定局がある場合など，条件がよい場合には，現地調査は四季にそれぞれ1週間程度の調査期間を設定する方法も，多く用いられている．この場合には，台風シーズンを避けることや，

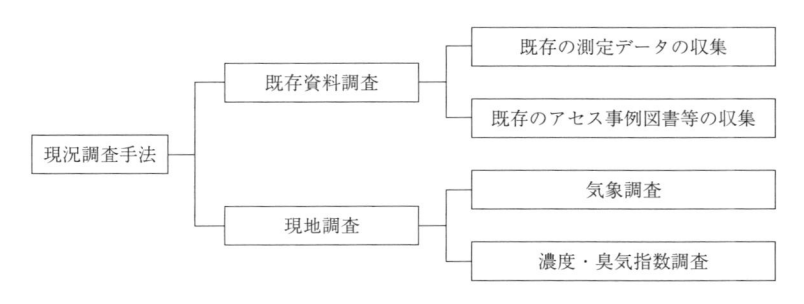

図3-2 大気汚染・悪臭の現況調査の構成

旧盆など交通状況が大きく変化する時期を避けることなどの配慮が必要である．自動測定以外の対象物質については，24時間サンプリングなどの方法によって，四季各1回測定するのが一般的であるが，実際の事例では，夏冬2回の測定のみとしている例もみられる．近隣で行われた既存調査結果が利用できる場合には，2回の測定でも許容範囲といえる．また悪臭の測定も，特定悪臭物質は機器分析，臭気指数は嗅覚測定法によるため，四季各1回あるいは年間2回の測定が一般的となっている．

3・3　大気汚染の予測手法

大気汚染の予測は，拡散モデルと呼ばれるモデル式を用いて行われるのが一般的である．拡散モデルには多くの種類があるが，国内の環境アセスメント事例を見る限り，プルーム・パフモデルを用いている例が圧倒的に多い．プルーム・パフモデルは長年の蓄積があり，予測精度すなわち実測との整合性についても確認されている．ただし平坦地形で気象条件が定常であることを仮定したモデルであるため，その仮定が成り立たない条件にそのまま適用することは，適切ではない．それらの仮定が成り立たない複雑地形の対象地域や，海岸などで気象条件の定常性が低い場合には，近年では三次元数値モデルを使用した事例も見られるようになってきた．三次元数値モデルは米国を中心に現在も開発・改良が進められており，パッケージ化されて無償でダウンロードできるものもある．地形の影響や気象条件の変動を再現するため，精度の高い予測が可能とされている．ただし，どのような案件にも三次元数値モデルを使うことが適切かといえば，必ずしもそうではない．プルームパフモデルの修正版で，地形を考慮できるERTモデルで十分な場合もある．要するに，求められる精度に応じたモデルを選択することが重要といえる．なお，予測計算に必要となる発生量の推定手法は概ね技術的に確立されているといえるが，近年注目されている$PM_{2.5}$などは，推定手法の確立が待たれる段階にある．

3・4　悪臭の予測手法

悪臭物質の挙動は大気汚染物質と共通であることから，大気汚染の予測手法をそのまま適用できる場合が多い．しかし悪臭は発生源データの推定が難しいことから，環境アセスメント事例の中でも，悪臭について拡散モデルによる予測が行われている例は少ない．その代替として，類似事例の引用が多く行われている．施設の規模や形式が類似であれば，周辺への悪臭の拡散状況も類似という考え方であり，地形や気象条件が特殊でなければ，予測精度としても問題はないと考えられる．

3・5　大気汚染・悪臭の評価手法

大気汚染の評価は，環境基準や指針値が定められている物質については，それとの比較によって行われている場合が多い．しかし，環境基準の有無にかかわらず，最も重要な評価の視点は，現況を悪化させないという点である．その意味で，現況調査結果との比較を寄与率という形で評価することは，必須と言ってもよい評価方法といえる．なお，第一段階評価の結果として環境保全措置を要すると判断される場合は，環境保全措置を検討した上で，その効果も加味した評価が行われる．大気汚染に限ったことではないが，近年の環境アセスメント事例では，「事業者の実行可能な範囲で低減が図られている」という評価結果の表現が多く用いられている．これは重要な視点ではあるが，実行可能な範囲で低減を図っても，なお許容できない環境影響が残っていれば，それ以上の環境保全措置ができない以上，その事業は実施できないはずである．実行可能な範囲で低減が図られていればそれでよいということではない点に，十分に注意しなければならない．

悪臭の評価は，悪臭防止法に定める敷地境界での規制基準との比較のほか，対象地域の現況を類似

事例と比較する方法が広く用いられている．ここでも，現況を悪化させないという評価基準が重要であることは，言うまでもない．

4. 大気・悪臭の特殊性と今後の課題
4・1 大気汚染の特殊性と課題
　大気汚染は水質汚濁や騒音と並んで，古くから公害事象の代表的存在であったことから，対策技術や予測手法に関する研究がかなり進んでおり，環境アセスメントの手法面ではかなり固まってきているといえる．しかしながら，予測手法は極端にプルーム・パフモデルに偏っており，評価は環境基準との比較さえすればよいと考えていると思われる事例が少なくない．課題としてあげられることは，プルーム・パフモデルや三次元数値モデルを含め，もっと簡便な手法も加えて，地域の状況や必要とされる精度レベルに応じた予測手法が選択されるような方向づけがなされることである．また評価手法についても，画一的な基準を避け，事業の特性に応じた評価方法と基準を選択することが課題といえる．

4・2 悪臭の特殊性と課題
　悪臭は評価項目として選定される案件が大気汚染よりずっと少ないが，廃棄物処理施設に代表されるように，悪臭が主要な環境要素である事業もあることから，重要性という点では同様に高い．悪臭の予測は，類似事例との比較が多く用いられる点が特徴的である．ただ，類似事例であるかどうかを判定する基準は定められておらず，環境アセスメント実施者（事業者）に委ねられているのが現状である．何をもって類似事例とするかの指針を定めることは，重要な課題となっている．

§2. 水循環

　急激な都市開発，自然の林野を切り開く宅地開発は，自然の水循環に影響を及ぼし，洪水の増大や湧水の涸渇をはじめ，様々な環境問題を引き起こしてきた．このような水循環をめぐる環境悪化に対して，水循環の保全を重要な課題のひとつとして取り上げ，そのための様々な対策を実施に移している．ここでは，環境アセスメントの1項目として，水循環についての環境影響評価の基本的な考え方と手法を述べる．

1. 都市開発と水循環
　水循環に環境影響を与える行為は，主に都市開発，宅地開発などの開発行為である．ここでは都市開発を水循環の環境アセスメントの対象とする．そこで，水循環とは何か，そして都市開発によってどのように水循環が変化するのかを理解することが重要である．

1・1 水循環のフローと地表面の役割
　都市における水循環は地球規模の水循環のなかの小さなサブシステムとして存在している．ここで，流域における水循環のフローを図3-3に示す．流域に降った雨は，①表面流出として，地表面を流れて直接河川へ洪水として流出する成分，②地表面に浸透し，地下水となってゆっくり河川へ流出し，地下水流出として（雑用水とともに）河川の平常時の流量となる成分．さらに，③窪地にたまり，あ

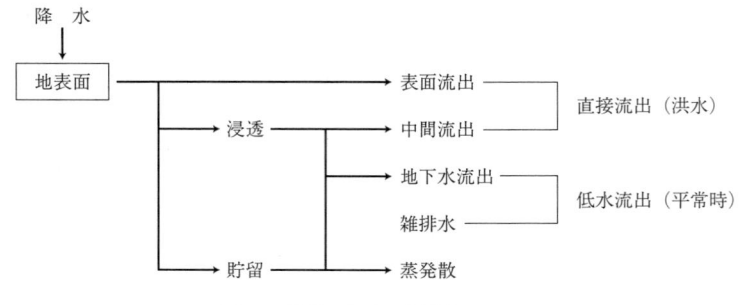

```
                    降  水
                      ↓
                  ┌──────┐      ┌─→ 表面流出 ─┐
                  │ 地表面 │──────┤             ├ 直接流出（洪水）
                  └──────┘      │   中間流出 ─┘
                      │    ┌─浸透┤
                      │    │     │   地下水流出 ─┐
                      │    │     └                ├ 低水流出（平常時）
                      │    │         雑排水 ─────┘
                      └─貯留┤
                           └─→ 蒸発散
```

図 3-3 流域における水循環のフロー

るいは地表面を湿らせたあと蒸発散によって大気中に逃げていく成分に分かれる．都市域の場合，表面流出は，地中の下水管（雨水管）を通って流出することになる．中間流出とは，いったん地中に浸透した後，洪水の一部として短時間に流出するものであり，表面流出と地下水流出の中間の性格ということで中間流出と呼ばれる．ただ，都市域において中間流出はほとんど存在しないと考えてよい．

図 3-3 に示した水循環のフローであるが，降水量，降水波形とともに，降水がどのような割合で図に示した各成分に分かれていくかが，その流域の水循環の特性を表している．そしてその配分を支配しているのが，図 3-3 から明らかなように地表面である．すなわち，地表面こそが都市の水循環を支配する要であると言える．都市開発による水循環の変化は，この地表面が改変されることによって生じるのである．

1・2 都市流域の特徴

図 3-3 は，一般的な流域のフローとして示したものである．自然豊かな流域も都市化が進むと，都市流域的な特徴が顕在化し，水循環が変化する．都市流域の特徴として，①不浸透域の増大，②下水道の普及，③河川の改修整備の 3 つがあげられる．

不浸透域は，流域の都市的土地利用として，通常のアスファルト面やコンクリート面など雨水を浸透させない地表域を表す．具体的には，道路と建物の部分が不浸透域となる．

次に下水道の普及である．下水道によって図 3-3 の表面流出は，地表面だけではなく，地表面下の人工的な水路を速い流速で流れることになる．最後の河道整備は，今日よく言われる「コンクリート三面張り」の河川に象徴され，河道の断面拡大と摩擦粗度の低下による洪水疎通能力の増大を目的としたものである．

2. 都市化による洪水の増大

2・1 都市化による水循環の変化

ここで，1960 年代から始まる首都圏の大規模な宅地開発として知られる多摩ニュータウンの事例を取り上げ，流域都市化の進行と洪水流出の変化を見ることにする．

まず，この都市化による洪水流出の変化を劇的なかたちで示しているのが，図 3-4，図 3-5 に示したハイドログラフ（流量の時間変化）である．これらは，いずれも東京都多摩市の多摩ニュータウンに位置する乞田川流域の車橋地点観測所におけるハイドログラフである．

図 3-4 は，流域が開発前でほぼ山林に覆われていた 1969 年の自然流域の状態のものである．後者

の図3-5は，開発がほとんど終了した1981年時点のものである．降雨はそれほど違わないにもかかわらず，それに対する流域の応答は，同じ観測所でありながら全く異なっている．

まず，図3-4はゆっくり洪水量が増加し，緩やかに減少している．自然流域の特徴として，降雨のうちほとんどが浸透し，表面流出が少ないことがあげられる．そのため，洪水流量の変化も穏やかな増加と減少を示す．

それに対して，都市流域の洪水流出は，図3-5のハイドログラフに典型的に示されている．開発後の都市化した状態では，降雨開始とともに流量が急激に増加し，鋭いピークをもち，降雨が止むと短時間で流量が減少している．そして洪水後の河川流量，つまり平常時の流量は，図3-4の自然流域状態に比べて非常に少ないことがわかる．宅地開発が終わり，都市化した流域では，不浸透域の雨水が下水管を通って一気に河川に集まり，急激な洪水となる．また，その裏返しとして，当然のごとく，

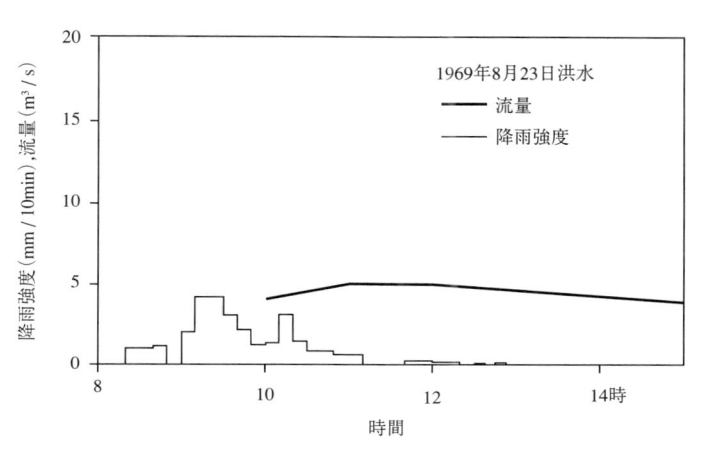

図3-4　都市開発前の洪水

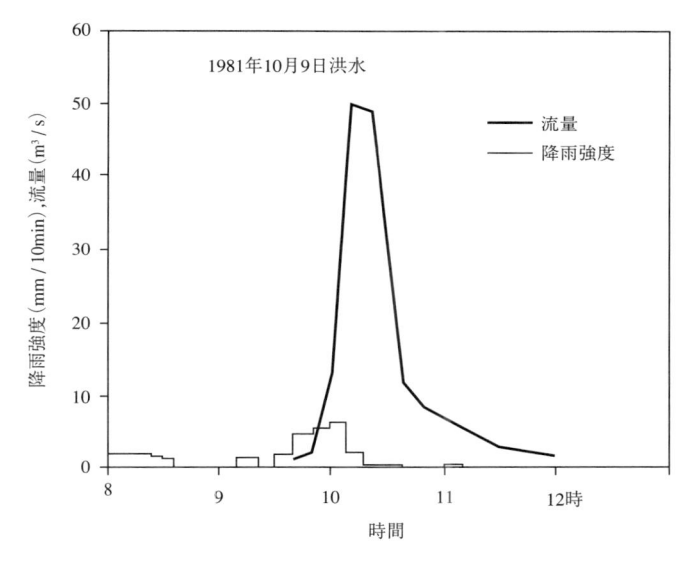

図3-5　都市開発後の洪水

浸透して地下水になる成分は極めてわずかであり，このことが河川の平常時自流量の減少をもたらす．

2・2　都市流域における流出抑制の方法

水循環の改善，洪水流出の抑制のためには，流域における不浸透域の割合を低下させるとともに，雨水の河道への集中を緩和することが重要な指針となる．このことは，雨水の貯留と浸透という自然流域のもつ保水性を高めることを意味し，洪水調節池などの貯留施設や透水性舗装や雨水浸透ますなどの浸透施設を設置することが洪水の流出抑制につながる．

3．都市開発による水収支の変化

3・1　都市流域と自然流域の水収支

都市開発による水循環の変化を診断するには，流域の水収支を診る必要がある．図3-3のうち，降っ

た雨が，下線を引いた3つの成分，洪水流出・地下水流出・蒸発散にどのような割合で分配されるかを検討するのである．図3-6に典型的な2つの例を示す．これは東京都の八王子ニュータウンにおける水収支調査（「雨水浸透施設技術指針（案）」雨水貯留浸透技術協会）から作成したものである．図中の(a)は，都市開発前の水収支で，自然流域の水収支の特徴を示している．すなわち，蒸発散が半分に近い45％，地下水流出が43％，残り洪水が12％である．つまり降った雨のほとんどは，蒸発散と地下水となり，洪水として流出する部分はわずかである．

対照的に，(b)に示した都市開発後の水収支は，典型的な都市流域の収支である．明らかに洪水が突出して多く，蒸発散や地下水成分は相対的に小さくなっている．雨が降るとどっと洪水になり，晴天時にはわずかな自流量しかないという都市河川の特徴を表している．このような都市開発によって，地下水が減少し，都市の貴重な自然である湧水が涸渇するということが生じている．都市河川の地下水流出とともに，蒸発散も，水面や緑地が不足しているため，自然流域に比べて少なく，このことがまたヒートアイランド現象の原因の1つになっている．

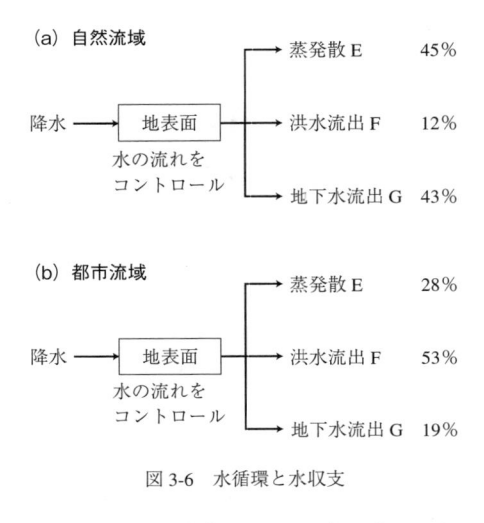

図3-6　水循環と水収支

3・2　都市化した流域の水収支の改善

自然流域と都市流域の水収支の特性を図3-6(a)と(b)に示したが，都市開発による水循環の悪化を緩和するためには，流域の水収支を支配する〈地表面〉を変えることが対策となる．洪水の流出抑制と同じように，自然流域のもつ地表面の水収支コントロール機能，すなわち貯留と浸透の機能を強化することが必要である．つまり，流域の水収支を自然の水収支に近づけるために，人工的な装置としての雨水浸透施設を導入して水収支の改善を図るのである．具体的には，浸透ます・浸透人孔・浸透管（トレンチ）・浸透側溝・透水性平板・透水性舗装などがあげられる．これらはすでに実施されて，都市開発において効果を上げている．

それでは図3-6(b)に示したような都市流域的水収支の改善目標としては，どのような数値目標を考えればよいのだろうか．これについてはいくつか考え方があるが，筆者としては，日本国土の平均的な水収支を目安にすることが妥当と考える．すなわち，洪水・地下水・蒸発散の比が，1：1：1である．都市開発によって悪化した水収支を自然状態に戻すことはできないが，水循環へのインパクトを緩和するために，$E：F：G = 1：1：1$を数値目標とすることが工学的にも合理性があるといえる．

4.　地下水流動阻害という水循環の悪化

近年，水循環の環境アセスメントにおいて話題に上るのが，地下水流動阻害である．図3-3の水循環フローに戻るが，雨が降って地下に浸透，降下した水は，地下水となって地下をゆっくり流れながら，湧水として湧き出し，あるいは浸出水として河川の平常時の流量となる．この地下水の流れを阻害するのが，地下水流動阻害である．

1990年代以降，都市域の地下開発が進み，地下鉄道や地下道路，地下街などが建設されるようになっ

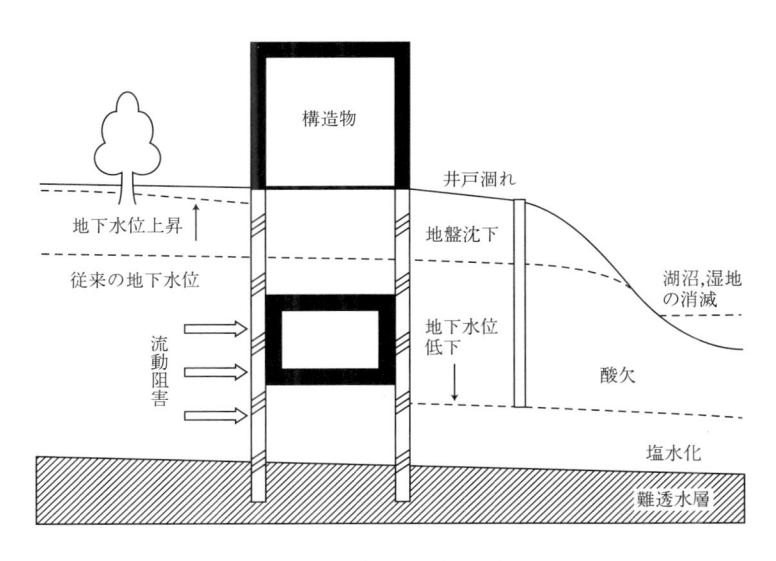

図 3-7　地下水流動阻害の概念図

た．そのため，自然の地下水脈を地下構造物が阻害するケースが増えてきた．図 3-7 に示したように，大規模な地下構造物は，地下水流を堰上げ，上流では地下水位が上昇し，下流側では地下水位が低下する．これによって，湧水涸渇，井戸枯れ，樹木の根腐れなどの環境問題が生じる．

このような地下水流動阻害が予想されるときは，工事中，工事後の地下水位のモニタリングを行い，必要に応じて，地下水の流動阻害を緩和する地下水流動保全工法を実施することが対策として考えられる．

5. 水循環の環境アセスメントの一般的な手順

水循環の環境アセスメントは，基本的に，図 3-3 の水循環のフローが開発によってどのように変化するかを科学的に評価し，必要に応じて開発によるインパクトを緩和し，よりよい開発行為に誘導していくことにつきる．

実際の手順としては，水循環フローにおいて，地表を流れる水，あるいは地下を流れる水を対象に水文モデルで解析を実施し，開発前と開発後における水循環の変化を定量的に明らかにする．コンピュータ技術の進展と解析ソフトの開発により，私たちは水文現象を解析する多くのソフトウェアを使える環境にある．様々な開発案について解析を実施し，その解析結果を比較検討することにより，対象となっている開発事業を，環境への影響という観点から評価することができる．この作業を通して，水循環に影響を与える開発行為をより適正な方向へ誘導することができるのである．

§3. 水質・底質

ここでは環境影響評価項目の水質・底質の調査，予測，評価を行う場合，あらかじめ理解しておくべき基本的な内容を記す．水質・底質調査についての環境影響評価の技術的な詳細な指針，マニュア

ルは環境省などで公表しているので参考にすること[1,2,3].

1. 影響評価項目の意味と対象
1・1 用語の定義について[4,5]
「水質」は，陸水域（河川，湖沼など），海域などの基本的な性質である．
「底質」は，陸水域（河川，湖沼など），海域などの地形や堆積物などの基本的な性質である．

1・2 水質・底質の環境内における位置づけ
・水質・底質は自然環境を構成する要素の中でどのような位置にあるかを理解する．

　水質・底質の環境の質の変化や劣化などを引き起こしている要因は，自然界における降雨，山，川，海，地下水への水の移動や流れと，主に大気の働きによる地球上のあらゆる場所からの水の蒸発から降雨への水の大循環メカニズムがあり，さらに，人間の産業活動による森林，牧畜，田畑，都市部，工場地域から，また海への直接的な排水などの人為的な負荷などが加わった結果である．つまり，水質や底質の調査においては，自然の「水循環」と人為的な負荷があって，さらに調査対象である河川，湖沼，沿岸域には様々なスケールの水循環のシステムがあることを理解して調査を計画，立案する必要がある．

2. 調査の目的
2・1 現状把握における基本的な事項
1) 水質・底質の変化は人為的なものと自然（火山活動など）によるものがある．

　水質は，基本的な性質であるけれど，その量的な内容も重要である．また，地下水系の量を含む流れや質的な課題も含まれる．一方，底質には，一般的に堆積域，無堆積域，浸食域などに分けられる．これらの違いは，地形とともに水域にもたらされる堆積粒子の供給量や再移動量のバランスするなどに起因する．

2) 水質・底質の変化をもたらす主な要因
・水域の物理環境，化学環境，生物環境のそれぞれの変化，あるいはそれぞれの環境変化が複合して水質・底質に変化を及ぼす．
・水環境の場の不均一性の要因として，調査対象域の場の地形，地質，流れ場，温度場，光の場，栄養塩の濃度などがある．

水質は時々刻々変化する．特に河川や沿岸域などの流れ場においては，その変化が大きい．
・陸水域や海域起源の粒子状物質や生物起源の物質の影響などもある．
・水質の変化は，プランクトンなどの生物的な活動の大きさで左右される．特に栄養塩はその水環境の物質循環メカニズム（流入，流出，栄養塩の循環など）が大きく影響する．
・底質の有機物の変化は，堆積物，基盤に生息する生物的な活動（ベントス，付着海藻など）によって大きく影響を受ける．特に，干潟域ではその影響は大きい．また，自然のイベント（大洪水，大雨，台風など）は底質に大きな影響を与える．

2・2 変化の予測
1) 事業による水環境への負荷の影響が水質・底質にどのような変化，影響を及ぼすかを予測する．

2) 事業による環境影響予測は，水質では，一般には数値モデルによる流動・拡散場を組み込んだモデルが用いられる．さらに，栄養塩などの水質などで物質が変化するメカニズムについては，生態系における栄養塩の取り込みや移動などを組み込んだ生態系数値シミュレーションモデルなどが一般に用いられる．

3. 水質・底質の調査 [1,3,4]

環境影響評価の目的に沿った計画立案（調査方法，分析項目とその精度など），環境保全措置目標の設定が重要である．

3・1 調査計画立案

事業特性とともに調査対象域（陸域，汽水域，海域）で大きく異なるので，調査域の場の特徴を予め理解しておくことが肝心である．イベント（台風，集中豪雨など）による変化も大きい．

3・2 調査域の場の基本的な事項

1) 陸水域（湖沼，河川など）
- 淡水，山川海への流れは一方向，湖沼は風の影響で撹乱と季節的な成層が起こる．
- 陸域（河川，田畑などの面源）からの負荷によって湖沼は富栄養化になりやすい．一度富栄養化すると回復が困難である．

2) 汽水域（干潟，岩礁域など，海域としての扱いが多い）
- 淡水と海水の混合域，多様な生態系を形成，場は地形的，人為的にも複雑であるので，調査などは環境保全措置の目的にあった計画立案が重要となる．
- 陸域からの人的な環境負荷や改変の影響を受けやすい．
- 潮汐などによる場の変動が大きいため，調査・観測にはなるべく同時性が必要になる．

3) 海域
- 閉鎖系と開放系の海域で「場」が大きく異なり，また栄養塩などの循環が大きく変わる．
- 閉鎖性海域は陸域からの負荷の影響が大きい．
- 開放系の外海に面した海域では，外海からの直接的な影響が大きく，陸域からの影響評価を行うのは難しくなる場合が多い．調査の境界条件を決めるのが困難な場合がある．

4) 地下水系
- 地下水の流れは，地下水を経由して影響を及ぼす水量の増減は直接に生態系への影響が，水質とくに有害化学物質などは生物，人体への影響がともに大きいため課題が特に重要となる場合がある．
- 地下水系は場の地形，地質などとの関わりが大きく地質調査などの他分野との連携で調査の対応することが必要である．

3・3 調査方法

1) 保全措置の調査目的に応じて異なる
- 調査の時間，労力，資材，対象とする現象の時間空間スケール，観測手法などを考慮して項目を選ぶ．
- 調査地点は概要を知るために「碁盤目状に広い範囲を調べる方法」と「ある一点からの変化を詳

細に追う場合には，放射線状に配置する方法」とがある（海域の例）．
- 河川などでは，「河床横断面にいくつかの測点（鉛直的，水平的）をとる方法」と「川の流れの縦断面で目的にあった距離間隔で測点をとる方法」がある．
- 予測のための数値モデルなどにデータを用いようとする場合には，メッシュサイズに合わせて碁盤目状の地点のデータが有効である．
- 調査は比較的天候が安定している日を選定する．
- 野帳への記述も種々の確認のために重要である．採水／採泥の日時，地点，天候，水深，周辺の状況などを野帳に記録しておく．
- 公共の調査地点のデータを参考にして，調査地点を設けることも必要である．

2）評価項目の測定
- 直接的に水や堆積物を採る方法と測定機材で自動測定する方法がある．
   自動測定されたデータは，解析などが速くでき，結果も速く知ることができる．
- 直接的に水や堆積物を採る方法は次に記す．

（1）水質
- 水質の自動測定項目には，水温，塩分，クロロフィル a，電気伝導度，Ph，などある．
- 自動記録・測定方式には長期メモリー式が使いやすい．記録方式も連続記録か不連続かなど自動測定器の特徴を理解し，目的に応じて使い分ければより精度の高い調査になる．
- 採水あるいは観測層の決定については，表層以外は，目的に応じてサンプリングする層を決める．
- 通常，採水器を用いる．北原式採水器，バンドン採水器が広く用いられている．
- ポンプ採水（時間的あるいは空間的に連続した採水）も有効な方法である．
- 表層採水には，酸洗浄したポリエチレン製バケツ，試料ビン（採水ビン）を用いる．
- 保存容器には，ガラス容器，ポリエチレン容器，テフロン容器など用いる．
- 温度管理が必要な項目（栄養塩，溶存酸素など）では，分析まで冷暗保存（クーラボックスなど），固定保存を行う．

（2）底質
- 底質の自動測定項目には，泥温，酸化還元電位（Eh），水深などはがある．
- 海底などの地形などの調査には，主に音響測器を用いる．
   音響測深器で水深を，超音波を用いるサイドスキャンソナーで堆積物の性状などの詳細な調査が行える．
- サンプリングは堆積物の状態をなるべく壊さないようにするために湖底，海底などに直接アクリルなどのコアーサンプラーで，そのまま陸上，船上に取り込む．
   一定面積の採泥器（エクマンバージ型，スミスマッキンタイヤー型など）を用いてサンプルを採取する．
- 取り上げられた採泥器から，サブサンプルを分析項目に応じて小さいポリエチレン製容器などに取り分け保存する．
- 堆積物の変質を防止するために，分析までは冷暗保存（クーラボックスなど）する．

3）分析方法

調査目的が異なる場合でも，その手法は同じが基本である．以下の方法を参照されたし．
・水質調査方法（環水管第30号，昭和46年）
　水質汚濁に係る環境基準について（昭和46年環境庁告示第59号）
　底質調査方法（環水管第103号，昭和50年）
4）分析項目と分析精度
・調査目的がいかなる場合でも，生活環境項目，健康項目は基本的に行う．
・質のよい調査結果を得るための努力が必要である．
・簡易の測定器で行う場合，その機種名を野帳に記しておく．その精度も理解しておく．
　測定装置，分析装置は，その精度が調査に十分対応できる機種を用いる．
5）調査域のデータ
・調査計画立案の段階で，これまでに蓄積されたデータの活用が重要である．
・陸域，海域などでは，公共用水域の観測データがある．その他，各公共団体や研究機関で独自で取得しているところも多く，事前の調べが必要になる．

3・4　環境保全措置に結びつく現況調査，予測，評価の方法

1）現況調査と評価
（1）調査地点の生活環境項目（生活環境の保全に関する項目）や健康項目（人の健康の保護に関する項目）なの環境基準値との比較
・ベースライン調査（モニタリング）・・・新たに調べる地点，既往の地点
・過去のデータ（公共用水域，各地方公共団体による地点）との比較
・法令などによって規制や基準が設けられているものには，以下のものがある．
　環境基準（健康項目，生活環境項目），水質汚濁防止法における排水基準，公共用水域などにおける農薬の水質評価指針，水産用水基準，農業用水基準，水道用水水質基準，工業用水基準
（2）水質や底質の過去のデータと現状との状態の変化の度合い
・過去との比較（事業の前，過去の事例）で現状のレベルを調べる
・調査目的に見合った調査の計画を立案する
・調査結果の解析および予測を行う
・調査地点の時系列データによる比較
・調査域の空間データによる広がりの比較
2）影響予測の評価と環境保全措置目標
（1）水質や底質の変化の程度を知るため
・事業開始後における生態系の維持のため，事業による影響を及ぼす程度を予測する．（主に陸水域，地下水系など）
・水質・底質の変化が，対象域の水環境（物質循環，エネルギーの流れなど）にどのような変化をもたらすかなどを予測する．
・水質・底質の変化による予測値が基準値を確保されているか，変化の程度が，環境保全についての配慮として適正なものかどうかの判断を行う．

表 3-2 環境調査における水質・底質測定項目の事例[2)]

調査項目	調査資料	代表的な環境要素の区分				
		土砂による水の濁り	富栄養化	溶存酸素	水底の泥土	塩素イオン濃度
濁度	濁度	○	○		○	
浮遊物質	SS	○	○		○	
流量	粒度分布		○		○	
	流量	○	○		○	
	BOD		○	○		
	COD		○			
	T-P		○			
	I-P		○			
	O-P		○			
水質	T-N		○			
	I-N		○			
	O-N		○			
	DO		○	○		
	クロロフィル a		○	○		
	塩素イオン濃度		○	○		○
	気温		○			
気象	風速，湿度，雲量，日射量		○			
	降雨量	○	○		○	
水温	水温			○		○
土質	表層土質	○	○			
	堆積厚				○	
水底の泥土	含水率，pH，強熱減量 COD，TOC，T-N，T-P，硫化物量，酸化還元電位，粒度組成				○	
河川水の水位	河川水の水位	○				
地質	層厚，透水係数 有効間隙率				○	

・水質・底質の変化の程度に応じて，どのような環境保全措置がとるかを検討する．
(2) 事業による水質・底質への影響予測
・物質循環などの生態系のメカニズムを組み込んだ数値モデルを用いて，対象事業に起因する水質・底質の変化が環境へどのような影響を及ぼすかを調べる．（主に，河川，湖沼，閉鎖性海域など）
・変化の伝搬の時間や範囲の程度を予測する．
・評価項目の濃度の変化（濃度の時間的・空間的変化）を予測する．
・数値モデルによるシミュレーションなどによる現状変化の影響評価予測（手法）をする．
・モデル計算などで得られた結果が，実行可能は範囲で環境影響を低減される，回避されるような内容で対応できるかどうかの評価を行う．評価ができない場合は，得られた結果は改めて，環境

第3章 環境科学の基礎に立つ環境アセスメント技術・手法　53

表 3-3　環境調査における水質・底質測定項目の事例[2]

区分	調査目的	調査項目／調査対象
水質調査	海水の基本的な物理特性の把握	水温，塩分，水色，DO，光量子，栄養塩
	生物の基本的な生息環境条件の把握	
	海水の流動構造の把握	
	海水の濁りの把握	透明度，SS，濁度
	有機汚濁，富栄養化の程度の把握	COD，有機物，栄養塩，クロロフィル a
	環境基準との比較	pH，COD，DO，T-N，T-P，重金属，
		有害化学物質など
	生物の生息条件の把握	pH，DO，光量子，栄養塩
底質調査	底質の基本的な性状	粒度組成，色，臭気
	有機汚濁，富栄養化の程度の把握	COD，IL（強熱減量），硫化物，栄養塩，
		有機物
	基準との比較	重金属，有害化学物質
	生物生息基盤条件の把握	付着藻類

負荷の削減目標などを検討するための資料とする．その課題も理解して用いる必要がある[1,6]．

4. 環境保全措置に結びつく水質・底質の変化の予測の方法[2,6,7]

前述の評価目標に従って影響予測評価の方法は異なる．以下に影響予測の方法の概略を記す．
予測結果に基づいて影響の最小化，回避，低減するための環境保全措置の具体案を作成し実行を図る．

（1）河川・湖沼やダムなどの閉鎖性水域で適用される方法
・回帰モデルによる予測，Vollenweider モデル，
・解析解による予測，ストリータ・フェルプス（Streeter-Phelps）の式（主にBOD，DO）
・負荷流出モデル（回帰モデル，水質タンクモデル）
・数値シミュレーションモデルによる予測（二次元，三次元モデル）

（2）海域などで用いられる方法
・定量的な予測方法として数値シミュレーションモデルが用いられる．
・調査目的に応じて用いるモデルも様々である．
・流況モデル（水平二次元，水平三次元モデルなど），水質モデル（保存系と非保存系モデル，富栄養化モデル，生態系モデルなど），低次生態系モデル

（3）その他
・堆積底泥からの溶出速度などを水環境などの物質循環にどのように影響を及ぼすかを予測する．最近では，そのための数値モデルの開発も進められている．

§4. 土壌環境

1. 影響評価項目の目的と定義

土壌環境の項目が「地形及び地質」「地盤」「土壌」に分かれている（図3-8）[8]．これらの地圏の呼称については，学問的にも細分化されその定義がなされているため，まずはその定義と相互関係の理解が必要である．

1・1 地形および地質

地形および地質とは，その分野によって定義の位置づけが異なるが，建造物建設における地形・地質は基礎地盤としての形状，物理的特性を指す．一方で，自然環境を構成する一分野としての地形・地質は，自然環境を構成する基礎的項目といえ，特に生物・生態系の成立基盤をなすものとして位置づけられる．

地形とは，地表の形態であり，高低・起伏などの状況を指す．海水面上の陸上地形，海水面下の海底地形に分けることができる．

地質とは，地面より下における岩石・地層の種類，その重なり方の順序（層序），空間的配置，地層による現在までの歴史などを示すもので深度方向に深い範囲を指す概念である．

1・2 地盤

地盤とは，建設や防災などにおいて用いられる概念であり，人々の生活基盤や活動範囲に関係する地層の部分をいう．よって，各種構造体の土台としての役割を考え，その範囲を定義づけている．

地盤の狭義の定義は，自然地盤中の土砂や土のような未固結地盤を指すが，広義には，岩石・岩といった自然の固結地盤や人工地盤を含める．

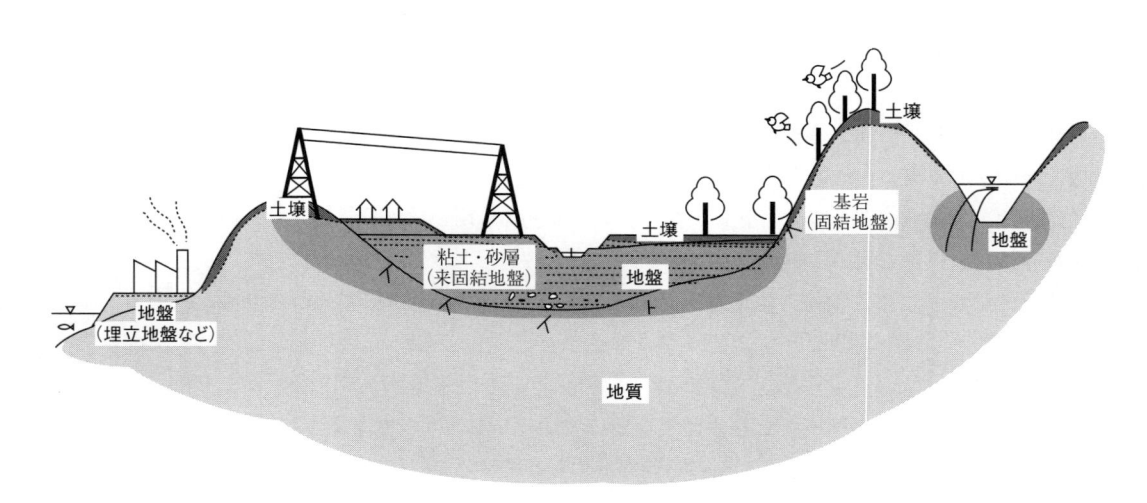

図3-8 土壌，地盤，地質の関わり[8]

1・3 土壌

土壌とは，地殻の最表層生成物とされる自然物であり，岩石が風化物となり，気候や生物の遺体やその分解物などの有機物が混じることによって作用されて土壌ができる．一定の地理的広がりをもち，緑色植物を生育させる肥沃度をもつ点で，土壌はその母材となる岩石・地層と本質的に異なる．よって，厳密にいえば，土壌は表層部を指し，地質はそれより深部の部分を指すことからその深度範囲が二分されて捉えられる．しかし，社会的には土壌と地質を厳密に区分認識されて表現されることは少なく，「土壌」が地質の深度範囲を包含して表現されることが多い．環境影響評価においては，土壌と地質は分かれた項目となっている．

また，環境影響評価では同対象事業に宅地など造成開発があるように，埋立地や盛土による人の手が加わってできた土壌の層位が認められない人口改変地を含めて考える．

上記のように，その定義は分かれるものの，それぞれの機能面からいえば，地質，地盤，土壌は明確に分かれるものではなく，共通点や区分点がある．建造物などの荷重支持機能や地下水などの保水機能，通気機能，浄化機能，養分等貯蔵機能などがある一方，生活基盤や社会基盤，生物多様性，地下水涵養，食糧生産，廃棄物処理といった役割をもっている．

これらの多くの役割をもつ土壌環境は，環境影響評価を実施するうえでそれぞれの範囲によって検討すべき評価項目である．

2. これまでの事例

これまで行われた環境影響評価の事例において，環境省のデータベース（環境影響評価情報支援ネットワーク）によれば，「地形・地質」を評価項目とした環境影響評価事例は55件，「土壌汚染」は21件，「地盤沈下」は38件あった．そのうち，「地形・地質」を評価項目とした事例は，発電所建設，土地区画整理事業，道路建設，などが多い．「土壌汚染」を評価項目とした事例は，道路・鉄道建設，発電所建設，などが多い．「地盤沈下」を評価項目とした事例は，土地区画整理事業，道路・鉄道建設，発電所建設，などが多い．

上記のうち，「地形・地質」においては，盛土切土による影響評価が多い．「土壌汚染」は，重金属類の対応策に関する事例が多い．これらは自然由来重金属が多く，土壌環境基準に基づいた土壌汚染対策を実施する例が多い．「地盤沈下」は，軟弱地盤による対策，取水に関する対策についての例が多い．

3. 調査，予測および評価

土壌機能は多くの環境要素と関連性をもつため，土壌機能の構成に着目して評価を実施することが重要である．調査項目については，各自治体によって小さな違いはあるが，概ね以下のような項目があげられる．

3・1 調査項目

調査項目は，地盤環境の要因となる自然条件，関連する社会条件などについて検討が必要である．また，土壌汚染，土壌機能を構成する要素について着目して，評価を実施することが重要である．

1）地盤環境
①自然条件
　地形，地質，土層構成，土質特性など．土性，地盤強度，圧密特性，水理定数など．
②社会条件
　土地利用，上下水道，揚水施設，ライフラインなど．
2）土壌汚染
事業の特性や地域の特性を考慮しつつ，環境基準に定められている土壌汚染物質の有無を把握したうえで，次の検討を行う．
①水文地質
　　地質構造，帯水層区分，地下水位，地下水成分，地下水流動方向，帯水層定数など．
②汚染物質
　　種類，土壌・地下水中の汚染物質濃度分布など．
③土壌・帯水層中の物質移動
　　汚染物質の吸着特性，汚染物質の分解特性，透水係数，透気係数など．
④周辺環境影響予測
　　粘土層分布，土質定数（圧密特性），不飽和浸透特性，土壌水の成分など．
3）土壌機能
①保水・通水
　　土性，土壌硬度，三相組成，浸透力，保水力，透水性，腐植など．
②物質収容
　　pH，EC，窒素，リン酸，塩基類，CEC（保肥力指標），微量元素など．
③生育機能
　　表土の厚さ，有効土層，礫含有量，土地の乾湿，肥沃度など．
④生物の生息・生育
　　種数，存在数など．
⑤土壌の構成
　　土壌断面，土壌層位・層厚，鉛直方向の構成，堆積腐植層厚など．

3・2　調査手法

1）地盤環境
①地形調査
　　地形区分，地下水の流動方向，地下水の涵養域・流出域，揚水などによる影響範囲の調査．
②地質・土壌調査
　　ボーリング調査による地層の確認，地下水位，強度（N値）の把握．
③透水・揚水試験
　　各帯水層の水理定数，水質，強度特性，粘土層の圧密特性を見る．
④地盤沈下など状況調査
　　資料など調査，現地観察，水準測量，地盤沈下観測井による地下水位と沈下量の連続測定．

2) 土壌環境
①地形と土壌の関係
　岩石の風化作用，水による浸食作用による影響など．
②土壌断面
　調査地点に試掘して土壌断面について色，土性，土壌構造，堅さ，根の分布などについて観察．
③土壌の物理的・化学的特性
　土壌層位別にサンプリングし，物理的・化学的な特性分析を行う．
④土壌分類
　土壌断面，物理的・化学的特性の把握に基づき，類似の断面形態である土壌をグルーピングして分類判定する．
⑤土壌分布状況
　対象地域を踏査して土壌の分布境界線を見極め，土壌分布図を作成する．
⑥土壌動物を用いた診断
　環境変化に対する感受性の差によってあらかじめ3群に区分した動物の出現状況を調べるもの．
⑦植生を用いた診断
　植生は土壌特性にも左右されるため，植生を調査することにより土壌特性を特定する診断．
⑧保水性（pF）試験
　保水性試験結果により，土壌水の分類を行う．

3・3　予　測

　土壌環境の個別要素は，土壌汚染や土壌浸透などを除いて標準値や基準などが設定されていないことから，過去類似事例の参照による定性的評価など柔軟な対応が必要となる．また，土壌や地盤との機能相互作用や構造的な要因による複雑さから，相対的・定性的評価もあり得る．

1) 予測手法
予測精度を考慮したうえで，手法を選定する．
①既往の類似事例などによる定性的な予測
②地下水シミュレーションモデルなどによる地下水流動，物質移動解析
③大気汚染シミュレーションモデルを用いた降下物の分布状況の把握
④モデル実験
⑤安定解析，圧密理論式，シミュレーションを用いる方法　など

2) 予測地域
　土壌は移動性が低いことから，通常は事業実施区域を予測地域とする．しかし，循環系や生物生息・生育に対する影響が予測される場合には，それらの整合性が保たれるような予測地域の設定が必要である．

3) 予測時期
　対象とする事業規模や取り扱う水循環系の規模・予測対象時期などは多様である．よって，時間的・空間的スケールを考慮し，予測時期やその期間を設定する必要がある．

3・4 評価
1) 評価方法

評価は，現況調査および予測の結果に基づいて，地域の特性，環境保全のための措置および評価の指標などを勘案し，対象事業の実施が土壌環境に及ぼす影響について明らかにする．

4. 環境評価項目の特殊性と今後の課題

環境影響評価における土壌環境は，「地形及び地質」「地盤」「土壌」に分けてそれぞれを検討している区分制度にあるが，その周辺環境には地下水などが存在しており，地圏の連続性をもって影響評価を実施する必要性がある．また，対象事業によって個別性が強く，現地調査による環境状態の把握が重要となる．

一方で，日本は土壌・地質環境が豊かなことから，自然由来の重金属の分布も多く，土壌環境基準の運用については環境リスクの概念を生かすことが求められているが，現在においては制度的運用がなされていないことは今後の課題となる．また，活断層や液状化現象などの地震災害予測に伴う地盤の変化については，生活空間の大きな割合が災害現象を伴う堆積平野などに人口が密集していることから，効果的な評価・予測検討が今後必要である．

5. 関連する資格

土壌環境に関連する資格はやや広範になっているが，技術士や土壌環境管理士など，表7-1（第7章）に示すような資格が存在する．

§5. 騒音・低周波音・振動

1. 環境影響評価[10-13]

環境影響評価法には，新たな科学的知見を導入するために，5年ごとに，基本的事項などの見直しや10年ごとに法律の一部改正が具体的に盛り込まれている．最近では，配慮書手続，環境保全措置，報告書手続が追加されている．その中で，社会的に問題となっていた「風力発電所」関係の低周波音について，環境影響評価項目等選定指針に関する基本的事項として「騒音」を「騒音・低周波音」に改められた．事業特性として，工事の実施や施設などの存在・供用に係る騒音・低周波音・振動について，自然的・社会的状況を整理し，特に，影響を受けやすいと予測される施設などを把握することが重要となっている．

2. 調査[9, 10, 15]

事業特性や事業規模および地域特性から，騒音・低周波音，振動における調査すべき項目を抽出し，それらの影響を適切に把握するために必要な要因を選定して予測，評価および環境保全措置に反映することが重要となる．

2・1 騒音・低周波音
①時間当たりの交通量，車種構成（大型車混入率），走行速度，車線，路面

②航空機の機種（プロペラ機，ジェット機，ヘリコプタ），エンジンタイプ（ターボプロップ，ターボジェット，ターボファン），ホバリング，飛行の発着回数，飛行経路，時間帯別基数，スラントディスタンス
③時間当たりの車両数，車両構成，列車速度，平坦部，高架部，トンネル部，軌道
　建設機械の台数，走行速度，作業時間，作業内容
④機械・装置・設備の台数，大きさ，配置，回転数，羽根枚数

2・2　振動（騒音・低周波音の場合の航空機以外ものと同様で下記の要因を考慮）
①地盤種別（砂礫，粘性土，シルト，ローム，沖積土，洪積土）
②地盤の卓越振動数，地盤・路面の凹凸
③障害物（埋設物，側溝，暗渠，マンホールなど）
　以上から，騒音・低周波音，振動の予測が可能となり，評価にもつなげることができる．

3. 予測手法[18,19]

予測とは，対象事業の実施による環境影響を適切に評価できるようにするものである．予測の基本的な手法として，波動理論による伝搬式，実測による推定式，実験による式，数値シミュレーション，統計による最小二乗法，類似事例による引用などがある．これらの予測式を発生源や変動性（定常的，衝撃的）について整理すると表3-4，表3-5のようになる．

3・1　騒音および振動

多くの発生源における騒音性状は，「定常騒音」と「衝撃騒音」に大きく分けることができる．

発生源の形状などにより，理論構成が困難な場合には，実験や実測によって推定式を構築し，多くのデータの蓄積から統計による最小二乗法による式を提案したりしている．また，振動についても騒音と同様である．振動は，地盤中を伝搬するが，その伝搬経路は複雑であり，また地盤性状などに左右されることからを厳密で精度よい実用的な方法を提案しにくい状況にある．

3・2　低周波音

低周波音とは，周波数1Hzから100Hz前後（1～20Hz：超低周波音と20～100Hz：騒音領域の低周波数成分の音）の範囲を呼称している．物理的な現象は，騒音，振動と同様であるが，心理的，生理的および物的な影響が前者より大きい場合がある．騒音，振動ほど所見が明らかになっていないが，研究が進み始めている．

4. 環境保全措置[18,19]

環境保全措置は，事業計画に反映する内容であるため，環境影響評価の中で最も重要であることから，事業者の環境保全に対する態度，考え方が示されることになる．本措置は，技術面，費用面，具体性および現実性を基本に十分実行可能と判断できるものであれば，事業計画の変更もありえるものである．騒音・低周波音，振動における環境保全措置としては，発生源対策，伝搬経路対策および受音側／受振側における対策の3つに分類することができる．

4・1　発生源対策

1）圧力変化の低減，振動低減により，音波や振動の発生原因を除くこと

表 3-4 騒音および振動発生源別の予測手法 [18]

変動性	予測手法	発生源の種類						
		移動発生源					固定発生源	
		道路交通	在来線鉄道	地下鉄	新幹線	航空機	工場・事業場	建設作業
定常騒音/定常振動	波動理論による伝搬式	○●	○-	--	○-	--	○●	○●
	実測による推定式	-●	○-	-●	--	○-	○-	○●
	実験による式	○●	--	--	-●	--	--	--
	数値シミュレーション	○●	--	-●	--	--	--	--
	統計による最小二乗法	-●	○●	○-	○-	--	--	-●
	類似事例による引用	○●	○●	○●	○-	○-	○●	○●
衝撃騒音/衝撃振動	波動理論による伝搬式	--	--	--	--	--	○-	--
	実測による推定式	--	--	--	--	--	-●	○-
	実験による最小二乗法式	--	--	--	--	--	-●	○●
	数値シミュレーション	--	--	--	--	--	--	--
	統計による式	--	--	--	--	--	-●	--
	類似事例による引用	--	--	--	--	--	○●	○●

ただし，○印：騒音，●印：振動

表 3-5 低周波音発生源別の予測手法

変動性	予測手法	発生源の種類							
		移動発生源					固定発生源		
		高架道路	高架鉄道	新幹線トンネル	航空機・ヘリコプタ	風力発電	工場・事業場	発破・爆発	ダム・堰放流
定常振動	波動理論による伝搬式	-	-	-	-	○	○	-	-
	実測による推定式	-	-	-	○	○	○	-	-
	実験による式	-	○	-	-	-	-	-	○
	統計による最小二乗法	○	○	-	○	-	-	○	-
	類似事例による引用	○	○	○	○	-	-	-	-
衝撃振動	波動理論による伝搬式	-	-	-	-	-	○	-	-
	実測による推定式	○	○	-	-	-	-	○	○
	実験による式	-	-	○	-	-	-	-	-
	統計による最小二乗法	○	○	-	-	-	-	-	-
	類似事例による引用	○	○	○	-	-	-	○	○

2) 低騒音型，低振動型の機械，装置，設備を採用すること
3) 作業工程，作業期間，作業時間などの管理を行うこと
4) 走行計画，飛行計画，配置計画を立案すること

4・2 伝搬経路対策

1) 遮音壁，遮音塀，防音壁，防音塀，防振溝を設置する
2) 環境施設帯，緩衝建築物，緑被率の高い樹林防堤を設置する

表 3-6　発生源別の規制基準，環境基準等 [16, 17]

評価	発生源	道路交通	鉄道	航空機	工場・事業場	建設作業	備考
騒音	規制基準	○	○	○	○	○	
	環境基準	○	−	○	−	−	
	指針	−	○	○	−	−	
振動	規制基準	○	−	−	○	○	環境基準は存在しない
	環境基準	−	−	−	−	−	
	指針	−	○	−	−	−	
低周波音	規制基準	−	−	−	−	−	法律や条例による発生源毎の評価は存在しない
	環境基準	−	−	−	−	−	
	指針	−	−	−	−	−	

3) 地盤の平坦化，地盤改良，廃タイヤの埋設の実施

4・3 受音側／受振側における対策

1) 遮音，吸音，制振，防振を考慮した防音住宅，防振住宅の施工
2) 建築物基礎の剛性を高めること
3) 隙間や吊物をなくすこと

5. 評　価 [10, 14]

　騒音・低周波音，振動に関する評価方法には，法律や条例による規制基準値，国際的なガイドラインあるいは関係学会による推奨値などがある．その評価をするには，発生する騒音・低周波音，振動の時間特性，変動性，周期性から大きさを読み取ることが重要となる．このことから，事業特性や事業規模および地域特性を勘案して，目標値を設定し，最小化，回避・低減による方法により評価する方法もある．

5・1 法律などによる評価

　法律などによる規制基準は，数値によって表現されており，それは，発生源ごとの評価値となっている．その例を表 3-6 に示した．

5・2 最小化・回避・低減による評価

　事業者自らが，下記に係る検討をすることにより最小化・回避・低減が可能となる．

1) 立地・配置に係る検討
　　対象事業の実施区域の変更や設備などのレイアウトの工夫を行う．
2) 規模・構造に係る検討
　　対象施設などの規模の縮小や構造の変更を行う．
3) 施設・整備などに係る検討
　　対象施設の定期的なメンテナンスや敷地周辺の環境整備（緑化，道路の平坦性など）を行う．
4) 管理・運営に係る検討
　　対象施設の稼働調整・制限や周辺での継続的なモニタリングによるデータ蓄積を行い，積極的に

公開や対話を行う．

以上の最小化・回避・低減による評価は，事業者によって実行可能な範囲で行われることが重要であるとともに根拠のある客観的な資料などの明示により行われるものである．

6. 事後調査

環境保全措置の実施によって環境影響が発生する可能性がある場合や最小化や回避・低減効果に係る知見が不十分な環境保全措置を実施する場合に，事後調査が必要になる．対象事業による騒音・低周波音，振動の状況を把握することから，予測結果との差異による原因を見極めることが重要となる．例えば，交通量，車種構成，飛行の発着回数，飛行経路，時間帯別基数，走行速度，地盤種別などやその環境保全措置の効果も含めて確認することが重要である．状況によっては，長期的なモニタリングによる事後調査が必要になることもある．

§6. 日照阻害・風害・電波障害

1. 日照阻害[20]

1・1 環境影響評価

日照とは，太陽の直射光の日当たりを意味している．その日照が周辺状況などによって，生活環境を阻害することから建築基準法によって，地域別などで日影規制を実施している．一方，一定高さ以上の建築物や建造物あるいは施設が計画された場合には，周辺地域の広範囲に日影の影響が生じないように地方公共団体の条例によって環境影響評価を実施することになっている．

1・2 調 査

調査項目は，土地利用や地形の状況，日影の影響に配慮すべき建築物の立地状況，主要な地点における日影の状況，既存の高層建築物などによる日影の影響および関連法規における日影規制基準で必要な項目を選択して実施する．調査方法として，時刻別日影図や等時間日影図を現地調査などから作成したり，天空写真などから天空図を作成して季節ごとの太陽軌道を表示したりする．

1・3 予 測

周辺地域の広範囲に日影の影響が発生するかどうか，冬至日（8時から16時）を主体に予測を実施する．予測の基本的な手法としては，現地調査による情報から，調査項目によって作成された内容により行う．また，模型実験や事例の引用・解析によって行う手法もある．また，時刻別日影図の作成には，パソコンによる手法や日影チャートによる手法などがある．

1・4 環境保全措置

本措置として，計画建築物などの形状，高さ，配置などについて実行可能な代替案を作成して比較検討する．例えば，平面配置計画よりも日照可能な南側に移動させる．建築物の形状を円形にするとか高さの調整をするとか，また，北側敷地境界からセットバックをするなどして回避・低減を行う．公共施設の場合には，損害などに係る費用負担が行われている．

1・5 評 価

日照阻害における評価は，予測結果や環境保全措置の効果を考慮して，周辺地域に及ぼす日照の影

響が事業者の実行可能な範囲でできる限り回避・低減されているかどうかを評価する．建築基準法や地方故郷団体による条例の規制基準と比較することで評価する．

1・6　事後調査

本調査は，予測の不確実性が大きな場合，効果に係る知見が不十分な環境保全措置を講じる場合，あるいは工事中または供用後において環境保全措置の内容をより詳細なものにする場合，などにおいて行う．例えば，東京都環境影響評価制度においては，予測結果の検証を行う場合に，事後調査が必要となる．

2．風　害

2・1　風害とは

「風害」という用語は広く用いられるが，ここでの風害は高層建築物が建設されることにより周辺での風速が増加し，強風によって発生する障害を意味している．学術的には「風環境」，メディアなどでは「ビル風」と呼ぶことが多い．ここでは風環境と記すこととする．風環境は，高層建築物を建設する際の環境アセスメントの環境項目の1つとなっている．

調査手順は図3-9に示すようになる．

2・2　環境影響評価

高層建築物建設による風環境については，環境影響評価法としての規定はない．都道府県条例などで規定されるものが主となる．多くは高さ100 m以上の高層建築物を対象とするが，45 m程度から調査を義務付けられることもある．特に，風環境に関して規制の厳しい東京都の総合設計制度を用いる場合には，高さ60 m以上の建築物は何らかの手法（多くの場合，流体数値シミュレーションが用いられる）を，高さ100 m以上の場合には風洞実験による調査が義務付けられている．

2・3　気象状況

風環境の評価は風速の発生頻度に基づいて行われるため，計画地での風向風速の発生頻度が必要になる．ここでの風は主に気象的な要因で決まる．その地域を代表する風を意味する．多くの場合，長期間の確実な記録が必要なことから最寄りの気象官署の記録が用いられる．しかしながら，建設地により近い地点の方が望ましく，また，気象台とは明らかに風の性状が異なるような場合には，多くの都道府県で行っている公害監視用の記録などが用いられることもある．ただし，観測地点の近くに大規模な建築物などの風にとっての障害物があることもあり，使用に当たっては現地を確認する必要がある．また，風環境の評価を行う場合，5～10年の観測期間の記録に基づき，風向別の風速の確率モデル（一般的にワイブル分布が用いられる）を作成する必要がある．

2・4　ビル風現象

高層建築物が建設されるとその周辺部で風速が増加する．この原因は高層建築物の建設により建築物の両側面あるいは建築物頂部に風が回り込むために発生するからである．建築物頂部を超える風は通常問題とならないが，建築物側面を流れる風は歩行者レベルの風速を高める．さらに，側面へ回り込んだ流れが吹き降ろしを伴うため，歩行者レベルの風速をより高める．

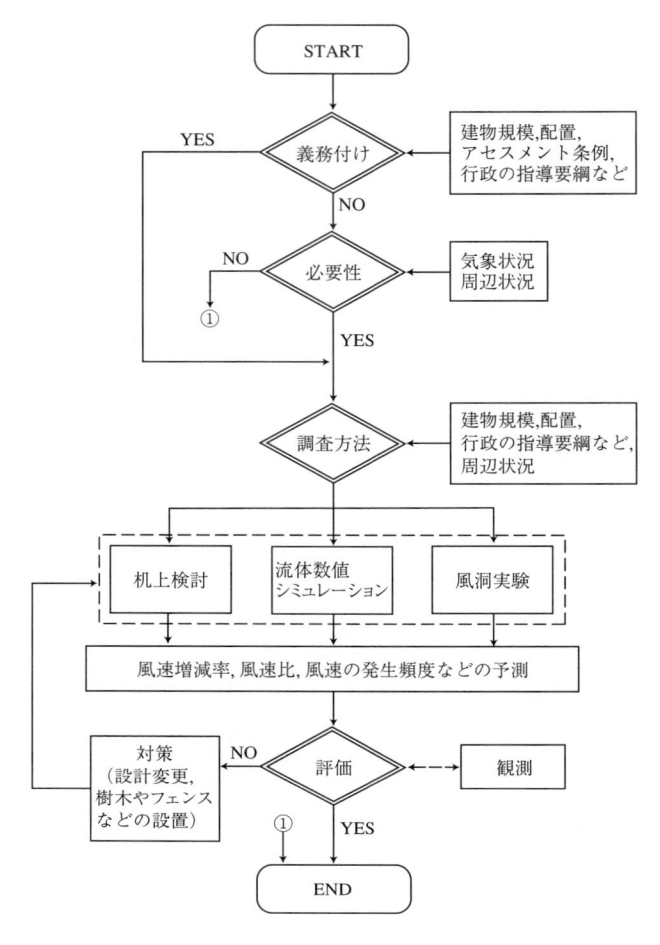

図 3-9 風環境調査の手順

2・5 予測手法

風環境の予測方法には，風洞実験，流体数値シミュレーションおよび既往の文献などから類推する方法（机上検討）などがある．現在のところ，風洞実験が最も精度の高い方法と位置付けられていることから，規模が大きな場合には予測方法として風洞実験が行政指導などで義務付けられることもある．なお，机上検討では定量的な評価は難しく，主に，建築計画の初期の段階での検討に利用されているが，実際的には，風洞実験または流体数値シミュレーションが用いられる．

2・6 評価

風環境の評価は，村上ら[21]，および風工学研究所[22]が提案する2つの指標に基づいて行われている．表3-7, 3-8に示すように，風速の超過頻度（累積頻度は超過頻度の残分である）に基づいて行われる．

行政では，高層建築物を建設することにより新たにランク4あるいは領域Dを発生させないようにと運用されていたが，最近は，住宅地においてはランク3あるいは領域Cも避けるようにとの指導をされるのが一般的になっている．また，関連の裁判事例などでも同様の考え方が参考にされている．

表3-7 村上ら提案の風環境評価指標[21]

強風による影響の程度		対応する空間	評価される強風のレベルと許容される超過頻度		
			日最大瞬間風速（m/s）		
			10m/s	15 m/s	20 m/s
ランク1	最も影響を受けやすい用途の場所	住宅地の商店街 屋外レストラン	10%以下 (37日)	0.9%以下 (3日)	0.08%以下 (0.3日)
ランク2	影響を受けやすい用途の場所	住宅地 公園	22%以下 (80日)	3.6%以下 (13日)	0.6%以下 (2日)
ランク3	比較的影響を受けにくい用途の場所	事務所街	35%以下 (128日)	7%以下 (26日)	1.5%以下 (5日)
ランク4	どの用途にも適さない場所		35%超過 (128日)	7%超過 (26日)	1.5%超過 (5日)

注）ここでは，ランク3の超過頻度を超えるものをランク4とした．

2・7 対策方法

風環境の基本的な対策は，計画地の気象的な要因で決まる風の特性を考慮して行うことである．強い風が，よく吹く風向からの風に対して極力風速増加を発生させないようにということである．例えば，頻度の高い風向に対して，建築物の見付け幅を狭くする，また，隅角部を丸めるなど平面形状を円形に近づける，などである．しかしながら，計画地の形状や他の法規制などから，上記のようなことが難しく，庇やフェンスの設置，多くは植栽により対応しているのが現状である．

表3-8 風工学研究所提案の風環境評価指標[22]

領域区分	累積頻度55%の風速	累積頻度95%の風速
領域A	1.2 m/s 以下	2.9 m/s 以下
領域B	1.8 m/s 以下	4.3 m/s 以下
領域C	2.3 m/s 以下	5.6 m/s 以下
領域D	2.3 m/s 超過	5.6 m/s 超過

注）領域A：住宅地でみられる風環境，領域B：領域Aと領域Cの中間的な街区でみられる風環境，領域C：オフィス街でみられる風環境，領域D：好ましくない風環境

2・8 観 測

予測した風環境の評価が，精度よく実状を示しているかどうかを検証するために風の観測を行うことがある．環境影響評価条例などでは，一定規模以上の建築物では義務付けられていることがある．この場合，高層建築物竣工後のみの場合もあるが，建設前の観測が義務付けられることもある．風は季節変動があり，日変化も大きいため1年間継続した観測が必要である．

3. 電波障害[23-28]

3・1 概 論

テレビ放送の電波障害については，多くの地方公共団体の環境影響評価条例において，対象項目となっており，高層建築物などの建築の際に環境アセスメントが実施されてきた．ここでは，電波障害に係る調査・予測・環境保全措置および評価に係る技術的事項について示した．

1) 対象とする電波

2012年4月デジタル放送へ完全移行に伴い，地上および衛星放送のデジタル電波を対象とする．

2) デジタル電波の主な送信場所

関東では，2013年1月にスカイツリーから送信が開始される予定である．中京圏では瀬戸デジタルタワー，近畿圏では生駒山テレビ放送所から電波が送信されている．

3) デジタル放送の特性

地上テレビのデジタル放送はUHFの40チャンネルの電波（470～710MHz）で放送されている．テレビ1チャンネル分の周波数帯域（6MHz）を13セグメント（1セグメントは約429kHz幅）に分割し，セグメントごとに搬送波の変調方式や誤り訂正機能の強さを3階層まで変えられるように工夫されている．

4) 建造物などによる受信障害

地上デジタル放送の受信障害としては，建造物による遮へい障害や反射障害（マルチパス），妨害電波，受信システム不良によるもの，地形による遮へいや混信などの電波伝搬によるものなどがあるが，地上デジタル放送は，反射障害や妨害に強い特徴があり，アナログ放送のようなゴースト（二重の影が出る現象）や画面のちらつきは生じないが，デジタル電波が一定の電界以下になると，ブロックノイズが現れたり画面が静止（フリーズ）したりするが，さらにひどくなると全く映らなくなる．デジタル放送は，電波（受信電界強度）の強い地域ではアナログ放送に比べて遮へい障害による受信障害地域は小さくなるが，電波送信所から遠方にある中弱電界強度の地域ではアナログ放送と同様の障害が発生する場合がある．

3・2 環境影響評価条例などにおける電波障害

環境影響評価条例の技術指針などで電波障害を評価項目として取り上げている地方公共団体として，東京都，大阪府などの都道府県，札幌市などの政令指定都市などがある．

1) 電波障害の環境影響要因

環境影響評価の技術指針などで取り上げられている電波障害の環境影響要因を下記に示した．

高層建築物・大規模建築物および工作物の存在／高架道路・高架鉄道・高架軌道の存在および自動車・列車の走行／航空機の飛行（飛行場，ヘリポート）／工場・事業所の存在／火力発電所・風力発電所・変電所の存在／架空送電線路等電気工作物の存在／廃棄物処理施設の存在

2) 対象項目としての選定

下記に示すような事業特性および地域特性がある場合に電波障害を対象項目として選定する．

①事業区域の周辺が低層の市街地，または住宅主体の市街地であり，比較的高層の建築物，または比較的高層の高架構造物（高架道路，高架鉄道，橋梁，煙突，換気・排気塔など）などの設置により，電波障害を生じるおそれがあると予想される場合

②事業計画内容からみて電波障害を及ぼすおそれが予想される環境影響要因がある場合

3・3 環境保全措置

デジタル電波の中弱電界地域では，建造物の遮へいなどによりアナログ電波と同程度の受信障害が発生する場合がある．建造物などによる電波障害が発生する場合の対策を下記に示した．

1) 建造物側の対策

建造物の配置，形状，高さによる電波障害の影響範囲を計画段階で検討して設計段階で改善

2) 受信側の電波障害対策

①共同受信施設の設置：UHFの地上デジタル波を直接伝送する共同受信施設を設置

② 個別対策：高性能アンテナの設置などにより個別に受信環境を改善
③ CATV による対策：地域のケーブルテレビに加入してケーブルから受信

3・4 調査，予測および評価

1) 調査項目
① テレビ電波の送信状況：位置，高さ，送信出力，事業対象区域との距離など
② 電波の受信状況：各調査地点において受信機入力端子電圧と OFDM 波の振幅周波数特性波形（f 特性波形）をスペクトラムアナライザーなどで調査
③ 地上デジタル受信機を用いた画像評価：〇：正常に受信，△：ブロックノイズや画面フリーズあり，×：受信不能
④ ビット誤り率値の測定：測定器や地上デジタル受信機を用いて測定
⑤ 全チャンネルの品質評価
⑥ 共同受信施設の設置状況
⑦ 電波の受信に影響を生じさせている地形，高層建築物などや影響を受けやすい住宅などの状況

2) 調査地域
電波障害の影響を受けるおそれのある調査地域を事前検討により概略把握する．事前検討では，建造物計画図や周辺地域データを基に既存手法を用いて障害範囲を計算し，少し広めの範囲を調査地域として設定する．

3) 調査方法
① 調査地域内において調査地点を均等に設定（30～50 メッシュごとに 1 地点程度）して電波測定車により受信状況の現地調査を行う．
② 調査地域における住宅などの立地状況，電波受信に影響を生じさせている地形，高層建築物，工作物など，共同受信施設の設置状況などを既存資料の収集・整理および現地踏査により行う．

3・5 予 測

1) 予測対象
建築物などの設置による遮へい障害および反射障害について，所要 BER を満足しない障害範囲を予測する．

2) 建造物による電波障害予測方法
① 等価 CN 比（CN_0）とビット誤り率の算出
　受信状況調査結果から調査地域のビット誤り率を測定する必要がある．ビット誤り測定器では測定できないことが多いため，ビット誤り率と相関のある CN 比（搬送波と雑音電波との電界強度の比）を求める．受信機入力端子電圧と f 特性波形の現況調査結果から，地点別の CN 比に対応したビット誤り率を算出し，その平均ビット誤り率を求め，その平均ビット誤り率に対応した等価 CN 比（CN_0）とビタビ復号後のビット誤り率（BER_0）を求める．

② 所要 SL（SLp）と所要 DU 比（DUp）の算出
　等価 CN 比（CN_0）から，所要 SL（SLp：SL とは遮へいにより電界強度が低下する程度のことで，障害が発生し始める限界の遮へい損失）および所要 DU 比（DUp：DU 比とは直接波と反射波との電波強度の比のことで，障害を発生し始める限界の DU 比）を求める．

③障害予測計算

遮へい障害は所要 SL（SLp）に対応した遮へい障害予測距離，反射障害は所要 DU 比（DUp）に対応した反射障害予測距離を，それぞれアナログ波の障害予測計算実用式により算出する．この実用式の適用範囲は，計画建築物高さで送信アンテナ高さの 1/2 未満の場合であり，送信アンテナ高さの 1/2 を超える場合は，予測計算原理式に基づいて検討する必要がある．

3）評　価

①予測結果および環境保全措置を考慮して，周辺地域に及ぼす電波障害の影響が事業者の実行可能な範囲でできるかぎり回避または低減されているかどうかを評価する．

②予測結果および環境保全措置が，国または地方公共団体が定めている電波障害に係る基準または目標などと整合性が図られているかどうかを評価する．電波障害に係る基準または目標は，電波障害が発生する場合は適切な環境保全措置を実施することにより電波障害の解消を図ることである．

4）事後調査

建築物などの建設中および完成後に受信障害予測地域に対する受信状況の事後調査を実施する．

3・6　電波障害の特殊性と今後の課題

1）環境アセスメント以外での電波障害の取扱い

多くの地方公共団体では，中高層建築物の建設に伴う近隣の環境問題に対処するため，環境アセスメント以外の条例や指導要綱などで日照などとともにテレビ受信障害の調査を義務付けている．東京都では，「中高層建築物の建築に係る紛争の予防と調整に関する条例」において電波障害を調整すべき対象として規定しており，また，川崎市では，「川崎市中高層建築物の建築及び開発行為に係る紛争の調整等に関する条例」においてテレビジョン放送の電波受信障害に関する調査報告書の提出や障害が予測される場合の対策実施を義務付けている．

2）調査・予測・対策の特殊性

テレビ放送の受信状況調査や電波障害予測に関しては，テレビ電波測定車や特殊機器による測定が必要であり，また条例などで資格を有する専門技術者が調査・予測を行うことを義務付けている地方公共団体もあることから，調査・予測を行う専門的機関に委託して実施されてきた．

3）関連する資格など

テレビ放送の受信状況調査や電波障害予測に関しては，社団法人日本 CATV 技術協会が CATV 技術者資格制度を設けて技術者の育成を行っている．調査や予測に係る資格として，CATV エキスパート（受信調査），第 1 級 CATV 技術者，CATV 総合監理技術者の資格がある．

§7.　廃棄物

1. 影響評価項目の意味と対象

廃棄物の影響評価項目については，下記のような点が特徴としてあげられる．

①廃棄物の適正処理は事業者としての責務であること．

②廃棄物はその性状に合わせた適正な処理が実施されれば，汚染という観点では環境への影響はな

い，またはほとんどないと考えられること．
③一般的な廃棄物などの調査・予測・評価は，汚染という観点ではなく，発生する廃棄物などの種類と量の予測，発生抑制・再利用という観点での評価を行っていること．
④環境影響評価制度では，廃棄物などは温室効果ガスとともに「環境への負荷の量の程度により予測及び評価されるべき環境要素」となっていること．

一般的に，評価項目の対象となる「廃棄物等」とは図 3-10 および以下の「廃棄物」と「建設発生土」を合わせたものを対象としている．

⑤廃棄物（廃棄物処理法に定める廃棄物；産業廃棄物，一般廃棄物）（図 3-10 参照）
⑥建設発生土（建設副産物適正処理推進要綱（国土交通省）に定める建設発生土）

[＊なお，建設発生土，コンクリート塊，アスファルト・コンクリート塊，建設汚泥など再利用などできるものを含めて「建設副産物」と呼ぶことがある．（「再生資源の利用の促進に関する法律」（平成 13 年 4 月 26 日法律第 48 号）]

注：□に囲った分類は廃棄物等の対象範囲

図 3-10　廃棄物の分類

2. 環境保全措置の事例

環境保全措置には，「回避・低減」と「代償」があるが，廃棄物などの場合は以下のようになる．

① 「回避・低減」は発生抑制により発生量がなくなる・少なくなること，再利用の促進により処分量がなくなる・少なくなることである．

② 「代償」としては，計画実施区域から発生した建設副産物以外の再生資源の利用がある．

したがって，3-Rの原則に従い，廃棄物の発生抑制，再利用，再生利用の優先順位をもって事業の調査・予測・評価・環境保全対策を提案している事業が廃棄物分野では優れた事業となる．

廃棄物などにおける環境保全措置の例を表3-9[29]，副産物の再利用の例を表3-10[30]に示す．

3. 環境保全措置に結びつく調査，予測，評価の手法

一般に，廃棄物などの現状調査，予測調査，評価は表3-11のような調査が実施され，環境保全措置が提示される．調査は一般に，①地域特性に関する情報収集，②事業の内容に関する情報収集の2つの手法による．予測は，標準・簡略・重点の各手法に分けられるが，いずれにおいても数値化する必要があり，具体的な予測手法としては「原単位による方法」，「類似事例による方法」，「計画の積算による方法」などが用いられる．また，評価は「低減の観点」であることから，それほど高い精度は必要とならないが，算出の考え方を明らかにしておく必要がある．

予測した廃棄物などのうち再利用，再生利用などができないものについては，やむを得ず適正処理，最終処分することとなるが，前述のとおり極力，排出抑制，再利用・再生利用に廻せる環境保全対策とすることが望まれている．

4. 現状と課題

環境影響評価項目の調査・予測・評価における課題を整理すると，下記の項目にまとめることができる．

① 循環型社会に適した調査・予測・評価が必要→3R（Reduce, Reuse, Recycle）の優先
② 道路や鉄道など事業期間が長期に及ぶ場合の中間的な廃棄物排出量の予測の必要性
③ 発生量などの予測手法が明示されてなく，妥当性の判断ができないことがある
④ 特別管理廃棄物など少量であるが，有害性が高いものの取扱が不明確

特に，循環型社会を形成するために各リサイクル法の整備が進められてきており，下記の観点に沿った対策が必要になっている．

⑤ 発生・排出抑制に関する事項＝資材消費の抑制などにより入力を制御して廃棄物を削減する方策や，事業者自身のオペレーティングにおいて効率的利用および再利用などによって削減する方策．
⑥ 資源化による削減に関する事項＝廃棄物の排出先として再生資源化が可能な施設を選択することにより環境負荷量を削減する方策．
⑦ 資源化物などの利用による社会全体での削減を円滑化する事項＝再生資源の利用を促すため自ら進んで再生資源の利用を行い，社会の再生資源の循環を促す方策．「国等による環境物品等の調達の推進等に関する法律（グリーン購入法）」に基づく低負荷の資材調達などもこの範疇に入る．

表 3-9　廃棄物等に関する環境保全措置の例

検討の視点	副産物の種類	環境保全措置	措置の区分
発生時の抑制	建設汚泥	適切な工法の選択による発生量の抑制	回避・低減
再利用等（再生資源の活用を含む）による処分量の抑制	建設発生土，コンクリート塊，アスファルト・コンクリート塊，建設汚泥	事業区域内で加工し，現地での再利用	回避・低減
		再資源化施設（土壌改良プラントを含む）などを活用した現地での再利用	回避・低減
		再資源化施設（土壌改良プラントを含む）などを活用した一般の市場や他の事業での利用	回避・低減
		再生利用認定制度等を活用した他事業での利用	回避・低減
	建設発生土	情報交換システム等を活用した他事業での利用	回避・低減
事業実施区域から搬出した副産物以外の再生資源の利用	建設発生土，コンクリート塊，アスファルト・コンクリート塊，建設汚泥	再生資源の利用	代償

文献 30 を一部加工

表 3-10　建設副産物の再利用の例 [30]

建設副産物	再利用の例
建設発生土	良質残土はそのまま盛土材として利用 不良残土は土壌改良後，盛土材料として再利用
コンクリート塊	破砕し，粒土調整等を行い，再生骨材などとして，埋め立て，盛土材料，路盤材料，雨水浸透施設などへの再利用
アスファルト・コンクリート塊	再生加熱アスファルト混合物などとして，再生アスファルト舗装の路盤材などとしての利用
建設汚泥	土壌改良を行い，土質材料として利用

表 3-11　廃棄物等の調査・予測・評価について

	手　法	備　考
調査	①地域特性に関する情報収集 ②事業の内容に関する情報収集	
予測	標準手法／簡略化・重点手法 （ア）統計資料等に基づく原単位積み上げによる方法 （イ）個別事業場の稼働実績による方法 （ウ）事業計画に基づく発生量の積算による方法	予測対象（項目，地域，時期） 予測内容
評価	低減の観点からの評価	

　また近年は，国においても戦略的環境影響評価制度（戦略アセス）が取り入れられた．これまで行われてきた事業アセスメントでは難しかった計画変更が，戦略アセスでは複数案の比較検討によって早い段階から議論され，「よりよい計画へのアプローチ」ができる制度ができあがったことから，これらの考え方を積極的に取り入れる姿勢が望まれる．

5. 関連する資格

廃棄物を扱うためには，化学・電気・機械・建築・環境工学・環境化学など様々な知識が必要となる．したがって，関連する資格は廃棄物処理施設技術管理者や環境計量士など数多くあるが，表7-1（第7章）に示すような資格があげられる．

§8. 温室効果ガス

1. 温室効果ガスの概要と国内外の動向

1・1 温室効果ガスの種類と特性

温室効果ガスとは，「太陽からの熱を地球に封じ込め，地表を温める働きがあるガス」の総称である．地球温暖化問題は，他の環境問題とは異なり，全世界の全ての人々の日常生活や個々の事業活動の結果が積み重なって，最終的に地球規模の変化をもたらし，全地球の環境に影響を与える可能性がある，というものであり，環境負荷の「要因」と「結果」の間に時間的・空間的な隔たりがある，という特徴を有している．対象となるガスの種類としては，二酸化炭素（CO_2），メタン（CH_4），一酸化二窒素（N_2O），ハイドロフルオロカーボン（HFC）類，パーフルオロカーボン（PFC）類，六フッ化硫黄（SF_6）などがある．

1・2 気候変動による環境影響

地球温暖化により，過去100年間の世界平均気温は0.74℃上昇しており，過去50年間の気温上昇傾向は過去100年間のほぼ2倍と言われている．これにより世界的には，氷河の後退や異常気象の頻発，海面水位の上昇などが観測されている．国内においても，図3-11（カラー口絵）に示すような農産物の被害，動植物・生態系への影響，洪水被害などが発生している．

急激に進む温暖化や自然災害は，次世代への「とりかえしのつかない影響」の原因となる可能性が指摘されている．

1・3 気候変動に係る国内外の動向

地球温暖化問題が大きくクローズアップされたのは，「気候変動に関する国際連合枠組条約」（通称：気候変動枠組条約）で，1992年5月に採択され1994年3月に発効された．この条約は，温室効果ガス濃度の安定化を究極的な目標とし，先進国には，1990年代末までにCO_2などの排出量を1990年の水準に戻すことを目指した政策措置などを求めた．当初の条約には，2000年3月以降の対策に関する明確な規定がなかったが，1997年12月に京都で開催された第3回締結国会議（COP3）において，2000年以降の各国の削減目標が議定書として定められた．これが「京都議定書」である．「京都議定書」の中では，第一約束期間となる2008年から2012年までの5年間の温室効果ガスの二酸化炭素換算排出量の合計が，1990年の実績値の5倍量に94%（すなわちマイナス6%）を乗じた値を超えないことがわが国の目標値とされた．その後，わが国においては京都議定書における目標を達成するために各種の施策が実施されてきた．

温室効果ガス濃度の安定化のためには，地球温暖化対策は京都議定書6%削減約束の達成にとどまらず，中長期的な観点から，大幅な排出削減を目指して進める必要性も指摘されている．2012年4月27日に閣議決定された「第四次環境基本計画」においては，2050年までに80%の温室効果ガス削減

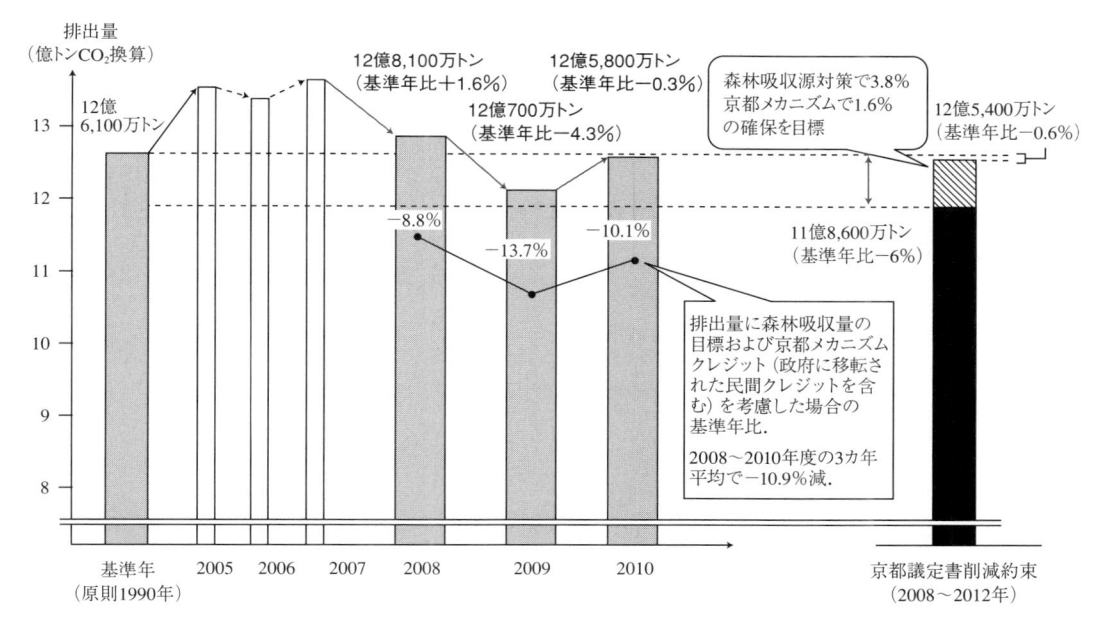

図 3-12　2010 年度のわが国の温室効果ガス排出量

を目指すものとしている．なお，国際交渉の中では，京都議定書第二約束期間以降の枠組みに関する議論が活発に行われている（詳細は環境省 HP の「気候変動枠組条約」のページなどに掲載されているので参照されたい）．

2010 年度までのわが国の温室効果ガス排出量は図 3-12 に示すとおりであり，2010 年の温室効果ガス排出量は基準年比でマイナス 0.3％となっている．一方，2011 年 3 月 11 日の東日本大震災および福島第一原子力発電所における事故は，温室効果ガスをほとんど排出しない原子力発電所の全国的な稼働停止などにつながり，今後の温室効果ガス排出量に大きな影響を与えることが懸念されている．

2. 温室効果ガスに関する調査・予測・評価手法

2・1　対象とすべき環境影響要因

対象とすべき環境影響要因としては，①工事段階，②存在段階，供用段階の各事業段階に係る行為のうち，温室効果ガスの排出もしくは吸収を生じる要因を抽出・選定し，排出量もしくは吸収量が微少であることが明らかな行為は除く．

温室効果ガス排出量については，原料調達，製造，流通，使用，処分までの事業のライフサイクル全般に係る総量をライフサイクルアセスメント（LCA：Life Cycle Assessment）により算定することが本来的には望ましいが，一般的な事業者が LCA レベルでの排出量を把握することは困難であるなどの理由から，建設資材などの原料調達や施設の耐用年数経過後の処分については対象外とすることが現段階では一般的である．

考慮すべき環境影響要因（例）を表 3-12 に示す．排出行為としては，対象事業者の所有または経営支配下にある施設や設備からの「直接排出」以外に，「電気・熱の使用に伴う排出」や「需要等発生による排出」などの「間接排出」があり，「間接排出」についても，対象事業者が排出量を管理・抑

表 3-12 温室効果ガスに関して考慮すべき環境影響要因（例）

段階	事業区分	環境影響要因（例）
工事段階	共通	・建設機械の稼働や資機材等運搬車両の走行による燃料の使用 ・工事に伴い発生する廃棄物の焼却 ・土地の造成などに伴う樹木の伐採
存在段階	共通	・樹木の植栽
供用段階	共通	・施設の稼働，運営・維持・管理による燃料・電気・熱の使用 ・施設の稼働，管理などに伴い発生する廃棄物の焼却
	道路	・自動車の走行による燃料の使用 ・付帯施設の供用による燃料・電気・熱の使用 ・周辺道路における交通量の変化や渋滞緩和などによる燃料使用量の増減
	河川	・付帯施設の供用による燃料・電気・熱の使用
	鉄道	・列車の走行による燃料・電気の使用 ・鉄道整備や線路の高架化などに伴う自動車燃料使用量の変化
	飛行場	・航空機の運航による燃料の使用 ・飛行場の整備に伴う自動車燃料使用量の増減
	港湾	・船舶の運航による燃料の使用
	廃棄物最終処分場	・廃棄物の焼却に伴う温室効果ガスの排出 ・温室効果ガス回収時の漏洩 ・廃棄物の埋め立てやし尿処理，廃水処理に伴う温室効果ガスの排出 ・他人に提供する電気又は熱に伴う排出量の控除

制できるものは対象にすべきである．

2・2 温室効果ガスの調査・予測・評価の方法

温室効果ガスによる環境影響は前述したとおり，「要因」と「結果」の間に時間的・空間的な隔たりがあることから，当該事業による温室効果ガス排出量や排出状況を明らかにすることによって予測・評価を行うものとし，伐採する樹木の状況などに関する現況調査以外に，現況調査（温室効果ガス濃度の測定など）は原則として行わない．予測・評価に関する一般的なプロセスを以下に示す．

1) 温室効果ガスの排出・吸収活動の抽出

①当該事業に関連して，温室効果ガスの排出が大きいと考えられる活動および温室効果ガスの吸収に資する活動を抽出する．個々の活動は使用燃料の種類や製品の種類などまで細分化する．

②「電気の使用」（他人から供給されたもの）などは，電気使用者が直接的に温室効果ガスを排出するものではないが，使用量の削減という観点で排出量に関与できるため，対象とする．また，事業予定地外における関連事業活動などについても検討の対象とする．

③活動は排出される温室効果ガスの種類ごとに整理する．

2) 活動毎の活動量（計画量）の把握

①燃料使用量，自動車の走行距離，廃棄物焼却量，樹木の伐採・植栽面積などを把握する．

②活動量は当該事業の事業特性に基づき推定する．類似事例の活動量から推定することも可能だが，不確実性が大きくなるので留意する．

③事業特性から直接把握できない場合には，必要な原単位（各単位当たりの活動量）を求めて推定する．機械の仕様が想定されている場合には，当該仕様を基に推定する．

④活用可能な原単位が整備されていない場合には，統計データなどを基に原単位を設定する．
3）温室効果ガス排出量の算定
①温室効果ガス排出量は以下の計算式を用い，CO2換算量で求める．

> 各温室効果ガスの排出量 ＝ Σ ｛(活動量) × (排出係数)｝
> 温室効果ガスの総排出量（CO_2 換算量）
> 　　　　＝ Σ ｛(各温室効果ガスの排出量) × (地球温暖化係数（GWP))｝

　なお，地球温暖化係数（GWP：Global Warming Potential）の最新版は IPCC 第4次報告書に示された係数であるが，関連法制度が IPCC 第2次報告書の係数を基としている場合は，第2次報告書の値を使う（表3-13）．
②各温室効果ガスの排出係数は，「地球温暖化対策の推進に関する法律施行令」や「温室効果ガス排出量の算定・報告・公表制度」（環境省 HP など参照）などに基づき毎年度公表されているものがあるので，これらを活用する．電力事業者別の二酸化炭素排出係数を表3-14に示す．なお，上記文献などでは排出係数が分からない活動については，必要な排出係数を自ら求める必要が生じる．
4）温室効果ガスに関する環境保全措置（温室効果ガス排出量削減方策）の検討
　環境保全措置は，温室効果ガスの排出要因となる行為の全部または一部をとりやめる「回避」，排出要因となる活動を削減する「低減」，植樹などにより CO_2 吸収源を創出する「代償」の3つの観点から検討する．検討に当たっては，対象事業者が確実に実施できるかについて留意し，削減効果の大

表3-13　地球温暖化係数（GWP）[31]

温室効果ガス	第2次報告書	第4次報告書		
	100年係数	20年係数	100年係数	500年係数
二酸化炭素（CO_2）	1	1	1	1
メタン（CH_4）	21	72	25	7.6
亜酸化窒素（N_2O）	310	289	298	153
HFC-23	11,700	12,000	14,800	12,200
HFC-32	650	2,330	675	205
HFC-125	2,800	6,350	3,500	1,100
HFC-134a	1,300	3,830	1,430	435
HFC-143a	3,800	5,890	4,470	1,590
HFC-152a	140	437	124	38
HFC-227ea	2,900	5,310	3,220	1,040
HFC-236fa	6,300	8,100	9,810	7,660
HFC-43-10mee	1,300	4,140	1,640	500
六フッ化硫黄（SF_6）	23,900	16,300	22,800	32,600
‥‥	‥	‥	‥	‥

きな措置を優先する．環境保全措置（例）を表3-15に示す．

なお，自らの事業において温室効果ガスの削減が困難な部分の排出量を，他の場所で実現した温室効果ガスのクレジット（カーボン・オフセットやCDM事業によるクレジットなど）などを購入することにより埋め合わせることも1つの手段である．

5）温室効果ガスに関する評価

① 推定された温室効果ガス排出量・吸収量に関して，以下の2つの視点から評価する．

　(a) 対象事業の実施により当該選定項目に係る環境要素に及ぼすおそれがある影響が，事業者により実行可能な範囲内でできる限り回避され，または低減されており，必要に応じその他の方法により環境の保全についての配慮が適正になされているか．

　(b) 国または関係する地方公共団体が実施する環境の保全に関する施策によって基準または目標が示されている場合には，当該基準または目標と，調査および予測の結果との間に整合が図られているかどうか．

② 上記（b）に関しては，事業者として実行可能な範囲内で検討することが望まれる．また，回避・低減が困難な実行不可能な場合にはその理由を明らかにする．

表3-14 一般電気事業者の[32] 二酸化炭素排出係数（2010年度実績）

一般電気事業者名	実排出係数 (t-CO_2/kWh)	調整後排出係数 (t-CO_2/kWh)
北海道電力（株）	0.000353	0.000344
東北電力（株）	0.000429	0.000326
東京電力（株）	0.000375	0.000374
中部電力（株）	0.000473	0.000341
北陸電力（株）	0.000423	0.000341
関西電力（株）	0.000311	0.000224
中国電力（株）	0.000728	0.000281
四国電力（株）	0.000326	0.000491
九州電力（株）	0.000385	0.000348
沖縄電力（株）	0.000939	0.000692
代替値	0.000559	

表3-15 温室効果ガスに関して考慮すべき環境保全措置（例）

段階	事業区分	環境保全措置（例）
工事段階	共通	・環境負荷の少ない工法の採用（改変面積の縮小や工期短縮を含む） ・環境負荷の少ない建設機械の利用 ・環境負荷の小さい資源の活用，再生資源の活用 ・資機材等運搬車両の運行管理
存在・供用段階	共通	・非化石燃料への転換，再生可能エネルギーや未利用エネルギーの活用 ・発電設備等の高効率化 ・吸収源等に係る環境保全措置（植栽範囲の拡大，ミティゲーションなど）
	道路	・関連設備の省エネ化（照明，換気設備，排水設備など） ・交通流対策（信号機高度化，路上駐車対策，各種渋滞対策など） ・自動車本体の高効率化，モーダルシフト，保守点検の合理化など
	鉄道	・車両の高効率化（省エネ型車両の導入など） ・輸送効率の向上（モーダルシフトの推進，公共交通機関へのシフト）
	飛行場	・航空機本体の高効率化（機体の軽量化，エンジンの高効率化）
	港湾	・船舶の運航による燃料の使用
	廃棄物最終処分場	・ゴミの再資源化（粗大ゴミ処理施設，資源分別の合理化，堆肥化など） ・焼却施設や最終処分場での合理化（ゴミの効率的輸送，焼却余熱の有効利用など）

③上記（b）に関しては，国の目標（例えば環境基本計画，地球温暖化対策大綱など）や地方公共団体の目標（例えば地球温暖化対策実行計画など），業界団体の自主行動計画などを参考にする．これらの目標値などを基に，当該事業における削減目標値を定め，その目標値に対して評価することも1つの有効な手段である．

3. 事後調査

環境影響評価法における事後調査は，予測および評価並びにその前提としている環境保全措置の不確実性などを補うなどの観点で位置付けられている．予測した影響が予測範囲内であるか否か，あるいは検討した環境保全措置が十分に機能し効果を示しているかについて明らかにし，予測結果を上回る著しい環境影響が確認された場合には環境保全措置の追加や再検討を行うことを目的としており，以下の場合には環境への影響の重大性に応じて，事後調査の必要性を検討することが望ましい．

・予測の不確実性が大きい場合
・効果に係る知見が不十分な環境保全措置を講ずる場合
・環境保全措置の内容をより詳細なものにする場合
・代償措置を講ずる場合

例えば道路事業においては，「自動車の走行による燃料の消費」が環境影響要因に位置付けられるが，交通量予測の段階において不確実性が伴うため，事後調査を行うことが適切と考えられる．また，建設段階に関する温室効果ガス排出量についても，予測の不確実性が大きなものについては，事後評価を行うことが適当である．

4. 今後の課題

温室効果ガスは，「要因」と「結果」の間に時間的・空間的な隔たりがあるため，地域住民などにとっては，他の環境影響要素と比べると，身近な問題と捉えられにくい面もあるが，当該事業のを正当に評価し，適切な環境保全措置を講ずることが望まれる．なお，道路事業などでは，仮に渋滞解消につながりトータルとしての温室効果ガス削減に有効な事業であっても，検討対象範囲を小さく設定すると，範囲内の自動車交通量が増加して，温室効果ガス排出量が増加してしまうこともあるため，予測・評価の対象範囲の設定などにおいては留意する必要がある．

なお，福島第一原子力発電所事故に端を発した全国の原子力発電所の稼働停止に関しては，電力の排出係数を押し上げる懸念要因となっており，温暖化対策の観点では予断を許さない状況にあるが，個々の事業においては，環境影響評価の制度目的を踏まえつつ，少しでも温室効果ガス排出量が少なくなるように，実行可能な範囲内での最善の努力が求められている．

§9. 陸上動植物

1. 影響評価項目の目的と意義

各種開発事業による自然環境の改変は，生物多様性国家戦略の中で生物多様性に対する「第一の危機」として位置づけられている[33]．例えば，都市近郊の丘陵地には高度経済成長期以降，開発の波が

押し寄せ，農業農村の変化とあいまって，現在では里地里山の多くの生きものが絶滅の危機に瀕している．また，奥山の貴重な自然が開発事業により消失するケースもある．環境アセスメントにおける「陸上動植物」の評価項目が目的とするところは，事業に先立って動植物の現状を把握し，事業の実施による影響を予測し，必要に応じて各種環境保全措置を講じることにより，開発事業による影響を回避，低減，代償し，これをもって生物多様性の保全に資することにある．

環境影響評価制度が施行されて以降，生物多様性に関連する政策，自然環境や生物多様性の保全，自然共生社会の実現に対する意識の高まりなどを背景として，数少ない事例ではあるが，環境アセスメントの実施が陸上動植物への影響を考慮した結果，事業計画の大幅な変更や事業の中止に寄与する事例も出てきた．具体的には，日本有数の渡り鳥の渡来地である愛知県藤前干潟における埋立事業の中止や，オオタカなどの貴重な動植物を保全するために大幅に計画が変更された愛知万博などがある．これらは，環境影響評価制度がもつ公衆参加や情報公開などの仕組みが機能した結果でもあり，生物多様性保全の観点から意義深い．

2. 現状調査および影響予測

2・1 調査方法

「陸上動植物」の現状把握では，①事業区域および事業の影響が及ぶと想定される範囲に生息生育する動植物の種や群落（以下，種など）の現状を明らかにした上で，②重要な種や群落（以下，重要種）の有無や，③重要種の生育生息位置・範囲や個体数，また，重要種の生態や生育生息環境などを把握する．（表3-16および図3-13から図3-15）

植物では，生育する種類と植物群落の状況，動物では哺乳類，鳥類，両生類，爬虫類，昆虫類などであり，このほか，地方公共団体の技術指針によって植物では大径木や景観木など，動物では，クモ類や土壌動物など特殊な動物について現状把握が求められる場合もある．

調査期間は，原則的に1年近くにわたり季節に応じた現地調査を実施するが，猛禽類の調査では複数年の調査が求められる．

調査の手法は，調査範囲をできる限り網羅するよう任意に踏査し，目視や捕獲採集により確認できた種などを記録する方法を基本とする．猛禽類では定点調査を実施，踏査で確認しづらい動物はトラップによる捕獲や自動撮影カメラにより生息確認をする．

現状把握において留意すべき点は，調査を担当する技術者の知識，経験により調査精度（確認できる種数や生物分類の正確性）に大きな差があること，さらに，たとえ熟練した専門家が調査にあたったとしても1年間の，しかも限られた日数の現地調査では全ての動植物を確認することは不可能であるということである．したがって，地域の研究者へのヒアリング，市民の関与による情報インプットが重要であり，なるべく早期段階での情報収集が必要となる．

2・2 重要種の選定基準

現状調査により生育生息が確認された種などから，法令などにより保護対象となっている種，絶滅のおそれのある野生生物種を取りまとめて編纂したレッドデータブック（以下，RDB）の掲載種，その他，学術上重要であるとされている種などを重要種として選定する．

このうち，最も対象種が多い選定基準はRDBであり，国が編纂する全国版RDBと地方公共団体が

編纂する地方版RDBがあり，国のRDBには動物で668種，植物で1,994種（2003年3月時点）が掲載されている[34]．RDBの掲載種は，全国版，地方版ともに5年〜10年程度の間隔で見直されており，RDBを編纂する前段階のレッドリストを含めて，常に最新の情報に基づき重要種を選定する必要がある．なお，野生生物調査協会とEnVision環境保全事務所により国と地方公共団体のレッドリスト掲載種を検索できるシステム（「日本のレッドデータ検索システム」(http://www.jpnrdb.com/)）が公開されているので，活用されたい．

2・3 影響予測の考え方

影響予測は，事業計画と動植物の現状を照らし合わせて，事業の実施により動植物の生育生息環境がどの程度改変され，その結果，動植物の生育生息状況がどの程度変化するかを予測する．予測は，例えば植物群落の面積が何％減少すると言うように定量的に予測できる事象もあるが，事業の実施による動植物の消長やそれに伴う生物相の変化を定性的に予測するにとどまる場合が多い．また，重要種の生育生息状況の変化については特に重点的に予測を行い，種ごともしくは個体ごとに予測する．

「陸上動植物」の場合，他の評価項目と比較して影響予測に適用できる科学的知見が少ないことや

表3-16 陸上動植物の主な現地調査方法

	調査方法	内　　容
植物	植物相調査	多様な環境を踏査し，生育が確認された植物種を記録する．
	植生調査（植物群落）	植物社会学的手法による現地調査結果の解析から群集区分を行い，空中写真判読の結果を参考にしながら各群落の分布状況を植生図として表現する．
動物	直接観察法	多様な環境を踏査し哺乳類，鳥類，両生類，爬虫類，昆虫類などの生体などを直接目視し確認する．
	生活痕跡調査	確認された動物の糞，足跡，食痕，羽根，その生活痕から生息種を推定する．
	定点センサス法	ある地点から確認できた種名，個体数，行動，飛翔高度などを記録する方法で，主に猛禽類や水鳥の調査に用いられる．
	ラインセンサス法	決められたルートを一定の速度で歩き，確認された種，個体数などを記録する方法で，主に鳥類の調査に用いられる．
	各種捕獲調査	小型哺乳類を捕獲するライブトラップ，夜行性の昆虫類を捕獲するライトトラップ，地表性の昆虫類を捕獲するベイトトラップなどがある．
	自動撮影カメラ	けもの道や生活痕がある場所にセンサーカメラを設置し，その場所を利用している哺乳類を撮影する．

図3-13 調査用具 左から：記録用ボード，無線機，フィールドスコープ，双眼鏡，下：捕虫網

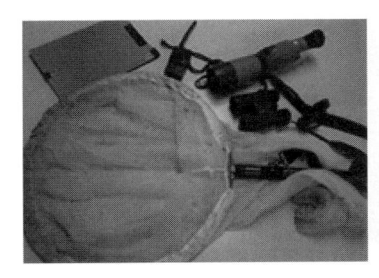

図3-14 調査用具 左から：ネズミ類ライブトラップ，自動撮影カメラ，ボックス式ライトトラップ

図3-15 自動撮影カメラで撮影されたアナグマ
（写真提供：㈱地域環境計画）

影響を及ぼすメカニズムが複雑であることなどから予測の不確実性が高い．したがって，事後調査による予測結果の検証や，検証結果に基づく環境保全措置の見直しが必要とされる場合が多い．

3. 環境保全措置の事例

「陸上動植物」に関する環境保全措置は，影響の回避・低減・代償について検討されるべきものであるが，事業の実施位置や規模が決定している段階で実施される事業アセス（事業実施段階において行われる環境アセスメント，以下，事業アセスという．）では影響を回避する環境保全措置を採用できるケースは少なく，さらに，事業アセスは計画の熟度がある程度高い段階で実施されるため，影響の低減・代償についても採用できる環境保全措置は限定される．しかし，制約条件が多い中で環境保全措置を検討する関係者の努力が，事業者などの意識を高めてきたことも確かである．ここでは，代表的な環境保全措置の事例を紹介する．

3・1 既存樹林の保全

事業区域内の既存樹林などの良好な自然をそのまま保全することはもっとも効果が高い環境保全措置である．しかし，事業面積に余裕がない多くの開発事業では事業アセスの段階で良好な自然を現況のまま保全することは困難であり，計画のより早い段階での配慮が望まれる．早期段階での配慮により既存樹林が有効に保全された事例としてポーラ美術館建設事業（図3-16）がある．ポーラ美術館は，箱根仙石原の国立公園内に建設された美術館で，計画当初より自然保護の観点からの検討を進め，自然の改変面積が最小となるように円形の遮水性地下構造体の上に建築物を収める構成をとっている．これにより敷地内に生育す

図3-16 ポーラ美術館（地下構造体の上に建設された建築物と保全された樹林地）

る直径1m以上のブナ2本と直径20cm以上のブナ18本の全てを現状のまま残している．さらに，環境アセスメントでの審査意見を受けて駐車場の造成面積を30％強削減するなどの環境保全措置もとられた[35]．

このほかに，環境保全措置として既存樹林の保全が図られた例として，現状調査の結果を受けてゴルフ場のコースレイアウトを変更し，貴重なモミ林を残した事例やオオタカの営巣地を保全した事例などがある[36]．

これらの事例に見るように，既存樹林の保全を図る場合は，なるべく早期段階での検討が有効であること，重要種が生息生育するなど残すべき場所を明確にすること，の2点が大事であり，さらに，重要種に限らず動植物の生息生育環境を有効に保全するためには周辺とのビオトープネットワークを踏まえた緑地の配置にすることにも留意すべきである．

3・2 重要種の移植

重要種の生育生息地が改変される場合，移植が可能な重要種については事業区域内または周辺の適

地へ移植し，個体の保全を図る．移植の対象となる種類は多岐にわたり，例えば，道路事業での環境保全措置をとりまとめた資料[37]には，移植実績がある種類としてフクジュソウ，キンラン，サギソウなど植物61種，ダルマガエル，メダカ，ギフチョウなど動物16種が掲載されている．これらは，移植一定期間後の事後調査により植物，動物ともに8割以上の種で移植先での定着が確認されており，移植による個体保全は短期的には成功する場合は多い．

しかし，数年間は生育生息が継続したとしても，さらに長い期間での存続については不明であり，移植による個体保全が本当の意味で生物多様性の保全に貢献し得るかという点については疑問が残る．したがって，安易に移植により影響を低減するという方策をとることは厳に慎まなければならないが，最終的に移植という手段をとるにしても，通常の調査とは別に移植対象種の生育環境の調査や移植先を選定するための調査を実施する．また，試験施行をする．さらに移植後の継続的な環境管理とモニタリングを実施するなど，慎重な対応が不可欠である．

3・3 人工湿地の創出による生育生息環境の整備

土地造成やダム建設などの事業で，洪水調整池やダム湖岸を利用した人工湿地を整備することがある．これは湿地が生物多様性保全上欠かせない役割を果たしていること[34]，また，河川改修や農村環境の変化により岸辺のエコトーンや水田，ため池などの半自然湿地の減少，消滅が顕著であることと関連していて，前述の重要種の移植先の環境整備として行われることもある．

土地造成における整備事例としては，工事により生育地が消失するタコノアシ（環境省RDB：準絶滅危惧種）を調整池に造成した生育環境において復元した事例がある．ここでは，調整池の常時水面より上部に整備した植

図 3-17 調整池を利用して整備された人工湿地（右端の白い部分が堤体）
（写真提供：㈱地域環境計画）

栽基盤に播種，ポット苗植栽，自生株移植の3通りの方法で復元を試み，ポット苗植栽で定着率が高いことが報告されている[38]．また，タコノアシが攪乱依存種であることから降雨に伴う水位変動による攪乱が期待されたが，水位変動だけでは生育が維持できず，セイタカアワダチソウなど競合植物の除去に加え，土壌の耕転，天地返しなどの定期的実施が必要であることがわかった[39,40]．

ダム建設では環境影響評価法の対象となっている事例は少ないが，対象外の事業でも環境保全措置を積極的に講じている．湖岸における人工湿地の整備は，漢那ダム，宮ヶ瀬ダム，御所ダムなどで行われていて，それぞれ生息種数が増えるなどの効果が確認されている[41]．

なお，このような環境整備をする場合は，的確な整備目標を設定した上で，モニタリングとその結果に基づく順応的管理を継続的に実施できる体制づくりが必須であることに留意したい．

4. 関連する資格

「陸上動植物」の基本的な技術は，野外において野生生物を識別する技術，サンプルを持ち帰って

表 3-17　生物分類技能検定の試験区分

区分	部門・（専門分野）	対象者
1級	動物部門・（哺乳爬虫両生類／鳥類／魚類／昆虫類） 植物部門・（植物） 水圏生物・（浮遊生物／遊泳生物／底生生物）	3年以上の業務経験があり，2級の該当部門に合格した者．
2級	動物部門／植物部門／水圏部門　※専門分野を設けず．	生物調査などに携わる者など．
3級	部門を設けず．	生物一般に関する知識があるもの．
4級	部門を設けず．	特に定めず．

種類を同定する技術，いわゆる"生物分類技術"であるが，生物相は地方により異なり，さらに生物の分類群により専門性が異なることから，1人の技術者がオールラウンドに陸上動植物をカバーすることは難しい．この他，データ処理・解析で活用される地理情報システム（GIS）の技術や，実効性のある環境保全措置を検討するための造園土木の技術なども必要とされる．

　資格については，環境計量士のように法律で定められたものはないが，関連する資格として財団法人自然環境研究センターが認定している「生物分類技能検定」（表3-17）がある．これは分類学の発展への寄与や生物技術者の育成などを目的としたものであり1級から4級まである．生物調査の技術者を対象としている1級と2級は調査の信頼性確保のための資格として活用されている．このほか環境保全措置の検討に係わる資格として「ビオトープ管理士」「樹木医」など表7-1（第7章）に示すような資格があげられる．

5. 今後の課題

　「陸上動植物」の評価項目における一番の課題は，事業実施段階の事業アセスメントで採用可能な環境保全措置が限られているため影響の回避，低減が十分図れないことであり，これからは戦略的環境影響評価制度（SEA）による事業の位置，規模などの計画段階での動植物への配慮が望まれる．また，情報インフラとしての自然環境データベースの整備や，評価基準となり得る"地域の生物多様性のグランドデザイン"（生物多様性地域戦略など）の策定が進むことにも期待したい．これらは事業アセスメントだけでなく，特にSEAを実施する際に不可欠な情報となる．このほか，現行の事業アセスメントにおいても，通り一遍の調査ではなく予測や環境保全措置の検討に有効活用できるデータを得るための調査を実施する，またモニタリング結果を蓄積して予測や環境保全措置を検討する際に活用するなど，一層の創意工夫が必要である．

§10.　水生生物

1．水生生物とその生息環境

1・1　影響評価項目の目的と意義

　事業開発行為は，陸生生物に影響を及ぼすだけではなく，埋め立てなどの事業計画においては水生生物にも影響を及ぼすそのため，環境アセスメントとして，水生生物を調査しその動態を予測，評価することは重要となる．

動植物の調査を行う場合は，水中の生物と陸上の生物に大きく2つに大別される．陸上と水中の境目である水際によって分けられ，水生生物および陸生生物と呼ばれている．ここで，水際とは，水面と陸地が接する所という意味があるが，土木的，生物学的に明確ではなく，例えば，ダム湖や潮汐の大きな河口や海岸域では，水際は水位変動により変化し明確でない．そこで，実際に調査を行う場合は，ダム湖においては常時満水位や制限水域近傍とし，潮汐の影響を受ける場所は，新月および満月の近傍の朔望平均満潮面の水面から水中まで，水生生物の調査を行う場合がある．

1・2　分類と対象生物

水生生物は，生息場所や生活様式によって分けられ，表3-18に示すような対象生物の調査を行う場合が多い．さらに，調査対象生物は，系統分類，すなわち，表3-19に示すように，門，綱，目，科，属，種という順番で分けられ，単位当たりの個体数や湿重量などを計測する．

このように，水生生物調査は，対象生物によって，プランクトン調査，ベントス調査，付着動物調査，魚類調査，水生植物調査，付着藻類調査に分けられ，系統分類によって分類される．なお，調査によっては，対象生物の調査を同時に行い，魚類調査においては，大型のエビやカニといった甲殻類も対象として行うことも多い．

1・3　水生生物を構成する環境

水生生物は，対象生物ごとに独立しているわけではなく，互いが密接に関連しあっている．水生生物は，食物連鎖に示されるように，植物プランクトンは動物プランクトンに捕食され，さらに上位の生物に捕食されている．また，生物が生息するためには，その環境要因が重要となってくる．図3-18[42]は沿岸域における環境の概念を示したものである．図に示されるように水生生物を取り巻く環境は，水温・塩分・酸素・栄

表3-18　対象生物

水生生物	
プランクトン 　植物プランクトン 　動物プランクトン ベントス（底生動物） 　節足動物（甲殻類） 　環形動物（多毛類） 　軟体動物（貝類） 　その他 水生昆虫	付着動物 魚類 水生植物 　大型水生植物 　付着藻類

表3-19　底生生物調査結果の実際の事例

門	綱	目	科	属・種	St.1	
					個体数	湿重量
軟体動物	腹足	新腹足	ムシロガイ	*Reticunassa festiva*		
	二枚貝	イガイ	イガイ	*Musculista senhousia*		
		マルスダレガイ	カワホトトギス	*Mytiliopsis sallei*		
環形動物	貧毛	イトミミズ		*Tubificida*		
	多毛	サシバゴカイ	オトヒメゴカイ	*Ophiodromus pugettensis*		
			ゴカイ	*Ceratonereis erythraeensis*		
節足動物	顎脚	無柄	フジツボ	*Balanus amphitrite*		
				Balanus eburneus		
	昆虫	半翅	ミズカメムシ	*Mesoveliidae*		

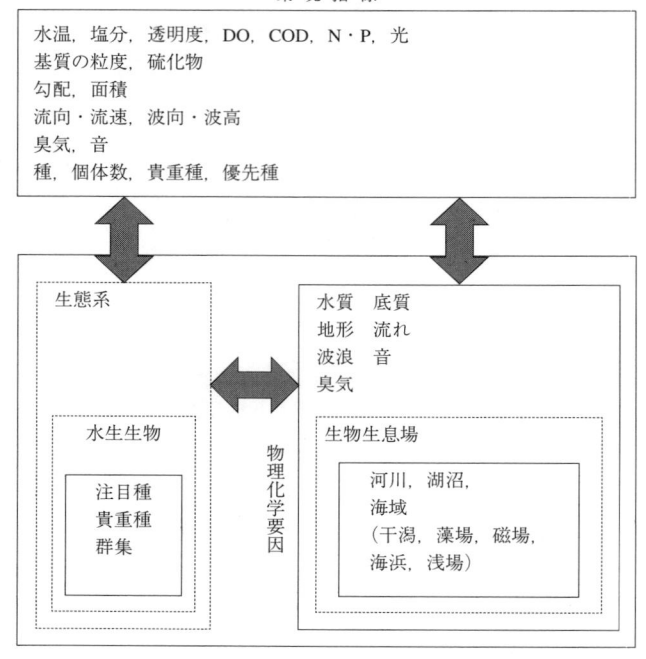

```
                    環 境 指 標
┌─────────────────────────────────────────────┐
│ 水温，塩分，透明度，DO，COD，N・P，光        │
│ 基質の粒度，硫化物                           │
│ 勾配，面積                                   │
│ 流向・流速，波向・波高                       │
│ 臭気，音                                     │
│ 種，個体数，貴重種，優先種                   │
└─────────────────────────────────────────────┘
        ↕                              ↕
┌─────────────────────────────────────────────┐
│ ┌─────────────┐    ┌──────────────────────┐ │
│ │ 生態系       │    │ 水質  底質           │ │
│ │             │    │ 地形  流れ           │ │
│ │             │    │ 波浪  音             │ │
│ │             │ ↔  │ 臭気                 │ │
│ │ ┌─────────┐ │ 物 │ ┌──────────────────┐ │ │
│ │ │ 水生生物 │ │ 理 │ │ 生物生息場        │ │ │
│ │ │┌───────┐│ │ 化 │ │┌────────────────┐│ │ │
│ │ ││注目種 ││ │ 学 │ ││河川，湖沼，    ││ │ │
│ │ ││貴重種 ││ │ 要 │ ││海域            ││ │ │
│ │ ││群集   ││ │ 因 │ ││(干潟，藻場，磯場,││ │ │
│ │ │└───────┘│ │    │ ││ 海浜，浅場)    ││ │ │
│ │ └─────────┘ │    │ │└────────────────┘│ │ │
│ └─────────────┘    │ └──────────────────┘ │ │
│                    └──────────────────────┘ │
└─────────────────────────────────────────────┘
```

図 3-18 水生生物を取り巻く環境と環境指標 [42]

養塩・濁りや光に加えて海岸地形や潮汐によって起こされる流れや，風によって起こされる波などの物理化学環境の状況によって生物生息環境が形成され，そこに水生生物は生息の場を確保できる．このように，互いの要因は影響を及ぼし合いながらバランスを取り合う関係である．例えば，物理化学要因と生物生息場とは，常に動的な平衡状態にあり，物理化学要因が変化すると生物生息場に直接的に影響を与え，また生物の変化は物理化学要因へ影響し合うという相互関係を結びながら，その場に特有な生態系が形成される．そして，これらの環境の中で，物理化学要因は，沿岸域の環境を構成する最も基本となるものである．

2. 調査・予測・評価方法

2・1 調査方法

水生生物調査は，表 3-20 に示すような方法にて行う．また，調査は対象とする生物が確認しやすいと想定される場所や時期を考慮して設定する必要がある．なお，特定の生物種によっては，年 2 回の繁殖などが想定されるため，一般的に四季の 1 年間とする場合が多い．

2・2 予測および評価方法

調査により得られた結果から予測は，事業により注目すべき生物や群集の生息範囲がどの程度影響を受けるかを，科学的知見や類似事例から想定することになる．

評価は，調査および予測を行った結果並びに環境保全措置を行った場合はその結果も踏まえ，影響が「回避」，「低減」，「代償」されているかどうかについて行う．

表 3-20　調査方法の例

プランクトン	①採水 　調査区域内で，採水し，水中のプランクトンを計測する調査方法
	②採取 　調査区域内で，プランクトンネットを用い，採取する調査方法
魚類	①直接観察 　調査区域内を，踏査や潜水にて，目視にて確認された種類についてすべて記録する調査方法
	②採取 　調査区域内で，投網，タモ網，地曳き網，定置網などの各種漁具を用い，採取し記録する調査方法
	③その他 　魚群探知機などを用いる方法
底生生物 ほか	①直接観察 　調査区域内を，踏査や潜水にて，目視にて確認された種類についてすべて記録する調査方法
	②採取 　調査区域内で，ある一定の枠内の泥などをすべて採取し，枠内に生息する種を記録する調査方法

予測や評価は，科学的な知見や類似事例などから類推し，見解を述べること多い．しかしながら，現在，科学的な知見をもとに定量的な予測や評価を行う HEP による方法も用いられるようになってきている．

3．環境保全措置の事例
3・1　山口における事例[43)]
1) 事業の概要

事業は，干潟の水質浄化機能を活用した水質改善を図るとともに，生物の多様性の向上など沿岸域における生態系の修復を目的とし，浚渫泥を用いて行われた人工干潟造成事業である．

2) 環境保全措置

沿岸域における浅場の造成．

3) 調査および予測

調査は，水質，底質および底生動物の計測が数年にわたって行われている．対象生物をアサリとし，数年間の環境要因の調査結果をもとに，既存の知見より，HEP における「質」を表すモデルを構築し，このモデルもとに事業の事後評価としている．

4) 評　価

浚渫土を用いた人工干潟においても，生息場としての適性は増加してきていると評価している．

3・2　山梨における事例[44)]
1) 事業の概要

事業は，山梨県のある地区の 63.4 ha の実際の土地開発事業である．同地区は，北側を市街化地区の工業団地，南側を土地区画整理事業などにより整備された住宅地に接し，市街地に挟まれた地区である．

2) 環境保全措置

事業により，同地区の開発面積の約 40％にあたる 25 ha の水田が消失する．そこで，2つの環境保

全措置が提案された．

案①：開発サイトに，約 4.3ha のビオトープ園の設置と約 0.1 ha の体験水田およびこれらをつなぐ約 1.6 ha の緑の回廊の設置．

案②：開発サイトから離れた場所の約 54.9 ha の保全．

3) 調査および予測

評価対象は，水生生物としてメダカの他3種の計4種としている．調査は，主に土地利用区分の資料調査データをもとに，メダカの場合，環境要因として，繁殖条件として繁殖場所を抽出し，HEPにおける「質」を表すモデルを，既存文献をもとに作成している．このモデルをもとに，提案された案①，案②のサイトの面積を掛け合わせ，評価としている．

4) 評　価

得られた評価結果は，提案された案①に加え案②をもって，開発によって影響を受けるであろう生物種が保全されるという結果を報告している．

3・3 神奈川における事例[45]

1) 事業の概要

事業は，商業地と住宅地の開発を中心とした実際の土地開発事業である．同開発区域は横浜市の中でも最後に残された大規模自然緑地の北川に位置している．

2) 環境保全措置

事業の環境保全措置に係る案としては，現状，環境保全措置案，放置などの4つの案が提案されている．

案①：現状，事業が実施される前の状態．
案②：環境保全措置を盛り込んだ開発計画．
案③：環境保全措置を盛り込まない通常の開発計画．
案④：本事業が実施されず，地権者が個別に土地を返還，売却した場合．

3) 調査および予測

評価対象は，水生生物のゲンジボタル，ヘイケボタルの他2種の4種としている．調査は，主に土地利用と空間整備計画をもとに，環境要因を抽出し，HEPにおける「質」を表すモデルを構築している．モデルを構築するにあたっては，コンサルタントの独断評価を防ぐために，保全側と開発側双方に加え，コーディネーターおよび専門家などを加えた計8名のメンバーからなるHEPチームを構成し検討を行っている．

4) 評　価

評価は，案①の現状を初期状態とし，比較評価を行っている．水生生物については，案②は案①に対し約65%「質および空間」の損失，案③は同じように約35%の損失，案③は同じように約55%の損失になるであろうと評価し，開発により損失はあるものの，案②が相対的に影響が少ないという結果を報告している．

3・4 評価の特殊性および課題

山口の事例では，実際の環境要因の調査結果をもとにアサリのみを対象に事業評価を行っている．干潟に影響を与える物理要因のモデルに盛り込む必要があるとともに水産有用生物のみを対象として

いる.

山梨の事例では，対象生物の係る環境要因の調査は，既存資料の土地利用区分のみであり，その他の要因の調査が行われていない．これは，モデルを簡略化することにあったことも影響したのではないかと考えられる．また，著者も述べているように，モデルを構築する際に，専門家のレビューを受けるに至っていないなどの課題がある．

神奈川の事例では，HEPを具体的な環境保全措置に反映できたとしている．また，利害関係者を含めたHRPチームを構築することができ，具体的な環境保全措置を事業者に提供できたとしている．しかしながら，日本の土地利用に合わせて適合させることで，小動物が評価対象種となったなどの課題をあげている．

4. 関連する資格

野生生物調査に関わる生物技術者にとっての資格については表7-1（第7章）に示す．

§11. 生態系

1. 生態系の評価項目の意味と対象
1・1 生態系の概念

生態系とは，「生物群集と無機的環境からなる物質系」であり，その「構成要素は，環境作用，環境形成作用，生物相互作用などによって動的に結合」する「物質循環エネルギーの流れ」としている[44]．

環境アセスメントで扱う生態系の内「陸域および陸水域生態系」をここで取り上げる．そこでは，生態系の物質循環，エネルギーの流れまでを扱う例はごくまれである．多くの場合，それは自然環境そのものを代表するものとして扱われ，特定の種や種群，あるいはそれらの生息・生育する環境として捉えられることが多い．その理由としては，2つのことが考えられる．

1つ目は，対象となる時間・空間スケールの問題である．事業の影響を把握し，環境保全措置を検討するという環境アセスメントの目的に照らした場合，「物質循環，エネルギーの流れ」をベースとした予測・評価は，考慮すべき時間・空間スケールが様々であり，必ずしも適切なスケールとは言えなくなる．個々の事業が数キロ，数十，週百キロ以上離れた生態系，時としては何年にもわたって生態系に影響を与えることも可能性としては残されるが，そこまで事業者が的確に予測を行い必要な環境保全措置を行うことは困難である．

2つ目は，「生態系」という項目を環境影響評価法で追加するにあたっては，それまでの影響評価項目として実施されてきた生物の「種」を主な対象にした予測影響評価に対する反省があったことがあげられる．本来，ある「種」を保全するためには，それと関係する他の種や生活史を支える環境を総体として保全しなければ意味をもたない．すなわち「種」を包括する「地域の生態系」を保全するという発想が強く反映されている．したがって，環境アセスメントで扱う「生態系」は，狭義の「地域生態系」であり，そのため「地域を特徴づける生態系」といった呼び方をされることもある．

1・2 生態系の捉え方

環境アセスメントにおいて「地域生態系」を捉えるために，いくつかの方法が採られている．個々

の事業特性や，対象となる「地域生態系」の特性，あるいは環境影響評価手続きの中で最も議論を行いやすい方法，といった観点を考慮して適切な手法を用いることが重要である．

ここでは，比較的知られている2つの方法について紹介する．

1) 上位性・典型性・特殊性

「地域生態系」を「上位性」，「典型性」，「特殊性」といった観点で捉え直し，それぞれ「代表する種」や「代表する環境」などをもって置き換える方法である．

「上位性」では，当該地域で仮定される生態系ピラミッドの最上位に位置するアンブレラ種，あるいは地域生態系のバランスをとるキーストーン種と呼ばれる上位捕食者が選ばれることが多い．

「典型性」では，地域生態系の典型的な環境や種群が選ばれることが多い．典型的であるかどうかの判断は，面積的に占有度が高い環境や，地域生態系を構成する代表的な生物種などが選定される．

「特殊性」では，地形や水環境，大気環境などによって形成された特殊な環境に特異的に依存している生物群集等が選定される．

この手法を用いる上で，最も重要なことは，上位性，典型性，特殊性のどれか1つを取り上げて予測・評価することではなく，複数を組み合わせて「地域生態系」を網羅的に捉えることである．また，上位性，典型性，特殊性の選定には，主観が入らざるを得ないが，環境アセスメント手続きにおける，方法書，準備書の機会を最大限活用して，選定の適切性について十分検討することが重要である．

2) 生態系タイプの類型化

生物相と環境特性を重ね合わせ類型化することにより「地域生態系」を捉え，類型化した生態系タイプごとの改変状況（図3-19口絵参照）などから，生態系への影響を予測する．

生物相は，多くの場合，植物群落を基本とし，それらを生息生育環境として利用する生物種群などとの関係性から捉えられることが多い．里地・里山地域などでは，管理の強弱を表現するために，低木層以下のササの植被率などを加味する場合もある．一方，環境特性は，地形区分，土壌水分，底質など，地域生態系の特性を最もよく表現していると考えられる環境要素が複数選定される．

昨今の地理情報システム技術の発達により，本手法による生態系タイプの類型化は比較的簡易にできるようになった．上位性・典型性・特殊性を用いる手法よりも客観性は高いと考えるが，この手法では，生態系タイプを個別の種のように扱うだけではなく，相互の関連性を考慮して予測評価を行う必要がある．

2. 生態系の調査，予測および評価の手法

2・1 調査手法

「生態系」の調査手法は，一般的には動物や植物の調査と並行して行われる．調査者は「生態系」の，予測手法や評価手法，あるいは事業者が検討しうる環境保全措置を常に意識し，必要な情報を必要な時期に採るよう心がける．単に動物相や植物相を記録するだけではなく，「なぜ，そこに，その種がいるのか（生物群集が存在するのか）」という観察を常に行い，適切な予測・評価および環境保全措置の立案につなげなければならない．

2・2 予測手法

「生態系」の予測手法は，「地域生態系」の特性を十分勘案し，適切な捉え方をしたうえで，それら

の改変状況について予測を行う．例えば，上位性，典型性，特殊性で捉えた場合には，それらの代表する種や環境の改変の内容と程度を予測する．この時，重要なことは，可能な限り定量的な予測を行い，適切な環境保全措置を導くための具体的な予測を心がけることである．

2・3 評価手法

「生態系」については，環境基準のような明確な指標は存在しない．したがって，評価の基準は，検討した環境保全措置の内容が，事業により生じる影響を，回避・低減，あるいは代償するという観点か適切に検討し，かつ「事業者にとって実行可能なよりよい技術」で行うことを検討しているかどうかを示す方法で行われる．

3. 環境保全措置

3・1 回避・低減の例

どのような事業であっても，生態系への影響は生じる．厳密な意味では，「生態系」において影響を「回避」する環境保全措置は，事業の中止となる．一方で，低減するための環境保全措置としては様々な方法が考えられる．最も一般的なものは，改変による影響を最小化する措置である．単純には，改変面積を最小化する方法が考えられるが，「地域生態系」における「質」を考慮しなければ，改変面積の最小化が，影響の最小化に結び付かないことも起こりうる．また，その他にも影響の要因となる人間活動や設備仕様を変更することによって影響を低減する保全措置がありうるが，いずれも，地域生態系の特性や，構成する種（群）の特性に応じた適切な方法が検討されるべきである．

3・2 代償の例

代償措置とは，損なわれた価値を，そのもの以外の価値で贖うことを意味する．代償措置には計画地内（オンサイト）で行われるものと，計画地外（オフサイト）で行われるものがあり，また，同種（インカイド）で行われるものと，異種（アウトオブカインド）で行われるものがある．

オンサイトで行われる代表的なものとしては，工事のために伐採した森林跡地に植栽を行い，森林を復元する保全措置がある．また，失われた環境をビオトープ，人工アマモ場や人工干潟として復元する保全措置もある．

オフサイトで行われる環境保全措置は，計画地外で類似（インカインド）の環境を創出することであるが，国内ではほとんど事例がない．

なお，代償する環境保全措置は，インカインドであることが原則であるが，消失した環境よりも，地域生態系の質をよくすることが明らかな環境を新たに創出する場合には，アウトオブカインドも認められる．例えば，過去に開発を行った場所で，自然再生を行う場合などがこれにあたると考える．

4. 生態系の特殊性と課題

「生態系」という項目が，環境影響評価法に明記されて10年以上が経過した．この間，環境アセスメントでは，従来以上の環境保全措置を検討してきたが，現実には日本の生物多様性の質は低下・劣化しつづけている．

生物多様性低下の要因は，事業による改変の他に，里地・里山の劣化や，外来生物種の侵入などがあげられるが，いずれも人間活動に起因している．

現在の環境アセスメント制度では，個々の事業者の実行可能なよりよい技術，すなわち最大限の努力がなされているかを評価の基準としている．しかし，実際に行われている予測や評価は，定性的な予測に基づき，内容や根拠，期待する効果についても不明確な環境保全措置が多い．「環境基準クリア型」から，「ベスト追求型」へと大きく舵を切った環境影響評価法の精神は，まだ十分に行き届いていないようにみえる．このような予測・評価を続け，いかに事業計画地内で影響を低減しようとも，結局，現存する生態系の価値は，開発によって大きく損なわれる．仮に，一つ一つの事業での損失は小さくみえても，その蓄積が，日本における生物多様性の低下を招いた要因となってきたといえるのではないか．折しも，生物多様性条約に関連して 2012 年に BBOP（Business and Biodiversity Offsets Programme）のガイドラインが発表されたが，ノーネットロスが，わが国の環境アセスメントと連動して適用される可能性も，今後十分に考えられる．

　動植物，生態系への影響評価や将来の影響予測を行うことは非常に難しい．その変動は要素間の連動があり，それらの関係が不規則でありかつ不確実性が高いので，人間の予想を超えた出来事が起こることは往々にしてある．環境アセスメントによる現地調査は，せいぜい数年から長くても 10 年程度，かつ季節ごとなどの断面を見ているにすぎない．事業や地域特性をよく捉え，最善の策を取れるよう努力することこそが，動植物や生態系の予測・評価に係わる者が肝に銘じるべきことである．その観点からも，今後より重要となるのは，順応的管理の視点と事後調査の活用であろう．「生態系」の影響評価項目は，新しい知見や技術がこれから増えていく分野であり，挑戦機会の多い分野であるともいえる．

5. 関連する資格

　環境アセスメントで「生態系」を扱うための公的な資格としては，技術士法に基づく技術士の環境部門（自然環境保全）がある．また，同じく技術士の建設部門（建設環境），環境部門（環境保全計画），環境部門（環境影響評価）など広範囲にわたり，その関連する資格は表 7-1（第 7 章）に示す．

§12. 景観・自然との触れ合い

1. 人と自然との豊かな触れ合い

　環境影響評価の項目には，大気や水，土壌といった環境負荷分野，動植物や生態系といった生物多様性分野に加え，「人と自然との豊かな触れ合い分野」があり，項目として「景観」と「触れ合い活動の場」が設けられている[47]．

　自然との触れ合い分野がカバーする「自然との触れ合いを通して人が感じる快適性や生活の豊かさ」といった概念は包括的であり，水や大気などのように人あるいは生物の生死や健康への影響あるいは産業に対する直接的影響など，明確な形として表れることが少ない．そのため切実さや切迫感が少ない項目である．また，専門家の少なさも手伝って，影響評価が主観的で影響を明確に示すことが難しいという点が指摘されてこれまであまり力が注がれてこなかった．そのために「景観」への影響評価に関しては，事業による建造物の完成予想図を対象地の現況のモンタージュ写真の記載だけの事例であったり，「触れ合い活動の場」に関しては，キャンプ場や登山路などの施設が事業対象地に含まれ

ているか否かをチェックしただけの簡単な結果の事例も少なくない．

　自然との触れ合い分野の影響評価項目は，事業が環境にもたらす「物的変化」と社会にとっての「価値変化」との対応関係を把握し，環境保全措置を含めた意思決定に反映させていく評価の作業であるがこの物的変化を定量的に捉えることが難しいうえ，価値変化をいかに把握するかという点において個人差があり幅が生じてしまう．

2. 触れ合い分野に対する理解

　自然と触れ合い項目に対する理解が十分でない理由としては，大きく以下の2点が指摘できよう．

　第1に，自然との触れ合い価値の把握に対する理解の問題があげられる．水や大気の項目では，BODやCODにしてもNOxやSOxにしても，生物の生死や人の健康に関わる事象であることから，価値変化に対する評価が比較的明確である．これらの影響評価項目と比較すると，景観から喚起される印象や，触れ合い活動を通して得られる満足感といった項目の場合，事業による影響を，いかに評価するかは確かに容易ではないように思える．

　景観の美しさや触れ合い活動による満足感といった項目は総合評価軸であり，実際にはこれを自然性や多様性といった評価軸に分解して検討しないと，明確に現況を把握することも影響を評価することもできない．水や大気でも，汚れという総合的な評価に関して，有機物で汚れている場合と重金属で汚染されている場合とでは性格が異なるように，景観の良し悪しを論じるにしても，自然公園における景観のように自然性を問題にするのか，農山村の景観のように郷愁を問題にするのかでは，現況や影響をどのように評価するのかが違ってくる．

　触れ合いの分野でも評価軸を細目に分解して検討する必要がある．そして細目に分解すれば人間の印象に関しても反応に類似性が出てきて，定量的あるいは統計的な分析が可能になることが既往研究で示されている．景観や触れ合い活動の場の評価は，馴染みが薄いが故に，この「分解して検討する（分析する）」という当たり前の作業に対するイメージが希薄である．そのため主観的で人によって反応が異なる，あるいは判定に信頼性が低いと言われてしまう場合がある．

　第2に，事業や対象地の特徴に応じて目的変数や説明変数を変える必要があるということも，わかりにくくしている要因である．総合評価項目を分解して分析するにしても，細目の抽出やその項目を表す指標のとり方は場所によって異なっており，ケースバイケースで最適な組み合わせを構築する必要がある．どの場所にも，どんな場合にも適用できるものではない．

　例えば，先述したように自然公園の景観と農村の景観とでは，その評価を論じる力点の置き方が異なっている．また，同じ景観の多様性を評価するにしても，指標とすべき要素として前者は自然物が中心であるのに対し，後者は農山村の歴史や人との関わりを象徴する人工物が中心となる．このような状況に応じて組み合わせを構築できるのが専門家であるが，専門家の少なさも手伝って，難しくわかりにくい影響評価項目と思われてしまうのだと考える．

3. 触れ合いに関わる環境影響評価の考え方

　事業による環境影響としては，地域のシンボルである山などの景観が域内外の人々が多く集まる場所から見えなくなるといった，重要な景観が遮られるあるいは重要な景観要素が損なわれるケースが

典型的な例である．その他にも，巨大な構造物や奇抜な形態の建物が細やかな地形と伝統的な集落や耕地で構成される農山村の景観を混乱させるといった，異質な要素の混入により地域が有する性格や雰囲気が損なわれるケース，地域の伝統的な祭りや行事が催されてきた場所が事業敷地として失われるといった触れ合いの活動の場や視点場が損なわれるケース，高架道路などの線的構造物によって土地利用や祭りのルートなどが分断され要素相互のつながり損なわれるケースなどがある．

「自然との触れ合い」への影響を評価するためには，対象項目である「景観」や「触れ合い活動の場」を調査するだけでなく，地域の歴史や社会に関する調査が非常に重要であることを基本認識としておく必要がある．もちろん影響評価に際しての実際の作業としては，地域の「景観」を構成する重要な要素や，大切な「触れ合い活動の場」を取りあげ，それらへの影響を把握していくことが原則である．しかしながら，「景観」や「触れ合い活動の場」への影響は，単に構成要素が失われる，あるいは構成要素への影響によりその状態が変化することにとどまらない．

「景観」は地域における人々の営みの履歴とも言うべきものであり，人々と自然環境との相互関係の歴史が刻み込まれている．また一方「触れ合い活動の場」は，地域の人々や地域を訪れた人々が地域の自然あるいは歴史，文化のエッセンスに触れる場所と言える．したがって，地域において重要な「景観」や「触れ合い活動の場」を抽出する，あるいは重要性を評価する際には地域の歴史や社会についても十分に調査し，表象としての「景観」や「触れ合い活動の場」との関係について把握しておく必要がある[47]．

「景観」あるいは「触れ合い活動の場」への影響とは，各地域における特徴的な自然環境と人々との関わり方に対しての影響でもあり，ひいては地域の生活文化に影響を及ぼすことでもあることを念頭に置いておく必要がある．各々の地域の地形や地質，気象や地理的な条件，そして古くからの歴史的経緯に応じて，地域で暮らす人々の生活様式や生活文化は異なっており各地各様である．こうした各地域の生活様式や生活文化が歴史の中で育んできた特徴的な「景観」や，そうした地域資源に触れる「触合い活動の場」が損なわれることは，各地域の文化的アイデンティティを損なうことであり，国全体で言えば，それらの多様性を失うことでもある．

このように考えてくると，スコーピングの段階で地域における「景観」や「触れ合い活動」の地域特性を的確に把握し，その特性に応じた調査・予測・評価手法を組み立てる必要がある．換言すると，地域の自然や歴史などを踏まえて，地域における自然環境と人々との特徴的な触れ合い方を把握し，その表象である「景観」の特徴や重要な「触れ合い活動の場」を把握しておくことが重要と言える．

4. 環境影響評価の方法

4・1 景観

1) 地域特性

景観への事業による影響を検討する上で，地域における景観の特性を的確に把握し，それへの影響を最小限に抑えることが重要である．そして，地域の景観特性を把握するためには，地域景観を特徴づける構成要素を抽出することとともに，構成要素間の関係についても調査し，地域の自然や歴史，人々の暮らしとの関係を把握する必要がある．

例えば，地域（対象地）の景観の中で，シンボルとして人々に強く認識されている山や宗教施設，

地域の歴史を象徴する建物や構造物，あるいは地域の暮らしの四季を彩る農地や森林など，景観を構成する要素単体として重要であると位置づけられる要素がある．

また景観は複数の要素が組み合わさって形成されているものであり，地域景観を強く特徴づける単体要素がある一方で，要素間の関係に地域特性が表れるケースも少なくない．

例えば，複数の山の連なりが形成するスカイラインの長さや方向などにも地域特性は表れるし，集落・農地・草地・森林などの並びの順序や垂直構成にも地域独自の景観特性が表れるケースもある．

2）評価軸と評価指標

事業の景観に与える影響を評価する際には，視対象が遠方にあって視覚像として二次元的に認知される「眺望景観」と，視点周辺の物理的空間や場の状況として三次元的に捉えられる「囲繞景観」とに分けて作業することで，影響がより的確に把握される．

眺望景観の状態把握については，視点である眺望点の利用者数，利用者属性，利用形態など「利用状態」，そして主要な眺望対象，眺望方向・視覚，近景・中景・遠景の主体を成している地形・植生・その他地物の状態が形成する景観構成，可視領域や被視頻度など視認性といった「眺めの状態」について把握を行う[48]．

眺望景観に関わる予測・評価については，上記の現状把握結果にもとづいて，当該地域の眺望景観の価値認識にとって重要な観点が何であるかを把握する必要がある．その価値認識には，どの地域でもそして誰しもが普遍的に共用している価値軸として検討する「普遍価値」と，特定の地域や特定の主体に固有な価値軸として検討する「固有価値」とがある．これらを整理して当該地域において重要と考えられる認識項目を設定し，そのうえで各認識項目と関わりの深い指標を選定して解析を進める必要がある[48]．

囲繞景観に関わる状態把握，予測・評価についても，基本的な手順は眺望景観の場合と同様である．しかし，囲繞景観には視点周辺の地形や植生などの状態そして人文的要素の状態が大きく影響することから，その状態把握に際しては「利用の状態」，「眺めの状態」とともに，視点が置かれた「場の状態」を調査把握することが重要である．そして，事業による影響を予測・評価するうえでは，景観的な均質性や一体性にもとづく空間単位（景観区）に区分し，各々の景観区の価値認識に対する事業影響を分析検討することが有効である[48]．

4・2 触れ合い活動の場

1）現状把握

「触れ合い活動の場」への影響を検討するうえで，まずは「自然との触れ合い活動」として，対象地でどのような活動が展開され，その活動の量的な状態や利用者の実態について把握を行う必要がある．

自然との触れ合い活動としては，自然観察会などのように教育的な性格を有するものから，花見のように観賞的性絡を有するもの，クラフトや絵画，俳句など文化的なものや，カヌーやラングラウフなどスポーツ的な性格をもつもの，散策やデイキャンプなど時間消費，その他にも河川敷や磯での遊び的なものなど様々なタイプのものがある．事業による対象地への影響を把握するうえで，まず，対象地で展開されている活動にどのような種類があり，どういった活動が中心であるのか．そして，それらが対象地の場の性格とどのように関係しているのかについて調査・把握する必要がある．そのた

めには各活動の性格の差異を認識することが重要である．各々の活動は当然ことながら性格が異なっており，同時に必要な場の状態が異なっている．自然観察会やハイキングの対象にしかならない場所と，観察会も花見も，そして諸々の創作活動もと多様な活動フィールドとして活用されている場所とでは性格が異なることは容易に想像できよう．したがって，各々の活動に関する状態把握については，利用者数，その季節変化，利用頻度といった利用の実態，そして利用者層やその構成，誘致圏などの利用者属性について調査する必要がある[49]．

2）活動への影響と場の状態の変化

触れ合い活動の場に対する影響の予測・評価は，実施される事業によって，対象地で展開されている自然との触れ合い活動がどのような変化を受けるのか，全く失われるのか，量的に縮小するのか，あるいは質的な変化を受けるのかなどを検討することである．つまり基本的には，現在，展開されている触れ合い活動の存続可能性を検討することに他ならない．そして，場で行われている個々の触れ合い活動について存続可能性を予測し，それらを総合的に検討して評価する．

この活動の存続可能性は，「場の直接改変」によって喪失あるいは縮小する場合と，「活動を支える場の状態の変化（環境変化）」によって触れ合い活動が存続できない，あるいは変質するといった場合の両面が考えられる．事業による土地造成や植生の改変，施設の建設・整備などによって改変する活動フィールドの土地の面積割合で概ね把握することができる．また後者は，事業に伴う騒音や悪臭，夜間照明，水環境や大気環境への影響，その他景観変化などによって，活動を支える環境としての場の「資源性」「利便性」「快適性」が，どの程度損なわれるかを把握する[48]．

また価値認識の軸については，大きく区分すると，誰しもが認める傑出した活動や，より幅広いまたは多くの人々に認められ普及している活動が有する価値「普遍価値」を捉える軸と，より地域に特化し親しまれている活動が有する価値「固有価値」を捉える軸が考えられる．普遍価値を捉えるには，普及性，多様性，傑出性などの認識項目による把握が可能であり，一方，固有価値については郷土性，親近性，歴史性などの認識項目により把握が可能である[48]．

5. 分野の特性を生かした活用のあり方

「景観」あるいは「触合い活動の場」といった自然との触れ合い分野の項目も，しっかりとした論理構築のもとに明確な分析を行えば，定量的な把握は十分に可能である．しかしながら，最終的に白黒をつけるための判断材料として，解析の精度を上げていく努力がどこまで必要なのかについては考えておく必要がある．

環境影響評価法では，環境保全措置をも含めて環境への影響軽減に対し最大限の配慮が行われたか否かについて合意形成がなされるという点が重要である．

こうした影響評価の性格をも考え合わせると，触れ合い分野の環境影響評価項目は，合意形成を引き出す議論の素材として有効に活用できると考えられる．最終的な価値判断には幅が生じるものの，景観が変化する，あるいは従来触れ合い活動を行ってきた場所が影響を受けるといった事象は，非常にわかり易いものである．その事象に対して，多くの人が当事者としての評価を自分自身で考えることが可能である．つまり，多くの人が事業の影響に関する議論に参加することができ，多くの人々の納得のいく最適な解決策を調整していく状況づくりに有効な項目であると言える．

最大多数の人々が納得し歓迎する事業の計画，さらには地域の人々の環境に対する認識の向上や，その後の環境管理への参加を促すような環境アセスメントに向けて有効利用を考えていく方が得策であると考えられる．

引用文献

1) 環境省，2001，水・大気・環境負荷分野の環境影響評価技術（II）環境影響評価の進め方，環境省ホームページ．
2) （社）日本環境アセスメント協会，2009，環境アセスメント研修テキスト（生活環境），5，6章．
3) 日本海洋学会編，1979，海洋観測調査法，恒星社厚生閣．
4) 日本海洋学会編，1986，沿岸環境調査マニュアル I（底質・生物編），恒星社厚生閣．
5) 日本海洋学会編，1990，沿岸環境調査マニュアルII（水質・微生物編），恒星社厚生閣．
6) 土木学会，2006，環境工学公式・モデル・数値集，pp.276-404.
7) 蔵本武明，1999，明日の沿岸環境を築く（日本海洋学会編），恒星社厚生閣，pp.130-137.
8) 環境省総合環境政策局編，2006，環境アセスメント技術ガイド，大気・水・土壌・環境負荷，（社）日本環境アセスメント協会．
9) （財）道路環境研究所編，2007，道路環境影響評価の技術手法 2007 改訂版，（財）道路環境研究所．
10) 環境省，2006，「平成 17 年度環境影響評価技術手法要素別課題検討調査」報告書：大気・水・環境負荷分野の環境影響評価技術検討会編「環境アセスメント技術ガイド 大気・水・環境負荷」，（社）日本環境アセスメント協会，pp.133-190.
11) 環境影響評価制度研究会，2006，環境アセスメントの最新知識，ぎょうせい，pp.2-48.
12) 環境影アセスメント研究会編，2007，実践ガイド 環境影アセスメント，ぎょうせい，pp.2-80.
13) 環境影響評価制度研究会，2009，戦略的環境アセスメントのすべて（監修浅野直人），ぎょうせい，pp.2-18.
14) 柳 憲一郎，2011，環境アセスメント法に関する総合的研究，清文社，pp.3-50.
15) 久野和宏 他，2011，都市の音環境―診断・予知・保全―，技報堂出版，pp.2-85.
16) （社）日本騒音制御工学会編，2006，騒音規制法の手引き（第 2 版）騒音規制法遂条解説／関連法令・資料集，技報堂出版．
17) （社）日本騒音制御工学会編 振動法令研究会，2003，振動規制法の手引き 振動規制法遂条解説／関連法令・資料集，技報堂出版．
18) 塩田正純，2010，シンポジウム報告 環境影響評価制度―物理系環境アセスメントの視点から―，環境アセスメント学会誌，8（1），36-39.
19) （社）日本騒音制御工学会編 2001，地域の環境振動，技報堂出版．
20) （社）日本環境アセスメント協会，2005，環境アセスメント実務研修会テキスト 生活環境編 9 日照阻害，pp.9.1-1 ～ 24.
21) 村上周三，他，1983，居住者の日誌による風環境調査と評価尺度に関する研究，日本建築学会論文報告集，325，74-84.
22) 風工学研究所編，2005，ビル風の基礎知識，鹿島出版会．
23) （社）日本環境アセスメント協会：電波障害に係る調査・予測・評価技術，環境アセスメント実務研修会テキスト（I）生活環境分野．
24) NHK 受信技術センター編，2003，建造物障害予測技術（地上デジタル放送）．
25) 受信環境クリーン中央協議会，2004，建造物受信障害予測手法の調査検討報告書．
26) （社）日本 CATV 技術協会，2005，建造物障害予測の手引き（地上デジタル放送）．
27) （社）日本 CATV 技術協会，2010，建造物によるテレビ受信障害調査要領（地上デジタル放送）．
28) （社）日本 CATV 技術協会，2011，建造物による地上デジタルテレビ放送受信障害の調査と障害事例．
29) 環境省総合環境政策局環境影響評価課，2001，大気・水・環境負荷分野の環境影響評価技術検討会中間報告書，大気・水・環境負荷分野の環境影響評価技術（II）環境影響評価の進め方．
30) 建設省都市局編，1999，面整備事業環境影響評価技術マニュアルII，ぎょうせい．
31) 気候変動に関する政府間パネル（IPCC）編，2007，IPCC 第 4 次評価報告書．
32) 環境省，2112，電気事業者別の二酸化炭素排出係数，環境省報道発表資料（1 月 17 日公表）．
33) 環境省，2010，生物多様性国家戦略 2010.
34) 新里達也・佐藤正孝共編，2007，野生生物保全技術第二版，海游舎，pp.70-143.
35) 日建設計，2002，ポーラ美術館，新建築，77（9），110-127.
36) 古谷勝則・油井正昭・多田 充・西田友香，2002，埼玉県の環境影響評価事対象事業に於ける環境保全措置に関する研究，千葉大学園芸学部学術報告，56，47-56.
37) （財）道路環境研究所編，2007，道路環境影響評価の技術手法 2007 改訂版 事例集「動物」，「植物」，「生態系」，（財）道路環境研究所．
38) 米村惣太郎・那須 守・田澤龍三・松原徹郎・亀山 章，2001，調整池における絶滅危惧植物タコノアシ（Penthorum Chinese Pursh）個体群の復元，日本緑化工学会誌，27（1），26-31.

39）米村惣太郎・井原寛人，2008，調整池の植生基盤に導入されたタコノアシ（Penthorum Chinese Pursh）の経年変化，日本緑化工学会誌，34（1），45-50．
40）米村惣太郎・中武禎典，2011，茨城県西田川流域の休耕田における絶滅危惧植物タコノアシの生育と管理状況の関係，環境情報科学論文集，25，197-202．
41）大杉奉功・安田成夫・岡野眞久，2004，ダム貯水池周辺における自然環境保全の取り組み，大ダム，188，104-111．
42）村上和男ら，2005，HSI モデルの構築と干潟の生物生息環境指標，海岸工学論文集，52，1146-1150．
43）市村 康ら，2003，HSI モデルを用いた人工干潟の生物生息場の評価，第 31 回環境システム研究論文発表会講演集，537-541．
44）吉沢麻衣子ら，2006，HSI モデルの簡略化による HEP を用いたミティゲーション評価，環境アセスメント学会，2006 年度研究発表会要旨集，19-24．
45）田中 章ら，2007，環境アセスメントにおける最初の HEP 適応事例，環境アセスメント学会，2006 年度研究発表会要旨集，67-72．
46）沼田真編，1974，生態学辞典．築地書館．
47）環境省，2008，環境影響評価技術ガイド景観，環境省総合環境政策局環境影響評価課．
48）自然との触れ合い分野の環境影響評価技術検討会編著，2002,環境アセスメント技術ガイド　自然とのふれあい，自然環境研究センター．
49）上杉 哲郎他，1999，ふれあい空間の計画〈立地・配置論〉，ランドスケープ研究，61（3），230-236．

参考文献

神奈川県，2009，神奈川県環境影響評価技術指針．
環境省，2012，東日本大震災以降の環境行政，中央環境審議会第 17 回総会資料．
環境省，2010，道路事業における温室効果ガス排出量に関する環境影響評価ガイドライン．
埼玉県，2009,埼玉県環境影響評価技術マニュアル（第 1 版）―温室効果ガス編―．
環境省，2008，温室効果ガスに係るミティゲーション手法ガイドライン．
（財）自然環境研究センター，2002，環境アセスメント技術ガイド　生態系，生物の多様性分野の環境影響評価技術検討会編．
（社）環境情報科学センター，1999,環境アセスメントの技術，中央出版．

第4章　環境アセスメントの実際

§1.　火力発電所

1.　わが国における火力発電所
1・1　火力発電の種類
現在，わが国の発電電力の6割以上は火力発電所に頼っている．火力発電の燃料は，石炭・石油・天然ガスなどがあり，発電方式は表4-1のとおり分類できる．これら燃料と発電方式の様々な組み合わせがある．

表4-1　火力発電方式の種類

火力発電方式	概　要
汽力発電	ボイラーなどで発生した蒸気によって蒸気タービンを回して発電する方式．火力発電のなかで，主力となっている．
内燃力発電	ディーゼルエンジンなどの内燃機関で発電する方式．離島などの小規模発電で利用される．
ガスタービン発電	高温の燃焼ガスを発生させ，そのエネルギーによってガスタービンを回して発電する方式．
コンバインドサイクル発電	ガスタービンと蒸気タービンを組み合わせて，熱エネルギーを効率よく利用する発電方式．

1・2　脚光を浴びる天然ガスコンバインドサイクル発電
天然ガスコンバインドサイクル発電方式の概念図を図4-1[1]に示す．ガスタービンを回した熱で水を

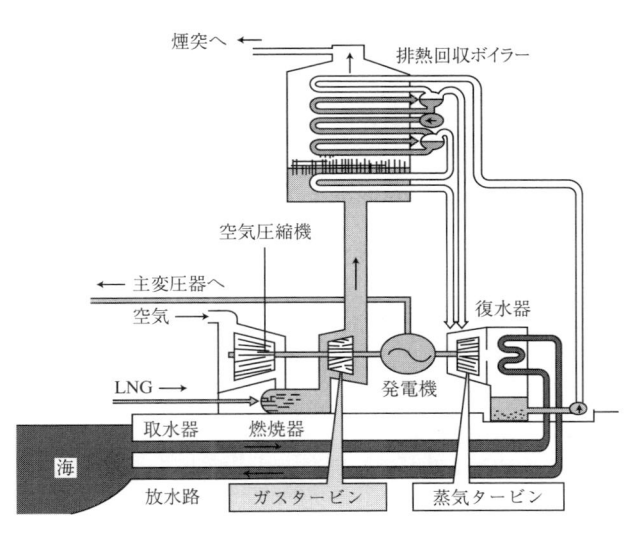

図4-1　コンバインドサイクル発電方式[1]

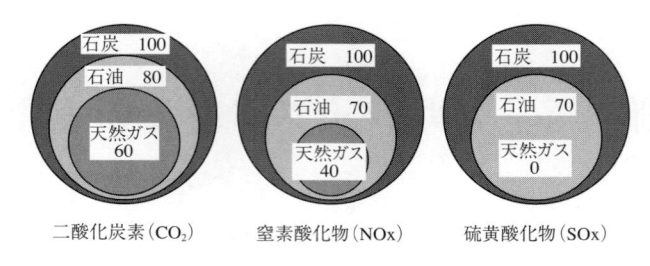

```
石炭  100        石炭  100        石炭  100
石油   80        石油   70        石油   70
天然ガス 60      天然ガス 40      天然ガス 0
```

　　二酸化炭素（CO₂）　　窒素酸化物（NOx）　　硫黄酸化物（SOx）

図 4-2　大気汚染物質の排出比較 [2]

蒸気に変え，さらに蒸気タービンを回転させるという二重の発電方法を組み合わせた形になっている．

また，天然ガスを燃料とすることで，大気汚染物質のうち，二酸化硫黄や浮遊粒子状物質の排出をゼロに，窒素酸化物や二酸化炭素の排出を大幅に低減できる利点がある（図 4-2）[2]．

さらに，運転・停止が短時間で容易にでき，需要の変化に対応した運転ができる．このため，環境面からも注目され，都市部で新設される多くの発電所がこの方式を採用している．

2. 発電所における環境アセスメント

発電所に係る環境アセスメントは，1977 年の通商産業省の制度に基づいて行われるようになった．以来，同制度に基づき 100 件以上の実績がある．1997 年に公布された「環境影響評価法」（以下，「アセス法」とする）では，発電所が対象事業となり，通商産業省の制度の内容が概ね継承された．

火力発電所に係る法対象事業は，規模要件で 15 万 kW 以上を第 1 種事業（必ず環境アセスメントを実施）とし，それに準ずる規模として 11.25 万 kW 以上を第 2 種事業（環境アセスメントの必要性を行政が判断）としている．さらに多くの地方公共団体の環境影響評価条例においては，これ以下の規模であっても対象事業としているものがみられる．

3. 環境要因と配慮すべき環境要素

火力発電所における主たる環境要因と配慮すべき環境要素は，表 4-2 のとおりである．

表 4-2　火力発電所における主たる環境要因と配慮すべき環境要素

環境要因	配慮すべき環境要素
地形の改変	発電所工事による，動物・植物・生態系などへの影響
ばい煙の排出	ばい煙の排出による，二酸化硫黄・二酸化窒素・浮遊粒子状物質・二酸化炭素などへの影響
冷却水の取放水	冷却に伴う温排水（水温が数℃上昇した冷却後の排水）による，海域の水温・流れ，海生動植物などへの影響（火力・原子力発電所に特有の環境要素）
機械等の稼働	機械などの稼働による，騒音・振動・低周波音などへの影響

4. 事例紹介

火力発電所に係る環境アセスメントとして，神奈川県川崎市に建設された出力約 84 万 kW の天然ガス火力発電所の事例を紹介する．この事業は，アセス法の第 1 種事業に該当する．

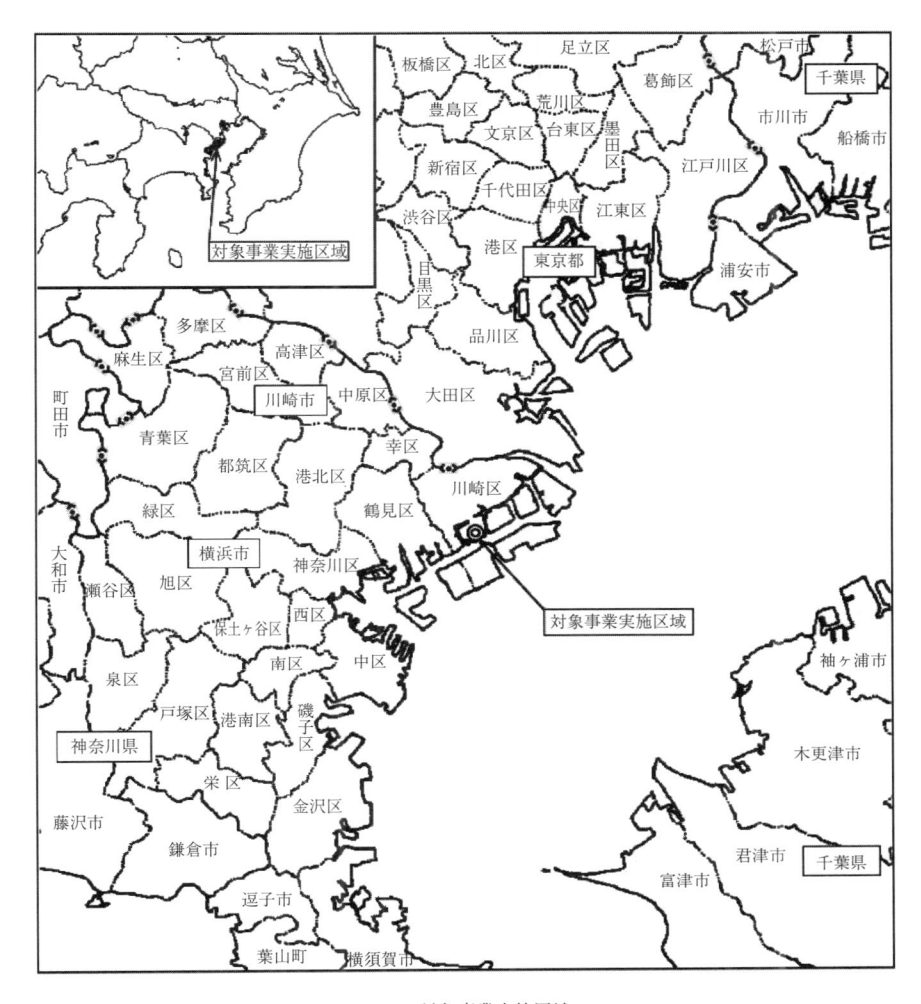

図 4-3　対象事業実施区域

4・1　事業の概要

　特定の電気事業者などへの電気の供給を目的とし，最新の大型高効率コンバインドサイクル発電方式による天然ガス火力発電所を建設・運営するものである．

　天然ガスを燃料にすることで，他燃料に比べ地域大気環境および地球環境への影響が抑えられ，さらに高効率のコンバインドサイクル発電システムを採用することにより，省エネルギーで，かつ，よりクリーンな発電が可能になる．

　本事業の特色は以下のとおりである．

- 既設の工場敷地（製油所敷地）を利用するため，敷地改変による影響が少ない．
- 天然ガスを燃料とするため，二酸化硫黄や浮遊粒子状物質を排出しない．
- 天然ガスを導管から受給するため，燃料タンクなどの設置を必要としない．
- 周辺海域には既設の発電所温排水が放流されているため，海水温の上昇を回避するために冷却塔で冷却している．

・周辺地域への騒音の影響を低減するため，大型機器は，敷地南側（海側）に配置し，陸側敷地境界には防音壁を設置した．
・緑地は，敷地全体の23.4％を確保し，「川崎市の緑化指針」に沿った樹種約2万本の植栽を行った．

4・2 環境アセスメントの流れ

本事業は，2002年に方法書が提出され，方法書に対する知事意見，経済産業大臣勧告（発電所アセスメント特有の手続）を受けて調査・予測が行われ，その結果をまとめた準備書が2005年に提出されている．

さらに，準備書に対する知事意見，環境大臣意見，経済産業大臣勧告を受け，準備書の記載内容を見直した評価書が2005年に提出されている．これら一連の手続きの後に事業に着手し，2008年に運転開始に至っている．

4・3 環境影響評価項目

本事業における環境影響評価項目は，表4-3のとおりである．

本事業では，工事の実施および土地または工作物の存在・供用を想定して，多様な項目が選定されている．

発電所の燃料に天然ガスを使用することから，施設の稼働における硫黄酸化物，浮遊粒子状物質，石炭粉じんは選定されていない．

また，陸域の動物・植物・生態系については，方法書段階における経済産業大臣勧告を受けて，準備書段階で追加されたものである（後述）．

さらに，残土については，方法書段階で影響を検討する項目として選定されたが，掘削土を構外に持ち出さない計画としたことから，準備書段階では調査されていない．

4・4 県知事意見と事業者の対応

発電所アセスメントでは方法書および準備書に対して出された住民意見・市町村長意見・知事意見などを踏まえ，経済産業大臣が勧告する．

1) 方法書に対する経済産業大臣勧告

当該準備書に対する経済産業大臣勧告の概要は，以下のとおりである．

> ・陸域の動物・植物・生態系について，項目として選定するか否かを検討すること．
> ・工事用資材運搬船から排出されるばい煙についても考慮すること．
> ・大気質については，内部境界層発達型フューミゲーション（いぶし現象）および建物影響によるダウンウォッシュ（巻き込み）にも着目した予測を行うこと．
> ・水質については，可能な限り定量的な予測を行うこと．
> ・景観については，適切な眺望点を選定し，予測および評価を行うこと．

事業者はこれらの勧告を受け，建物影響によるダウンウォッシュに配慮し，煙突高さを再検討するに至った．また，陸域の動物・植物・生態系の調査を追加して実施したところ，対象事業実施区域内で，重要種であるコチドリの営巣が確認されたことから，発電所の配置計画を一部見直し，コチドリの生息環境の創出を行っている．

2) 準備書に対する経済産業大臣勧告

表 4-3 環境影響評価項目の選定

環境要素の区分				工事の実施			土地又は工作物の存在及び供用						
									施設の稼働				
				工事用資材等の搬出入	建設機械の稼働	造成等の施工による一時的な影響	地形改変及び施設の存在	排ガス	排水	温排水	機械等の稼働	資材等の搬出入	廃棄物の発生
環境の自然的構成要素の良好な状態の保持を旨として調査、予測及び評価されるべき環境要素	大気環境	大気質	硫黄酸化物					×					
			窒素酸化物	○	○			○				○	
			浮遊粒子状物質	○	○			×				○	
			石炭粉じん				×				×		
			粉じん等	○	○							○	
		騒 音	騒 音	○	○						○	○	
		振 動	振 動	○	○						○	○	
		その他	低周波音								○		
			冷却塔白煙								○		
	水環境	水 質	水の汚れ						○				
			富栄養化						○				
			水の濁り			×	○						
			水 温						○	×			
		底 質	有害物質			×							
		その他	流向及び流速				×				×		
	その他の環境	地形及び地質	重要な地形及び地質				×						
生物の多様性の確保及び自然環境の体系的保全を旨として調査、予測及び評価されるべき環境要素	動 物		**重要な種及び注目すべき生息地（海域に生息するものを除く．）**				○						
			海域に生息する動物				×				×		
	植 物		**重要な種及び重要な群落（海域に生育するものを除く．）**				○						
			海域に生育する植物				×				×		
	生態系		**地域を特徴づける生態系**				○						
人と自然との豊かな触れ合いの確保を旨として調査、予測及び評価されるべき環境要素	景 観		主要な眺望点及び景観資源並びに主要な眺望景観				○						
	人と自然との触れ合いの活動の場		主要な人と自然との触れ合いの活動の場	○			×					○	
環境への負荷の量の程度により予測及び評価されるべき環境要素	廃棄物等		産業廃棄物			○							○
			残 土			×							
	温室効果ガス等		二酸化炭素					○					

注） ▨：火力発電所の設置の事業に係る環境影響評価の標準項目
　　○：影響要因があるため，環境影響評価の項目として選定する項目
　　×：該当する影響要因がないため，環境影響評価の項目として選定しない項目
　ゴシック書体は，環境影響評価方法書から見直しを行った項目を示す．

準備書に対する経済産業大臣勧告の概要は以下のとおりである.

・窒素酸化物について，設備の運転管理および維持管理を徹底し，排出濃度をより一層低減すること．また，その旨を評価書に記載すること．
・発電効率を高く維持し，単位発電量当たりの二酸化炭素排出量をより一層低減すること．また，その旨を評価書に記載すること．

事業者はこれら勧告を受け，設備の運転管理および維持管理に関する内容を準備書に加筆修正し，評価書としてとりまとめている．

4・5 本事業における環境保全措置のポイント

1) 煙突高さの再検討

本事業では，方法書段階において煙突高さは景観などを考慮して 59 m としていたが，建物ダウンウォッシュを回避する観点から，準備書段階では高さ 102.1 m［低圧蒸気ドラムの上部位置（約 40 m，図 4-4 参照）の 2.5 倍以上］へ変更している．

なお，建物ダウンウォッシュとは，強風時に近隣建物の影響により風下側に生じる渦に排煙が巻き込まれ，煙が地上付近に到達することにより，地上で高濃度の煙が発生する現象をいう（図 4-5）．

2) コチドリの生息環境の創出

本事業では，現況調査時に対象事業実施区域において，重要種であるコチドリの営巣が確認された．これらを踏まえ，発電所の配置計画を一部見直し，コチドリの生息環境の創出を行っている．具体的には，図 4-6 のとおり，約 1,000 m² の砂礫地を緑地に替えて設置している．

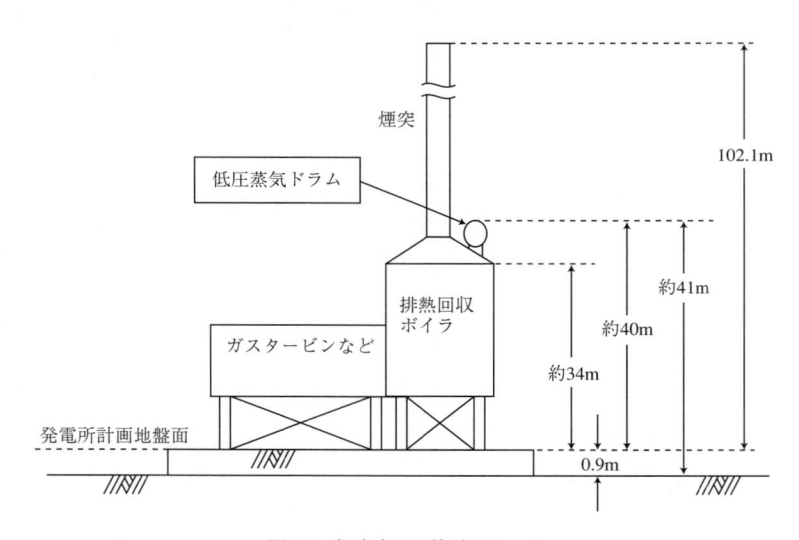

図 4-4 煙突高さの検討イメージ

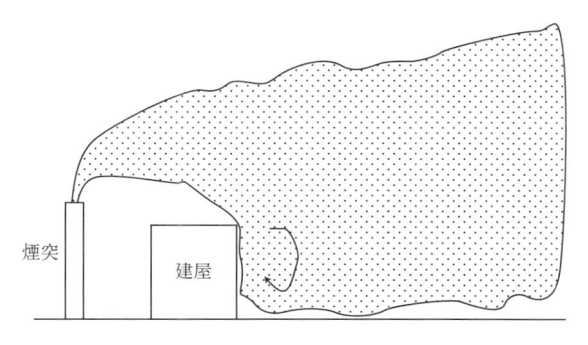

図 4.5　建物ダウンウォッシュの概念

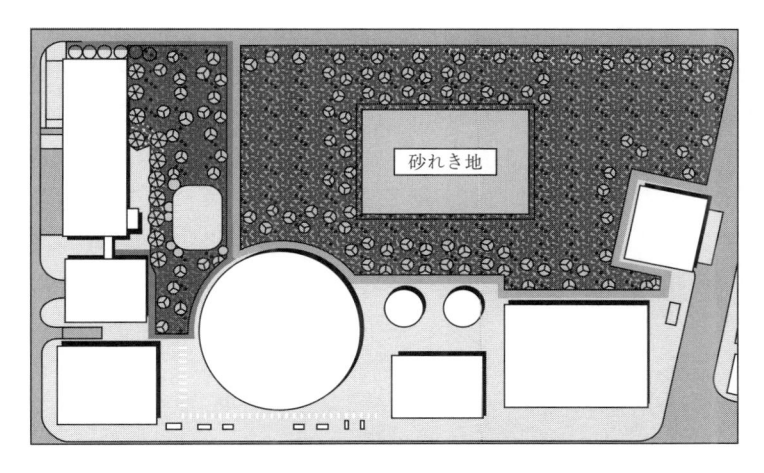

図 4-6　コチドリの生息環境創出の概念図

§2. 幹線道路

1. 影響要因の選定

　幹線道路（高速道路および一般国道）における環境影響評価で扱う影響要因は，「道路事業に係る環境影響評価の項目並びに当該項目に係る調査，予測及び評価を合理的に行うための手法を選定するための指針，環境の保全のための措置に関する指針などを定める省令」（以下「主務省令」という）で参考項目とされている要因を基本とし，事業特性や地域特性を考慮に入れることにより，参考項目とされている要因でも選定しなかったり，それ以外の項目が追加選定されたりしている[5]．表 4-4 に道路事業における参考項目を示す．道路事業の場合，環境に影響を与える要因は，事業により建設される工作物の存在に起因するもの，そのうち事業が実施される箇所に起因するものには，例えば地形，地質，地盤，動物，植物，生態系などがあり，工作物の形状や規模に起因するものには景観，人と自然との触れ合いの活動の場などがある．また，工作物の供用に起因するものとしては，大気，騒音，振動，水質などがある．一方，工作物を建設する際に考慮する影響要因としては，工作物の存在およ

び供用時の要因のほかに，廃棄物などがある．

　主務省令で参考項目として定められている項目は，一般的な道路事業によって生じる環境影響を考慮して定められているものであることから，一般的な道路事業では当該参考項目とされた項目は，環境影響評価で除外されることなく扱われている．しかし，次のような場合は，参考項目とされていても影響要因として選定せず環境影響評価を進めている．地形・地質については，重要な地形地質が存在しないことが明らかな場合，また，日照阻害については，平面構造である場合など明らかに日照阻害の起きないことが予想される場合，さらに，動物・植物・生態系では，事業が都市内で実施されるなどの理由により保全対象となる動物・植物・生態系が存在しない場合などがある．

　一方，参考項目以外の項目について，事業の実施される場所，建設される工作物の特性などから調査・予測・評価の対象となる環境要因として選定している場合がある．例えば，「自動車の走行に係る低周波音」は，橋梁形式の構造物が保全対象の近傍に計画されている場合に比較的多く環境要因として扱われている．対象数は少ないが，「水底の掘削等に係る水の濁り」，「汚染土壌の掘削等に係る土壌」などが環境要因として扱われている事例もある[5]．

2. 環境要因および調査・予測・評価手法の選定

　方法書では，地域の概要，事業の概要が示されるとともに考慮する環境要因，参考項目であっても選定しない環境要因について，それぞれ選定する理由，選定しない理由が示される．また，それぞれ

表4-4　道路事業における

環境要素の区分	環境の自然的構成要素の良好な状態の保持を旨として調査、予測及び評価されるべき環境要素						
影響要因の区分	大気環境					水環境	
	大気質			騒音	振動	水質	
	二酸化窒素	浮遊粒子状物質	粉じん等	騒音	振動	水の濁り	水の汚れ
工事の実施 / 建設機械の稼働			○	○	○		
工事の実施 / 資材及び機械の運搬に用いる車両の運行			○	○	○		
工事の実施 / 切土工等又は既存の工作物の除去							
工事の実施 / 工事施工ヤードの設置							
工事の実施 / 工事用道路等の設置							
土地又は工作物の存在及び供用 / 道路（地表式又は掘割式）の存在							
土地又は工作物の存在及び供用 / 道路（嵩上式）の存在							
土地又は工作物の存在及び供用 / 自動車の走行	○	○		○	○		
土地又は工作物の存在及び供用 / 休憩所の供用						○	○

の環境要因について，調査，予測および評価の手法が示される．道路事業の環境影響評価において，これらの手法は主務省令に示されている参考手法を勘案するとともに，国土技術政策総合研究所が取りまとめている「道路環境影響評価の技術手法」が活用されている．法に基づく環境影響評価で取り扱われている参考項目のすべてと参考項目以外の項目のほとんどが同手法を用いている[5]．

2・1　環境項目の選定

以下に具体的な例を示す．A県で実施されたある道路事業では，「選定項目及びその選定の理由」の節で，概ね次のような手順で選定したことが記載されている．すなわち，「道路事業での環境影響評価の項目には，一般的な道路事業の内容を踏まえて標準的に調査，予測及び評価を行う項目として，『道路事業に係る環境影響評価の項目………措置に関する指針等を定める省令（主務省令）』により規定された『参考項目（当時は，標準項目と称されていた）』と，それ以外に環境影響が相当程度となるおそれがあると考えられる参考項目以外の項目がある．計画路線の環境影響評価の項目については，上記に示した省令に基づき事業特性及び地域特性を踏まえて参考項目及び参考外項目を検討した結果，環境要素は12項目であり，その選定理由は………である」．

ここでは環境要素として，大気環境では大気質（二酸化窒素，浮遊粒子状物質および粉じんなど），騒音，振動および低周波音を取り上げ，水環境では水質（水の濁り，水の汚れ）および底質を取り上げ，土壌に係る環境その他の環境では，地形・地質，土壌，その他の環境要素（日照阻害）などを取り上げている．その中で，例えば，騒音については項目選定の理由として，工事で「対象道路事業実

環境影響評価の参考項目

土壌に係る環境 その他の環境		生物の多様性の確保及び自然環境の体系的保全を旨として調査、予測及び評価されるべき環境要素			人と自然との豊かな触れ合いの確保を旨として調査、予測及び評価されるべき環境要素		環境への負荷の量の程度により予測及び評価されるべき環境要素
地形及び地質	その他の環境要素	動物	植物	生態系	景観	人と自然との触れ合いの活動の場	廃棄物等
重要な地形及び地質	日照阻害	重要な種及び注目すべき生息地	重要な種及び群落	地域を特徴づける生態系	主要な眺望点及び景観資源並びに主要な眺望景観	主要な人と自然との触れ合いの活動の場	建設工事に伴う副産物
							○
○		○	○	○			
○		○	○	○	○	○	
	○						

施区域及びその周辺に住居等が存在し，建設機械の稼働，資材及び機械の運搬に用いる車両の運行に伴い発生する騒音の影響が考えられる」と記載されている．また，存在・供用時点では，「対象道路事業実施区域及びその周辺に住居等が存在し，自動車の走行に伴い発生する騒音の影響が考えられる」と理由を記載している（表4-5）．

一方，参考項目のうち，環境要素として選定しなかった項目には，「生物の多様性の確保及び自然環境の体系的保全を旨として調査，予測及び評価されるべき環境要素」で動物（工事），植物および生態系がある．これらの項目を環境要素として選定しなかった理由は，動物についていえば，工事の時点で「工事用道路等は新たに設置しない．また，工事施工ヤードを設置する地域はコンクリート等により被覆された人工改変地であり，自然的な動物の生息環境が存在しない」ことをその理由としている．植物については，「対象道路事業実施区域及びその周辺に植物の重要な種・群落は生育しておらず，植物の生育地は小面積の植栽や裸地程度しかない．なお，本項目については，影響範囲を対象道路事業実施区域の端部から100m程度とした」と影響範囲についても明示的に示している．

主務省令の改正後に作成された別の道路事業の方法書についてみると，例えば，B県のある事業（2008年）では，「本事業に係る環境影響評価の項目については，「道路環境影響評価の技術手法2007年改訂版」[6)]を参考として，事業特性（事業の内容）及び地域特性（事業実施区域及びその周辺の概要），並びに専門家等の技術的助言を踏まえて選考」と専門家による技術的助言を受けて選定したことを明らかにしている．また，2010年に実施されたC県の方法書では，「………（主務）省令に基づき，事業特性及び地域特性を踏まえて検討」と環境影響項目の選定に当たっては，事業者が自ら検討していることを明記している．これら2つの事業では，主務省令に示されている参考項目以外の項目について数項目を環境影響評価の項目に選定している．その一方で，参考項目であっても，事業特性から影響を考慮する必要性の乏しいと事業者が判断したものは選定しておらず，合理的な環境要素の選定が行われていることがわかる．

2・2 調査・予測・評価手法の選定

選定した環境項目に関する調査，予測および評価の手法についてA県の事例では，項目の選定に続く「選定した調査，予測及び評価の手法並びにその理由」の節で示されている．表示の仕方は，表形式となっており，環境要素ごとに「項目（環境要素の区分及び影響要因の区分）」，「当該項目に関連する事業特性」，「当該項目に関連する地域特性」に続いて，調査，予測，評価のそれぞれの手法が記述され，最後に「手法の選定理由」が記載されている．

騒音の場合，建設機械の稼働，資材および機械の運搬に用いる車両の運行および自動車の走行の3つの影響要因の区分で参考項目となっている．それぞれの影響要因の区分における調査，予測，評価の手法については，前述の「道路環境影響評価の技術手法」が標準的な手法となっており，整合性を検討する基準が異なることに起因するものを除いて結果的に類似した手法が採用されている．前記の他の2事業についても記述に多少の違いはあるものの基本的に同じである．

3. 環境保全措置と事後調査

前記の騒音や大気環境などと違い予測が物理モデルによらない場合，また，効果の確実性が高くない環境保全措置を講じた場合は，信頼性の高い環境影響の予測や評価を行うことの難度は高くなる．

表 4-5 環境影響評価の項目に係る調査，予測及び評価の手法並びにその選定理由 （騒音分）

環境要素の区分	環境要素の区分	影響要因の区分	当該項目に関連する事業特性	当該項目に関連する地域特性	手法			手法の選定理由
	項目				調査の手法	予測の手法	評価の手法	
騒音	騒音	a. 工事の実施（建設機械の稼働）	計画路線の構造は，主に嵩上式で計画されており，想定される主な工種は橋脚・橋台工などである．嵩上式の区間において，建設機械の稼働に伴い発生する騒音の影響が考えられる．	・都市計画対象道路事業実施区域及びその周辺には，住居等の保全対象が存在する．	1) 調査すべき状況 イ 騒音の状況 ロ 地表面の状況 2) 調査の基本的な手法 文献その他の資料及び現地調査による情報の収集並びに当該情報の整理及び解析 調査すべき状況のイは「特定建設作業に伴って発生する騒音の規制に関する基準」に規定する測定の方法で測定する． 3) 調査地域 音の伝搬の特性を踏まえて騒音に係る環境影響を受ける恐れがあると認められる地域 4) 調査地点 音の伝搬の特性を踏まえて調査地域における騒音に係る環境影響を予測し，及び評価するために必要な情報を適切かつ効果的に把握できる地点 5) 調査期間等 音の伝搬の特性を踏まえて調査地域における騒音に係る環境影響を予測し，及び評価するために必要な情報を適切かつ効果的に把握できる期間，時期及び時間帯	1) 予測の基本的な手法 音の伝搬理論に基づく予測式による計算 2) 予測地域 調査地域のうち，音の伝搬の特性を踏まえて騒音に係る環境影響を受けるおそれがあると認められる地域 3) 予測地点 音の伝搬の特性を踏まえて予測地域における騒音に係る環境影響を的確に把握できる地点 4) 予測対象時期 建設機械の稼働による騒音に係る環境影響が最大となる時期	1) 回避または低減に係る評価 調査及び予測の結果並びに環境保全措置の検討を行った場合にはその結果を踏まえ，建設機械の稼働に係る騒音に関する影響が，事業者により実行可能な範囲ででき限り回避され，または低減されており，必要に応じその他の方法により環境の保全についての配慮が適正になされているかどうかについて，見解を明らかにすることにより行う． 2) 基準または目標との整合性の検討 「特定建設作業に伴って発生する騒音の規制に関する基準」と調査及び予測の結果との間に整合が図られているかどうかを評価する．	事業特性及び地域特性の状況を踏まえ，省令及び技術手法を参考に，調査及び予測の手法は省令による標準手法を選定し，評価の手法は回避または低減に係る評価と法律に基づく基準値等との整合性による手法を選定した．
		b. 工事の実施（資材及び機械の運搬に用いる車両の運行）	計画路線の構造は，主に嵩上式で計画されており，想定される主な工種は橋脚・橋台工などである．資材及び機械の運搬に用いる車両の運行に伴い発生する騒音の影響が考えられる．	・都市計画対象道路事業実施区域及びその周辺には，住居等の保全対象が存在する． ・計画路線周辺地域では，23箇所において道路交通騒音の測定が行われており，そのうち11箇所で環境基準値を上回っている．	1) 調査すべき状況 イ 騒音の状況 ロ 資材及び機械の運搬に用いる車両の運行が予想される道路の沿道の状況 2) 調査の基本的な手法 文献その他の資料及び現地調査による情報の収集並びに当該情報の整理及び解析 調査すべき状況のイは「騒音に係る環境基準について」に規定する測定の方法で測定する． 3) 調査地域 音の伝搬の特性を踏まえて騒音に係る環境影響を受ける恐れがあると認められる地域 4) 調査地点 音の伝搬の特性を踏まえて調査地域における騒音に係る環境影響を予測し，及び評価するために必要な情報を適切かつ効果的に把握できる地点 5) 調査期間等 音の伝搬の特性を踏まえて調査地域における騒音に係る環境影響を予測し，及び評価するために必要な情報を適切かつ効果的に把握できる期間，時期及び時間帯	1) 予測の基本的な手法 音の伝搬理論に基づく予測式による計算 2) 予測地域 調査地域のうち，音の伝搬の特性を踏まえて騒音に係る環境影響を受けるおそれがあると認められる地域 3) 予測地点 音の伝搬の特性を踏まえて予測地域における騒音に係る環境影響を的確に把握できる地点 4) 予測対象時期 資材及び機械の運搬による騒音に係る環境影響が最大となる時期	1) 回避または低減に係る評価 調査及び予測の結果並びに環境保全措置の検討を行った場合にはその結果を踏まえ，資材及び機械の運搬に用いる車両の運行に係る騒音に関する影響が，事業者により実行可能な範囲でできる限り回避され，または低減されており，必要に応じその他の方法により環境の保全についての配慮が適正になされているかどうかについて，見解を明らかにすることにより行う． 2) 基準または目標との整合性の検討 「騒音に係る環境基準について」と調査及び予測の結果との間に整合が図られているかどうかを評価する．	
		c. 自動車の走行	計画路線は，延長約15km，車線数6車線，設計速度80km/hの自動車専用道路として計画されており，主な構造は嵩上式である．嵩上式の区間において，自動車の走行に伴い発生する騒音の影響が考えられる．		1) 調査すべき状況 イ 騒音の状況 ロ 対象道路事業により供用される道路の沿道の状況 2) 調査の基本的な手法 文献その他の資料及び現地調査による情報の収集並びに当該情報の整理及び解析 調査すべき状況のイは「騒音に係る環境基準について」に規定する測定の方法で測定する． 3) 調査地域 音の伝搬の特性を踏まえて騒音に係る環境影響を受ける恐れがあると認められる地域 4) 調査地点 音の伝搬の特性を踏まえて調査地域における騒音に係る環境影響を予測し，及び評価するために必要な情報を適切かつ効果的に把握できる地点 5) 調査期間等 音の伝搬の特性を踏まえて調査地域における騒音に係る環境影響を予測し，及び評価するために必要な情報を適切かつ効果的に把握できる期間，時期及び時間帯	1) 予測の基本的な手法 音の伝搬理論に基づく予測式による計算 2) 予測地域 調査地域のうち，音の伝搬の特性を踏まえて騒音に係る環境影響を受けるおそれがあると認められる地域 3) 予測地点 音の伝搬の特性を踏まえて予測地域における騒音に係る環境影響を的確に把握できる地点 4) 予測対象時期 計画交通量の発生が見込まれる時期	1) 回避または低減に係る評価 調査及び予測の結果並びに環境保全措置の検討を行った場合にはその結果を踏まえ，自動車の走行に係る騒音に関する影響が，事業者により実行可能な範囲でできる限り回避され，または低減されており，必要に応じその他の方法により環境の保全についての配慮が適正になされているかどうかについて，見解を明らかにすることにより行う． 2) 基準または目標との整合性の検討 「騒音に係る環境基準について」と調査及び予測の結果との間に整合が図られているかどうかを評価する．	

表 4-6 環境保全措置の追加を行った事例

首都圏中央連絡道路（一般国道20号～埼玉県境間）	植物	改変区域内で確認された注目すべき植物を対象に「移植」による追加的な環境保全措置を実施。なお、移植作業は学識者の立ち会いの指導の下で実施した。
八王子都市計画道路3・3・2号線（八王子市北野町～南浅川町）	植物・水生生物	植物及び水生生物について、改変区域内で確認された注目すべき植物及び水生生物を対象に「移植」による保全対策を追加的に実施。なお、移植作業は学識者の立ち会いの指導の下に実施した。
一般国道421号石榑峠道路	動物（猛禽類以外）	ニホンジカについて、新たにけもの道が確認されたことから、進入防止柵の設置による移動経路の迂回などの保全措置を追加で検討・実施することとしている。

例えば、動物、植物、生態系などの環境要素では、調査手法そのものが空間的に網羅された調査ではなく、事業の進捗に伴い新たに注目種が見つかる場合がある。また、予測についても物理的なモデルで予測評価できる環境要素に比べ、生物は因果関係が複雑であり、一般的には予測と比べ予測結果の確実性は高くない。したがって、これらの環境要素に関しては主務省の規定により事後調査を実施する頻度は高く、また、いくつかの事業においては環境保全措置の内容をより詳細なものとしているものも見受けられる。表 4-6 は、環境保全措置の追加実施が行われた事業の例を示している[7]。首都圏中央連絡道路では植物について、八王子都市計画道路では植物および水生生物について、事後調査により改変区域内で注目すべき種が確認されたことにより、追加的に生育適地への「移植」を行っている。石榑峠道路では、ニホンジカの移動経路が新たに発見されたことから、追加的な環境保全措置を実施することとしている。

今後は、事後調査が制度化されたことから事例が増加するので、それらの結果を分析することにより、予測精度の確認が可能となり、その結果、真に事後調査が必要な環境要素が明らかになることにより、事後調査の合理的な集約化が期待できる。

§3. マンション

1. マンション建築と土地利用規制の関係

市街化区域で建物を建てる場合には、用途、容積、形態などについての最低限のルールが、「都市計画法」に基づいた用途地域により定められており、市街化調整区域では原則として建築物の建設はできない。市街化区域におけるマンション建築と用途地域の関係は、表 4-7 に示すとおりである。

また、建築基準法上の特例制度として、公共施設の整備、公開空地の確保などを伴う個別のプロジェクトなどについては、容積率の割増や建築物の高さ制限が緩和される制度がある（表 4-7 の注参照）。

比較的規模の大きなマンションを建設する場合は、一定規模の土地が必要であることや、計画建物の延べ床面積や容積率の規制状況などが制約条件となる。これにより、新たに建築されるマンションの規模は概ね定まるといえる。

首都圏の住宅供給地として近年脚光を浴びるＡ市の場合、「環境影響評価に関する条例」における住宅系建築物の新設事業に係る規模要件は、表 4-8 に示すとおりである。

対象事業の規模が大きいものから、第 1 種行為、第 2 種行為および第 3 種行為となっており、手続

き上第2種行為は環境配慮計画書の作成および方法書手続を省略し，さらに第3種行為は公聴会の開催を省略して環境影響評価審議会への諮問は必要に応じて行うことにしている．

また，A市では事業の種類に応じた環境影響要因と環境影響評価項目の関連表についての概要は，表4-9のように整備されており，これらはマンションの事例が非常に多いA市がマンション用に示したものである．

マンション建設に際し，環境に影響を与える要因としては，工事中においては，①建設機械の稼働，②工事用車両の走行，③その他工事があり，それにより影響を受ける項目は，生活環境系，自然環境系，地域社会があげられる．また，供用時においては，①施設の存在，②施設の供用により，生活環境系，自然環境系，構造物の影響，地域社会，温室効果ガスへの影響があげられる．この中で特徴的なものは「地域社会」でマンション建設に伴い小学生の児童数，中学生の生徒数が増えることによる公立小中学校の教室の増加数，人口増による町内の集会場の数や広さ，工事車両の増加による交差点飽和度などの予測評価を行うこととしている点である．

表4-7 市街化区域におけるマンション建築と用途地域の関係

用途地域	マンション建築の可否（可：○／不可：×）	建築物の規模	
		建ぺい率	容積率
第一種低層住居専用地域	×	小	小
第二種低層住居専用地域	×	小	小
第一種中高層住居専用地域	○	中	中
第二種中高層住居専用地域	○	中	中
第一種住居地域	○	中	中
第二種住居地域	○	中	中
準住居地域	○	中	中
近隣商業地域	○	大	大
商業地域	○	大	大
準工業地域	○	中	中
工業地域	○	中	中
工業専用地域	×	小	中

＊優良プロジェクトなどに係る建築基準法上の特例制度：公共施設の整備，公開空地の確保などを伴う個別の優良プロジェクトなどについては，容積率割増しなどについての特例制度を活用することにより，個々の実情に応じた土地利用と良好な市街地環境の形成が可能である．

表4-8 環境アセスメントの規模要件（A市における住宅系建築物の新設事業）

事業の種類	第1種行為	第2種行為	第3種行為
開発行為	開発区域面積10 ha以上	開発区域面積5 ha以上10 ha未満，又は開発区域面積1 ha以上5 ha未満かつ樹林地改変4,000 m²以上	開発区域面積1 ha以上5 ha未満，かつ樹林地改変4,000 m²未満
住宅団地の新設	事業区域面積10 ha以上又は計画人口3,000人以上	事業区域面積5 ha以上10 ha未満，又は計画人口1,500人以上3,000人未満	事業区域面積1 ha以上5 ha未満，又は計画人口500人（住居専用地域は300人）以上1,500人未満
高層建築物の新設	高さ100 m以上，かつ延べ面積50,000 m²以上	高さ80 m以上のもので，第1種行為に該当しないもの	—
大規模建築物の新設	延べ面積100,000 m²以上のもの	延べ面積50,000 m²以上100,000 m²未満のもの	—

＊近隣自治体Bの場合：住宅戸数1,500戸以上，高さ100 m超かつ延べ面積10万m²超
＊近隣自治体Cの場合：開発区域面積15 ha以上，高さ75 m以上かつ延べ面積50,000 m²以上

表 4-9　環境影響要因と環境影響評価項目の関連表（A市）

環境影響評価項目 \ 環境影響要因	工事中 ①建設機械の稼働 ②工事用車両の走行 ③工事などの影響	供用時 ①施設の存在 ②施設の供用
生活環境系	大気質（①②） 水質（③） 騒音・振動（①②） 産業廃棄物（③） 建設発生土（③）	大気質（①②） 騒音・振動（②） 低周波音（②） 一般廃棄物（②）
自然環境系	水象（③） 地形・地質（③） 地盤（③） 動物、植物（③）	水象（①） 地形・地質（①） 緑の質、緑の量（①）
構造物の影響	―	景観（①） 日照阻害（①） テレビ受信障害（①） 風害（①）
地域社会 温室効果ガス	地域交通（②） 歴史的文化的遺産（③）	コミュニティ施設（②） 地域交通（②） 温室効果ガス（②）

2. 環境影響の概要

市街化区域におけるマンション建設において，特徴的な環境影響要因と環境影響評価項目の関連についての実際は，工事による影響としては，建設機械の稼働および工事用車両の走行に伴う大気質，騒音・振動への影響および工事用車両の走行に伴う地域交通への影響，工事による産業廃棄物，建設発生土への影響が主であり，計画地および周辺の状況に応じてその他の環境影響評価項目が加わることとなる．

また，供用時の影響としては，緑の質・緑の量および建築物による構造物の影響が，その特徴的な環境影響評価項目であり，供用時に稼働する施設や施設関連車両などに応じてその他の環境影響評価項目が加わる．

3. 具体的事例について

前述のA市におけるマンション建築に係る条例環境影響評価の事例を取り上げる．

3・1　事業の概要

本事業は市中心部にほど近い駅前の約 2.1 ha の工場跡地（更地）に，延べ床面積約 50,000 m^2 未満，計画人口 1,500 人未満のマンション建築計画であり，建築建物は高さ制限の適用除外を受けることにより 15 階建て（建物高さは約 45 m）とし，公開空地を確保する計画である（表 4-10 参照）．

これにより，本事業の規模要件はA市条例において，住宅団地の新設（第 3 種行為）に該当する．

また，緑化計画は，駅前側の公開空地，外周部の歩道上空地，中庭などに高木，中木，低木をバランスよく配置する計画であり，施工計画においては，工事工程および工事用車両運行計画のほか，工事管理計画として保安対策，交通安全対策，環境保全対策，廃棄物処理計画を作成した．

3・2 地域概況

計画地はA市中心部よりほど近い駅前に立地し，計画地および周辺の地形は平坦で，南北は鉄道に挟まれている．

土地利用規制状況は，表4-11に示すとおりである．

3・3 環境影響評価項目の選定

環境影響の調査，予測および評価にあたっては，対象事業の計画内容と計画地およびその周辺の環境特性，地域特性を考慮して事業実施に伴う環境影響要因（環境影響が想定される行為）を抽出し，A市「地域環境管理計画」（2010年9月）に掲げられている環境影響評価項目の中から環境影響の調査，予測および評価項目の選定を行なった（表4-12参照）．

3・4 予測・評価

ここでは，市街化区域におけるマンション建設において，特徴的な環境影響評価項目として，景観，テレビ受信障害，風害を取り上げる．

1) 景　観

①調査

調査範囲は計画地を中心に半径500m程度の範囲とし，不特定多数の人の利用度や滞留度が高い場所などの代表的な眺望地点を選定した．

②予測・評価

予測方法は，フォトモンタージュによる解析で行った（図4-7参照）．

景観の変化については，工場跡地から共同住宅への土地利用の変換により景観は変化するが，供用後は新たな複合市街地としての景観が形成されると予測した．本事業では計画建物の周囲に広場，通路および緑地を配置し，ゆとりある空間形成に努めるとともに，建物外壁などの色彩や仕上げの素材などについては，複合市街地としての景観に配慮するなどの環境保全のための措置を講ずることにより，圧迫感がなく，周囲の環境に調和した地域景観にふさわしい景観を創造するものと評価した．

2) テレビ受信障害

①調査

事業の実施に伴い，テレビ電波（地上波）の受信障害が生じると考えられる地域を対象に現地調査を実施した．

②予測・評価

計画建物によるテレビ受信障害の影響が予測された地域においては，必要に応じて適切な時期にテレビ受信障害対策を実施し，受信障害を改善するとともに，地上躯体工事の時期においては，障害の発生状況に応じた必要な対策を速やかに実施し，関係者と十分な協議を行うなどの環境保全のための措置を講ずることにより，良好な受像画質が維持でき，現状を悪化させることがないと評価した．

なお，現在は地上アナログ波放送から地上デジタル波放送に切り替わったため，テレビ受信障害の影響範囲は大幅に縮小している．

3) 風害

A市の技術指針では高さが30mを超え，周囲に風害の影響が予測される場合は風害の予測・評価行うとし，歴史的にみて従来から風洞実験が主体的に行われている．

表 4-10　土地利用計画

区　分	面積（m²）	割合（%）
計画建物	約 4,600	21.9
駐車場	約 2,600	12.3
車路	約 2,100	10.0
通路・広場	約 4,800	22.9
緑地・その他	約 6,900	32.9
合　計	約 21,000	100.0

建築計画概要

延床面積	約 5,000 m²
容積率	約 200%
建ぺい率	約 30%
建物高さ	地上 15 階　約 45 m
計画戸数	約 500 戸
計画人口	1,500 人未満

表 4-11　事例における土地利用規制状況

項　目	計画地
地域区域（用途地域）	準工業地域
建ぺい率	60%
容積率	200%
高さ制限	20 m

表 4-12　環境影響要因と環境影響評価項目の関連

環境影響評価項目		工事中			供用時			
					施設の存在		施設の供用	
		建設機械の稼働	工事用車両の走行	建設工事等の影響	緑の回復・育成	計画建物の存在	住宅の供用	人口の増加
大　気	大気質	●	●					
緑	緑の質				●			
	緑の量				●			
騒音・振動	騒　音	●	●					
	振　動	●	●					
廃棄物	一般廃棄物						●	●
	産業廃棄物			●				
	建設発生土			●				
構造物の影響	景　観					●		
	日照阻害					●		
	テレビ受信障害					●		
	風　害					●		
地域社会	コミュニティ施設							●
	地域交通	●						

①調査

地域の風の状況は，概ね1年間の風向，風速などについて現地調査および計画地近くの測定局データにより把握した．

②予測・評価

風洞実験の実験ケースは，計画建物の建設による影響を検討するため，建設前，建設後，対策後の3ケース実施した．

風洞実験模型は，計画建物の建設により風環境の変化が予測される範囲を考慮し，図4-8に示すように，計画地の中心から300mの範囲について模型を作成した．

予測結果は，建設前においては，既存の建物による影響で事務所街としての風環境を満足させる領域Cが3地点，建設後は計画建物による影響が加わり，領域Cが7地点（計画地内含む）となったが，防風植栽による対策後は，領域Cが2地点に減少すると予測した．各評価ケースの評価結果は，表4-13に示すとおりである．

また，風洞実験による防風対策の状況と，供用開始時における防風植栽の実施状況は，図4-9に示すとおりである．

本事業の実施にあたっては，風環境の改善を考慮し，計画地敷地境界，建物外周部などに防風効果のある高さ4～6m程度の常緑高木による防風植栽を行い，環境保全のための措置を講ずることから，生活環境に著しい影響はないと評価した．

4. 課　題

マンション建設は，「都市計画法」，「建築基準法」などにより建物の規模などは，ほぼ決定されるので，計画建物に係る環境影響評価項目は，概ね絞られてくる．

環境影響評価の手続において，事業者は地域の特性と立地条件などを理解した上で，事業の説明を十分に行う必要があり，周辺住民もまた，地域の特性や環境目標などを理解して環境についての市民意見を述べる必要がある．

また，事例で述べた風害などの構造物による影響は，単独事業による影響にとどまらない事例がみられることから，行政においては，地域ごとの環境目標や配慮すべき事項を示すとともにまちづくりの基本となる制度の整備や指導，調整を行うことが望まれる．

§4. 海面埋立

1. わが国における海面埋立の歴史

わが国の海面埋立（干拓を含む）の歴史は古く，例えば東京臨海部では江戸時代から積極的に埋立事業が推進されてきた．これは，江戸幕府が増大する人口を収容するための市街地確保と，市内で発生する膨大な家庭ゴミ処理場の確保という特殊事情によるものである．

一方で，昭和30年代以降では沿岸部への工業進出などにより全国各地で海面埋立が行われるようになった．近年では海上空港など大規模な埋立ても行われている．これらの埋立てにより環境破壊が懸念され，環境配慮が求められるようになった．

図4-7 景観の予測写真（現況／供用時）

図4-8 風洞実験模型

表4-13 風環境評価結果

風環境	建設前 全77地点	建設後 全98地点	対策後 全98地点
領域A	37	38	38
領域B	37	53	58
領域C	3	7	2
領域D	0	0	0

※1 地点数は，計画地及び計画地周辺
※2 領域A：住宅地としての風環境，領域B：住宅地・市街地としての風環境，領域C：事務所街としての風環境，領域D：好ましくない風環境

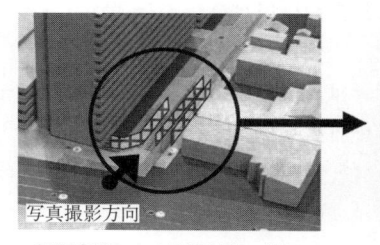

風洞実験による防風対策の状況 　　　　防風植栽の実施状況

図4-9 防風対策（防風植栽）

2. 環境アセスメントの実施

　海面埋立に係る環境アセスメントは，1973年の「公有水面埋立法」の改正により同法に基づいて行われるようになった．以来長らく個別法に基づくアセスメントとして埋立規模に関わらず実施され，多くの実績が蓄積されている．

　また，1997年に公布された「環境影響評価法」（以下，「アセス法」とする）において海面埋立および干拓事業が対象事業となった．法対象事業は，50 ha超を第1種事業（必ず環境アセスメントを実施）とし，それに準ずる規模として40 ha以上を第2種事業（環境アセスメントの必要性を行政が判断）

としている．さらに多くの地方公共団体の環境影響評価条例においても海面埋立事業が対象事業とされている．

海面埋立の環境アセスメントについては，他の対象事業に見られない特色がある．公有水面埋立法においては，「環境保全に関し講じる措置を記載した図書」を埋立免許の願書に添付することが求められており，その内容は，埋立てそのものによる影響と工事に係る影響に加えて埋立地の利用に係る環境影響が対象となっている．この点，アセス法では，前二者のみが評価の対象とされていて，埋立地の利用による影響については評価の対象となっていない．

3. 環境要因と配慮すべき環境要素

アセス法の主務省令では，海面埋立における環境要因と配慮すべき環境要素は以下のとおりである（表4-14）．

3・1 工事の実施に係るもの

埋立工事を影響要因として，粉じん，騒音，振動，土砂による水の濁り，重要な動物種および注目すべき生息地，重要な植物種および群落，地域を特徴づける生態系，主要な人と自然との触れ合いの活動の場，建設工事に伴う副産物が主に環境要素として取り上げられる．

表4-14 環境要因と環境要素

環境要素の区分				工事の実施		土地又は工作物の存在
				堤防及び護岸の工事	埋立ての工事	埋立地又は干拓地の存在
環境の自然的構成要素の良好な状態の保持を旨として調査，予測及び評価されるべき環境要素	大気環境	大気質	粉じんなど	●		
		騒音	騒音	●		
		振動	振動	●		
	水環境	水質	水の汚れ			●
			土砂による水の濁り	●		
	土壌に係る環境その他の環境	地形及び地質	重要な地形及び地質			●
生物の多様性の確保及び自然環境の体系的保全を旨として調査，予測及び評価されるべき環境要素	動物		重要な種及び群集並びに注目すべき生息地	●		●
	植物		重要な種及び群落			●
	生態系		地域を特徴づける生態系	●		●
人と自然との豊かな触れ合いの確保を旨として調査，予測及び評価されるべき環境要素	景観		主要な眺望点及び景観資源並びに主要な眺望景観			
	人と自然との触れ合いの活動の場		主要な人と自然との触れ合いの活動の場	●		●
環境への負荷の量の程度により予測及び評価されるべき環境要素	廃棄物など		建設工事に伴う副産物	●		

3・2 土地または工作物の存在

埋立地の存在を影響要因として，水の汚れ，重要な地形および地質，重要な動物種および注目すべき生息地，重要な植物種および群落，地域を特徴づける生態系，主要な眺望点および景観資源並びに主要な眺望景観，主要な人と自然との触れ合いの活動の場が主な環境要素として取り上げられている．

これらの環境要素のうち，海面埋立においては，海生生物（埋立てによる海生生物の生息・生育地の消失といった直接的な影響）や工事中の水の濁り（濁りの拡散および海生生物の生息・生育環境への間接的な影響）については，特に配慮が必要である．

4. 事例紹介

海面埋立に係る環境アセスメントの事例として，熊本県内の漁港整備に係る埋立ての事例を紹介する．10 ha 程度の中規模の埋立てで比較的件数の多い規模であること，干潟の埋立てであるため慎重な審査が行われ，現況調査や環境保全措置が追加されている点で参考となる．

4・1 事業の概要

熊本県では水産業の健全な発展および水産物の安定供給を図るため，県内の漁港・漁場整備により，浚渫土砂が発生し，一部を漁港用地の埋立てまたは漁場整備の客土・覆砂などに有効利用しているが，有効利用困難な土砂の処分先が必要として，本事業が計画されたものである（図4-10）．

本事業は，地形・地質状況，地域の特性，環境条件などを総合的に検討した結果，熊本市河内町地先の公有水面を，土砂の受け入れ先として整備するものである．埋立面積が約 11.5 ha であるが，干潟を埋立場所としているため，熊本県環境影響評価条例の対象事業に該当する．

本事業を計画した埋立地およびその周辺には自然海岸が存在しており，現地調査において重要な海生生物が確認された．事業者は環境保全措置を検討し，実行可能な範囲で環境影響の低減および代償などを図ることとし，護岸法線形状を見直すなどの変更を行っている．

4・2 環境アセスメントの流れ

本事業は，2004 年に方法書が提出された（表 4-15）．

その後，方法書の知事意見を受けて調査・予測および評価が行われ，その結果をまとめた準備書が 2007 年に提出されている．

さらに，準備書に対する知事意見を受け，評価などを一部見直した評価書が 2008 年に提出されている．これら一連の手続きを終えた後，2008 年後半より事業に着手している．

4・3 環境影響評価項目

本事業における環境影響評価項目は，表 4-16 のとおりである．

熊本県条例で示されている項目のうち，水の汚れは，汚水排水がないため除外している．また，護岸工事に伴う副産物はその発生がないため除外，埋立地の存在による文化財についても埋立区域およびその近傍に文化財が存在しないことから除外している．

4・4 県知事意見と事業者の対応

1) 方法書に対する県知事意見

方法書に対する県知事意見は，全般的事項 2 件，工事計画に関する事項 8 件の他，水環境 5 件，気象 1 件，地形および地質 1 件，動植物および生態系 4 件，景観 1 件，その他 3 件と多岐に及んでいる．

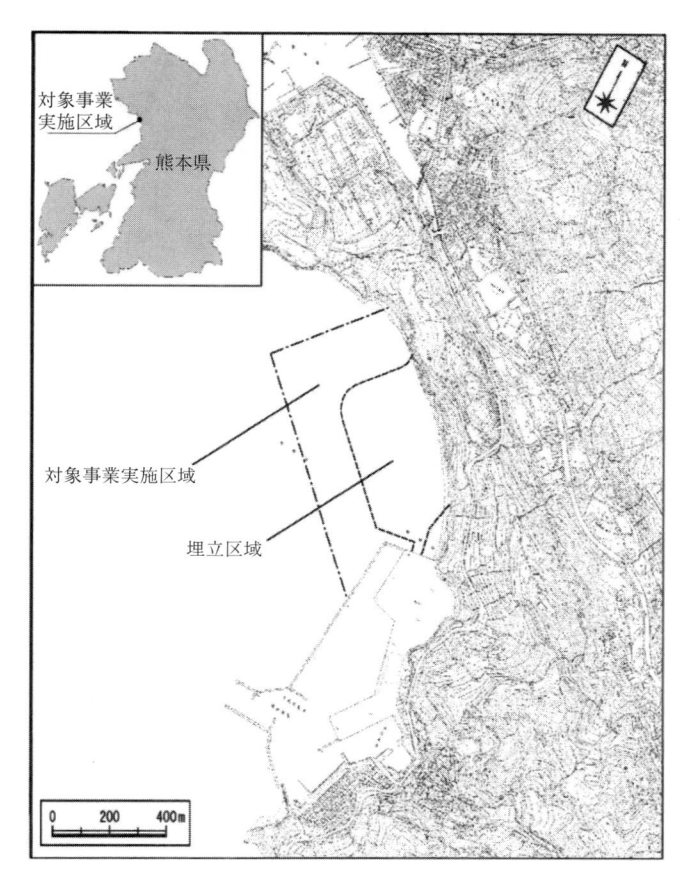

図 4-10　対象事業実施区域

表 4-15　環境アセスメント手続の経緯

方法書	公告縦覧	2004 年 10 月 25 日～2004 年 11 月 25 日
	審査会	2004 年 12 月 20 日，2004 年 2 月 23 日
	知事意見	2005 年 3 月 30 日
準備書	公告縦覧	2007 年 9 月 26 日～2007 年 10 月 26 日
	審査会	2007 年 10 月 30 日，2007 年 12 月 25 日
	公聴会	未開催
	知事意見	2008 年 1 月 31 日
評価書	公告縦覧	2008 年 4 月 28 日～2008 年 5 月 27 日

表 4-16 環境影響評価項目

環境要素の区分	影響要因の区分			工事の実施		土地または工作物の存在
				護岸の工事	埋立ての工事	埋立地の存在
環境の自然的構成要素の良好な状態の保持を旨として調査，予測及び評価されるべき環境要素	大気環境	大気質	粉じんなど	○	○	
			窒素酸化物	○	○	
		騒音	騒音	○	○	
		振動	振動	○	○	
	水環境	水象	流向及び流速	○	○	○
		水質	水の汚れ			×
			水の濁り	○	○	
	土壌・その他の環境	地形及び地質	重要な地形及び地質	○	○	○
生物の多様性の確保及び自然環境の体系的保全を旨として調査，予測及び評価されるべき環境要素	動物		重要な種及び群集並びに注目すべき生息地（海域に生息するものを除く）	○	○	○
			海域に生息する動物	○	○	○
	植物		重要な種及び群落並びに注目すべき生育地（海域に生育するものを除く）	○	○	○
			海域に生育する植物	○	○	○
	生態系		地域を特徴づける生態系			
人と自然との豊かな触れ合いの確保を旨として調査，予測及び評価されるべき環境要素	景観		主要な眺望点及び景観資源並びに主要な眺望景観			○
	人と自然との触れ合いの活動の場		主要な人と自然との触れ合いの活動の場	○	○	○
環境への負荷の量の程度により予測及び評価されるべき環境要素	廃棄物など		建設工事に伴う副産物	×		
文化財の保全を旨として調査，予測及び評価されるべき環境要素	文化財		文化財			×

注）■：公有水面埋立または干拓の事業に係る標準項目
　　○：環境影響評価の項目として選定した項目
　　×：標準項目であるが環境影響評価の項目として選定しない項目

調査地点調査項目

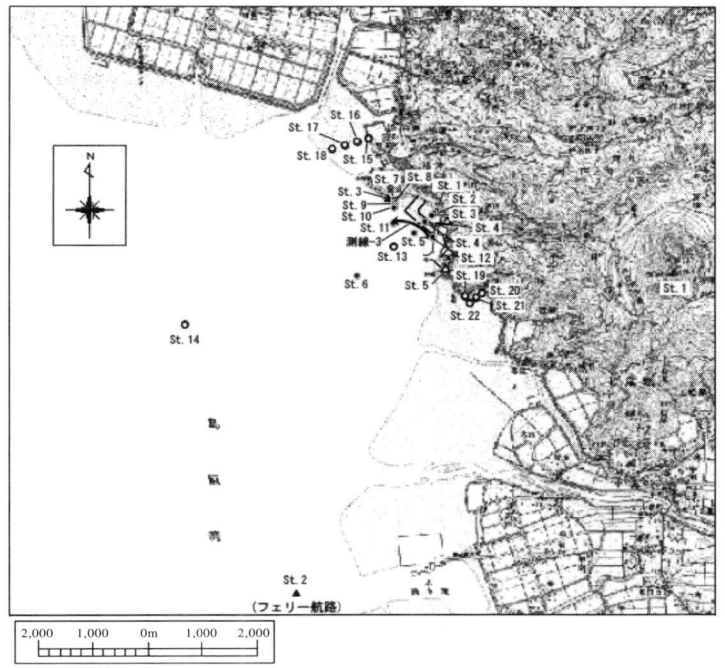

調査項目＼調査地点	①対象事業実施区域及び周辺海域 （影響範囲及び周辺）														②松崎地先海域 （比較対照）				③仏崎地先海域 （比較対照）				① 潮線-3
	SL1	SL2	SL3	SL4	SL5	SL6	SL7	SL8	SL9	SL10	SL11	SL12	SL13	SL14	SL15	SL16	SL17	SL18	SL19	SL20	SL21	SL22	
流向・流速					●	●					●			○									
水質			●		●	●					●			○									
底質			●	○	●	●					●		○	○									
動植物プランクトン					●	●					●			○									
潮間帯生物	●	●					●	●			●				○				○				
干潟生物		●	●	●				●	●	●						○	○	○		○	○	○	
底生生物					●	●					●		○	○									
魚卵・稚仔					●	●					●			○									
魚介類																							●

注）SL4は，方法書で記載した地点で，底質を調査項目として追加した．

景観調査地点	対象事業実施区域周辺				
	SL1	SL2	SL3	SL4	SL5
	▲	▲	▲	△	△

凡　例
● 方法書で記載した調査地点（海域）
▲ 方法書で記載した調査地点（景観）
○ 知事意見を受けて追加検討した調査地点（海域）
△ 知事意見を受けて追加検討した調査地点（景観）

図4-11　調査地点の追加状況

特に，対象事業実施区域およびその周辺に貴重な海生生物が生息していることを受け，事業者は，調査範囲の拡大と調査地点の追加など（図4-11）を行い対応した．また，環境保全措置として埋立地およびその周辺におけるゾーニングを計画した．

2）準備書に対する県知事意見

準備書に対する県知事意見は，主に環境保全措置として計画したゾーニングの詳細・根拠・計画運用などについて述べられた．主たる内容は以下のとおりである．

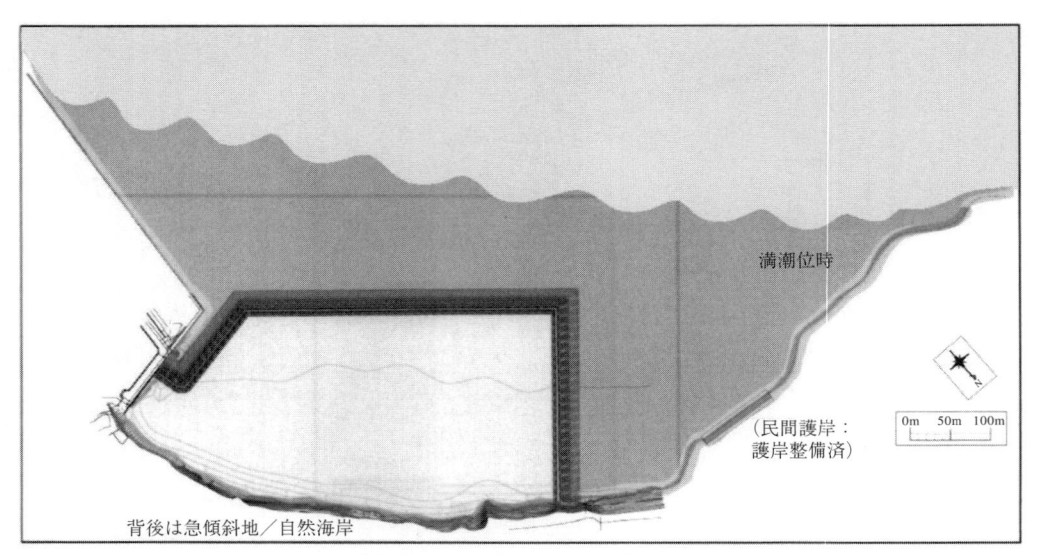

(1) 埋立原計画における平面模式図

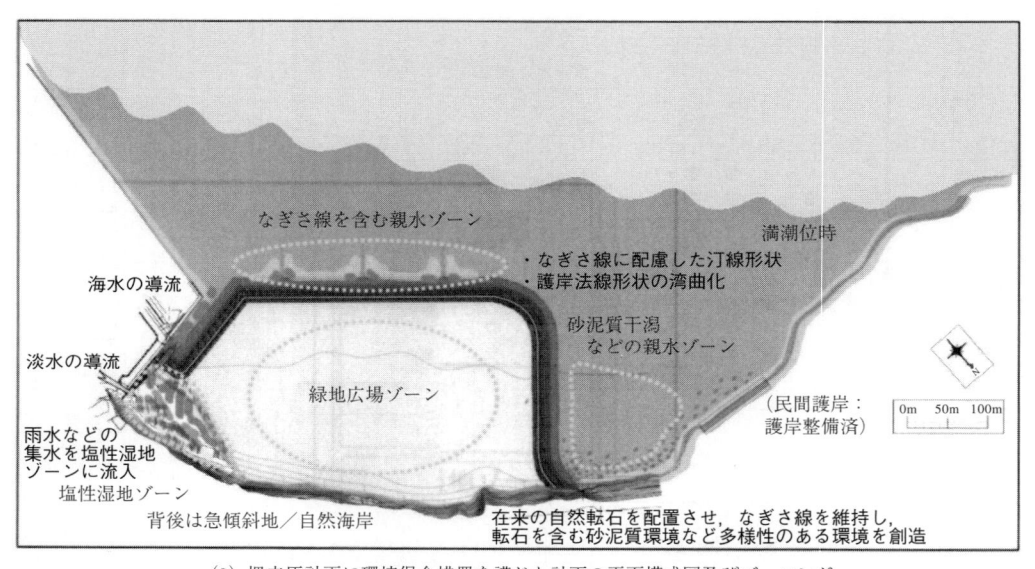

(2) 埋立原計画に環境保全措置を講じた計画の平面模式図及びゾーニング

図 4-12 埋立地およびその周辺区域のゾーニング計画のイメージ

> 「なぎさ線を含む親水ゾーンの整備」や「砂泥干潟の保全」の目的が達成できるよう，工法や施工時期などを専門家などの意見も聞きながら検討し，その計画や根拠を評価書に記載すること．
> また，移植をする3種を含めたすべての種を対象に，工事中も含めて事後調査を行い，必要に応じて環境保全措置を講ずること．

これに対して，事業者は，「護岸工事着工から概ね2，3年のうちに，さらに専門家等の意見を聞きながら検討を行った上で，詳細な工法や施工時期等を策定する予定である．」とし，その旨を評価書に加筆している．

また，「重要な生物と共に潮間帯付着生物及び干潟生物についても事後調査を実施し，必要に応じて環境保全措置を講じる．」とし，その旨を評価書に加筆している．

4・5 本事業における環境保全措置のポイント

本事業においては，護岸法線形状を見直すなどの変更を行い，海生生物に配慮した環境保全措置を講じることとした．埋立地およびその周辺区域のゾーニングを行い，環境に配慮した海岸線（なぎさ線）や塩性湿地などの整備を行うこととしている．

具体的には，図4-12のとおり，なぎさ線を含む親水ゾーンでは，なぎさ線に配慮した汀線形状や護岸法線形状の湾曲化を行い，砂泥質干潟などの親水ゾーンでは，在来の自然転石を配置させ，なぎさ線を維持し，転石を含む砂泥質環境など多様性のある環境を創造することとした．また，塩性湿地ゾーンでは，海水を導入するとともに集水した雨水などを流入させるようにした．

§5. 面開発

1. 面開発事業と環境アセスメントの手続

面開発事業とは，東京都の多摩ニュータウン，大阪府の千里ニュータウン，茨城県の鹿島臨海工業団地のような特定の目的に利用する用地を確保することを目的に敷地となる土地の造成とその敷地とあわせて整備されるべき道路，排水施設，公園・緑地などの公共・公益施設を整備する事業をいう．面開発事業の場合，対象事業のほとんどが都市計画において事業の諸元が定められるため，都市計画との調整を図るために，手続などに特例が設けられている．

1・1 環境アセスメントの対象となる面開発事業

面開発事業で環境影響評価法の対象となる事業には，表4-17に示すものがある．いずれの事業も面積が100 ha以上の事業は第1種事業，面積が70 ha以上100 ha未満の事業は第2種事業となる．

1・2 環境アセスメント手続などの調整

環境アセスメントの対象事業が都市計画に定められる場合には，都市計画を定める手続においても，環境保全に配慮した上で，事業の諸元が定められることとなる．また，都市計画の決定においても，都市計画の決定を行う都市計画決定権者が都市計画の案を公告，縦覧し，意見の提出の機会を設けるなど，環境アセスメントに類似した手続が存在する．そのため，環境アセスメントの対象事業を都市

表 4-17　環境アセスメントの対象となる面開発事業

事業名称	事業内容
土地区画整理事業	土地所有者などから提供された都市計画区域内の土地を道路・公園などの公共用地として活用し，住宅地などの整然とした市街地を形成する事業
新住宅市街地開発事業	大規模に土地を全面的に買収して行う事業で，事業実施区域内に，公園，上・下水道，学校，病院，共同店舗などの公共・公益的施設が整った住区，住区間を結ぶ幹線道路などを総合的に供給する事業
工業団地造成事業	大規模に土地を全面的に買収して工業団地を計画的に作り出す事業
新都市基盤整備事業	事業実施区域内の一定の比率の土地を事業者が買収して都市の根幹的な施設を作りだすために造成するとともに，その他の土地を土地区画整理事業と同様の手法で整然とした市街地となる新たな都市を作り出す事業
流通業務団地造成事業	トラックターミナル，鉄道の貨物駅その他貨物の積卸しのための施設，倉庫，荷さばき場，卸売市場などの流通業務施設の敷地と公共・公益的施設を整備する事業

計画に定める場合には，環境アセスメントと都市計画の関係および両者の類似した手続を整理することが必要となる．

環境影響評価法には，環境アセスメントと都市計画の関係を整理し，両方を適切に機能させるため，これらを調整する次の特例規定が設けられている．

1）環境アセスメントと都市計画の関係

都市計画で決定される内容は事業計画の根幹をなす部分であり，環境配慮を検討する際にも重要であることから，環境アセスメントで得られた情報を都市計画の検討に生かせるような仕組みにしている．

都市計画の決定（変更）を行う都市計画決定権者（都道府県知事または市町村長）が，事業者に必要な協力を求めて，環境アセスメントを実施し，環境配慮の内容を決定することとなっている．また，都市計画決定権者が都市計画に定めようとする前の段階において，事業者が自ら環境アセスメントを進めることを可能とする規定も設けられている．

2）類似した手続の整理

環境アセスメントと都市計画決定の手続は類似していることから，両方の手続を併せて行うこととなっている．都市計画決定の手続と環境アセスメントの手続の関係は図 4-13 のとおりであり，公告・縦覧の期間は，環境アセスメントの期間に統一されている．

2. 面開発事業の環境影響の概要

面開発事業による環境影響は，土地を造成して施設を建設するという事業の特性から，2・1 から 2・3 に示す 3 つの環境影響に分類できる．

2・1　土地の造成による影響

土地の造成による影響は，さらに，工事中に生じるものと工事完了後に造成された土地が存在することにより生じるものに分けられる．この中でも，土地の存在による影響は，工事完了後の長期間にわたって影響することから，できる限り影響を回避することが望まれる．

第 4 章 環境アセスメントの実際　123

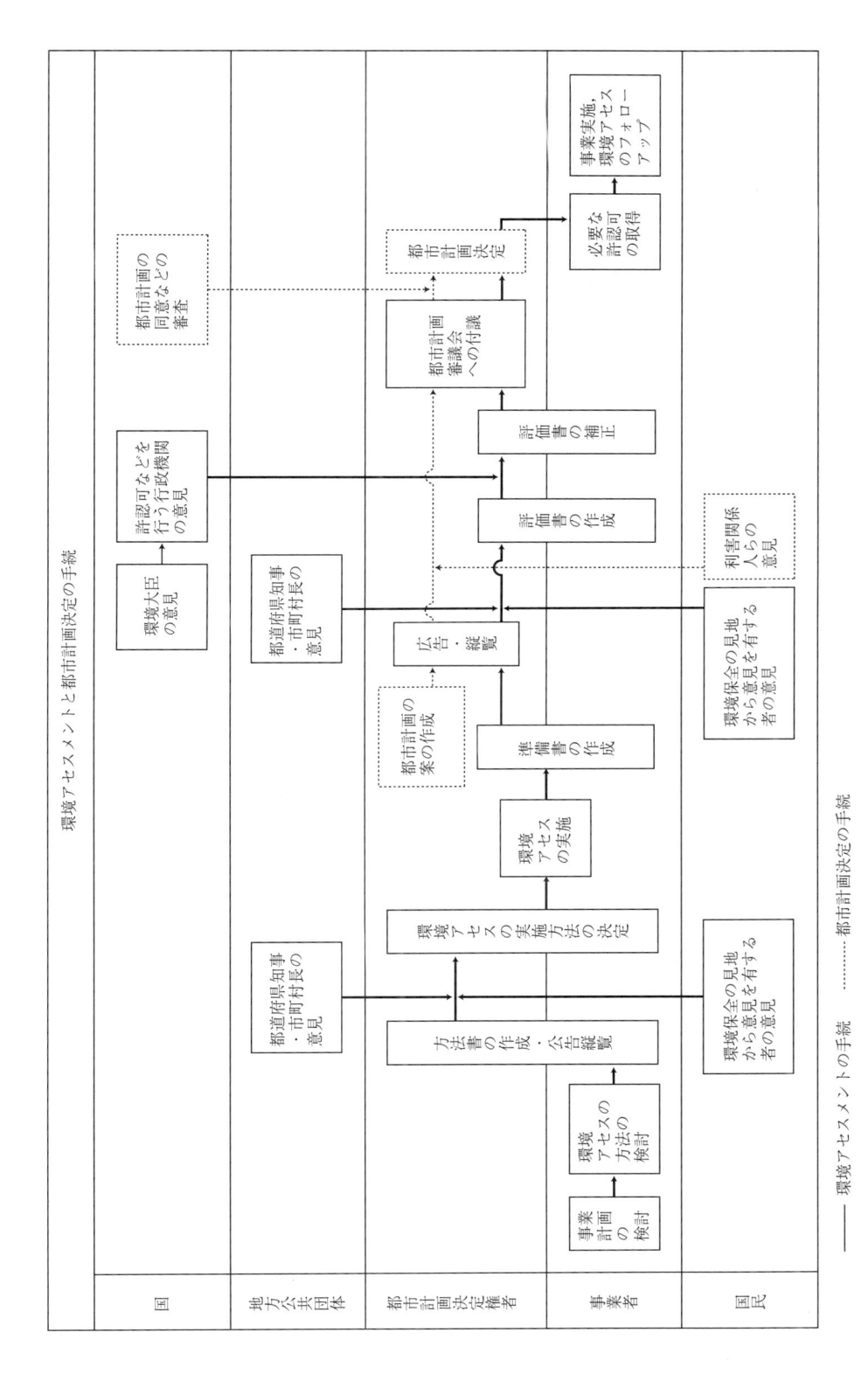

図 4-13　環境アセスメントと都市計画決定の手続

1) 工事中に生じる影響（2・2に示す影響を除く）
・地象（地象特性の変更，土地の安定性など）への影響
・濁水の流出による水質（濁り）への影響
・植物，動物，生態系，人と自然との触れ合いの活動の場への影響
・廃棄物・残土や伐採木などの副産物の排出・発生
2) 造成された土地が存在することにより生じる影響

造成された土地が存在することにより水象（河川の流量など），植物，動物，生態系，人と自然との触れ合いの活動の場，景観などへの影響が想定される．

対象事業を実施する地域の特性によっては，地域の保水機能や地下水かん養機能や，雑木林などの地域の「みどり」への影響を考慮することが必要となる場合がある．

2・2 工事車両の走行や建設機械の稼働による影響

工事車両の走行や建設機械の稼働により，大気質（窒素酸化物，粉じん），騒音および振動への影響，温室効果ガスの発生・排出が想定される．対象事業を実施するためには工事車両の走行と建設機械の稼働は必要であるため，影響の回避・低減を図ることとなる．

事業実施区域の地域特性によっては，動植物，生態系および人と自然との触れ合いの活動の場への影響が生じることも考えられ，注意が必要である．

2・3 造成された土地に建設される施設の稼働による影響

建設される施設そのものからの影響や施設利用に伴う自動車交通の発生による影響が生じることが想定される．造成された土地に建設される施設の用途によって影響が異なり，次のとおり整理できる．

1) 住宅系の用途の場合

住宅などの居住施設の供用により，生活排水などによる水質（BOD・COD）への影響が想定される．また，廃棄物，温室効果ガスの発生・排出が想定される．

新たに自動車交通が発生し，大気質（窒素酸化物，一酸化炭素），騒音および振動への影響が想定される．

2) 工業系の用途の場合

工場などの施設の稼動により次の項目への影響が想定される．ただし，工場などの業務形態により影響が異なるため，工場などの事業内容を把握した上で項目を決定することが必要となる．ただし，工場などの進出計画が未定の場合には，この影響について検討しない事例が多い．

・大気質（窒素酸化物，硫黄酸化物，浮遊粒子状物質，炭化水素，有害物質など）
・騒音・低周波音，振動，悪臭
・水質（BOD・COD，栄養塩類，健康項目など），底質（有害物質など），地下水の水質
・土壌

また，廃棄物，温室効果ガスの発生，新たな自動車交通による影響も考慮が必要である．

3) 流通業務系の用途の場合

卸売市場で多量の洗浄水を使用する場合などには，水質（BOD・COD）への影響が想定される．また，廃棄物，温室効果ガスの発生・排出が想定される．

流通業務施設の場合，自動車交通が多量に発生し，大気質（窒素酸化物，一酸化炭素），騒音およ

び振動への影響が想定される．さらに，発生する自動車交通は大型貨物自動車が中心となるため，予測・評価には特に留意が必要となる．

3. 土地区画整理事業による影響に対する動物，生態系への対策事例

面整備事業により造成された土地の存在による影響は，工事完了後の長期間にわたって影響する．そこで，土地区画整理事業により造成する土地の存在により，動物，生態系に影響が懸念される事例での環境保全措置などを紹介する．

3・1 地域の状況と土地区画整理事業の概要

土地区画整理事業の対象地区は，埼玉県の北西部，東京都心から80 km圏に位置する新幹線の通過する地区で，周辺に大学の研究施設があり，高速道路インターチェンジに隣接する地区である．この地区の土地利用の状況は，東側に水田地帯と既存の集落があり，西側に山林が残り，その山林の一部に大学の研究施設などが設置されている状況であった．

この地区に新幹線の新駅が設置されることとなり，駅周辺を対象に，隣接する大学の研究施設と連携し，産業業務施設，商業業務施設の誘導および良好な住宅地の形成を図る面積約150 haの土地区画整理事業が計画された．また，この事業と同時期に大学の研究施設を拡張するため，山林部分を含む約65 haの造成事業も計画された．

3・2 環境アセスメントを行った主な項目とその理由

1) 大気環境

方法書段階では，工事実施中の建設機械の稼働による粉じんの発生を予測評価するとしていた．しかし，方法書への知事意見などを受けて，二酸化窒素，浮遊粒子状物質の予測評価，造成地の供用により発生する自動車交通に係る影響の予測評価を追加して，環境アセスメントを実施した．

2) 動物，植物，生態系

方法書段階では，造成地の存在・供用による影響のみを予測・評価するとしていた．しかし，方法書への知事意見などを受けて，動物，植物，生態系に対する工事中の影響の予測評価についても追加して，環境アセスメントを実施した．

3・3 動物，生態系への対策

動物，生態系への対策について，方法書段階において，意見書で動物の生息状況に関する情報が提供され，知事意見では，動物，植物，生態系に関して主に次の2項目について意見が出された．

①工事により動物の重要な種である猛禽類および注目すべきその生息地に影響が考えられることから工事中も項目として追加すること

②事業実施区域とその周辺は豊かな自然環境の残る地域であるので立地選定の際に影響回避のために行った検討状況を明らかにすること

これを受けて，アセスを実施する都市計画決定権者は，工事中においても動物，生態系の予測評価を行うこととした．また，検討状況については，隣接区域の事業と連携して行った学識経験者を含む環境検討委員会での検討を知事意見への見解として示した．

準備書段階では，生態系が豊かで希少な場所であるので区画整理事業を実施すべきでないという意見や区域の縮小を求める意見が出された．また，知事意見においても，動物，植物，生態系に関して

主に次の4項目について意見が出された.
①環境影響の回避・低減に向けた検討について環境検討委員会での検討経過などを踏まえて具体的に記載すること
②危急種の昆虫の生息に必要な種の生息環境の保全や地中に生息する昆虫類のための雨水浸透など,動物の生育環境の保全・創出をするよう配慮すること
③水鳥生息のために緩傾斜護岸の採用,希少種のチョウおよびその食草への影響の回避など,調整池,河川護岸の構造・整備において配慮すること
④動物の重要な種である猛禽類の生息環境や採餌場の確保について,事後調査を行うこと

これを受けて,都市計画決定権者は,検討経過を評価書に記載し,他の3項目の知事意見にも対応に努めていくこととした.

さらに,評価書段階において,事業許認可権者(国土交通大臣),都市計画同意権者(国土交通省地方整備局長)からの意見を踏まえて,動物,植物,生態系に関して次の2点の対策が追加された.
①動物の重要な種である猛禽類の事後調査について,工事中の事後調査の具体的内容,供用後の事後調査の内容を事業完了前の適切な時期に検討することについて評価書に記載
②事後調査の結果により影響が明らかになった場合は,専門家の意見を聴取した上で工事計画の調整を含めて適切な措置を講じること

4. 面開発の環境アセスメントの課題など

面開発の環境アセスメントでは,面開発の行われる地域では複数の面開発事業が行われる傾向がある.その事業による環境影響のみの評価ではなく,3.の事例のように面開発を行う事業者間で連携し,複合的な環境影響を把握し,その影響の回避・低減を図れる仕組みが必要である.

また,環境アセスメントの図書に事業者が行ってきている環境保全の取り組みを早期段階から記述し,地域の環境保全について総合的な意見が得られるようにしていくことが望まれる.

§6. 風力発電

1. 風力発電を取り巻く状況

原発事故により,風力,太陽光,地熱,バイオマス,水力などの再生可能エネルギーへの期待が高まっている.その中で,風力発電の導入量は,2010年度には1,814基,設備容量としては,約2,442千kWとなっており,2011年度における発電実績としては,約1.8億kWh(全発電量の0.02%)となっている.2011年度の発電実績としては,地熱やバイオマスより1桁少ないが,導入できる可能のある賦存量として最も大きいと見積もられている[13].また,再生可能エネルギーでは,地熱に次いで安価とされている[14]ことから期待される.

2. 風力発電施設の概要
2・1 風力発電施設の種類と規模

風力発電施設には形式や出力などがいろいろあるが,環境アセスメントの対象となる風力発電施設

は、回転軸が水平なプロペラ型と呼ばれる形式の1基当たりの出力が1,000 kW以上の大型風車がほとんどである。2011年度導入実績では、国内の1基当たり出力が平均2,000 kWを超えている[15]状況にある。

このプロペラ式の風車は、タワーの上端に増速機や発電機を収納するナセルという機械室と、その前に取り付けられたブレード（羽根）のあるローターなどからなっている（図4-14, 4-15）。ブレードはタワーより風上側になるように電動モータで向きを変え、タワーで乱された風をブレードが受けないようにして、出力の低下や騒音の発生を抑えるアップウインド形式が大部分の風力発電施設で採用されている。タワーの下部には、非常に大きいフーチング（基礎）を地面に埋め込み（2,000 kWの風力発電施設で、地盤により異なるが、およそ1,500 t. ジャンボ機大略5機分に相当する）、強い風でも倒れないようにしている。

回転するブレードの直径は、2,000 kWの風力発電施設でおよそ80 mであり、ナセルまでの高さは、2,000 kWで60〜80 mと、ブレードの先端は110〜120 mと100 mを超える高さである。風力発電施設は高ければ高いほど地表面との摩擦による風速の減速が少なくなり（地上10 mと60〜80 mでは、海岸や内陸により風速が1.3〜1.5倍ほど異なる）、発電に有利となる（風力エネルギーは風速の3乗に比例）。ただし、建設コストは高くなる。ブレードの最高回転数は20〜30 rpmが多く、3枚ブレードの風車では1秒間に1〜1.5回ブレードが通過する。また、半径40 mのブレードの先端部分のヘッドスピードは、300〜450 km/hとなる。

2・2 風力発電システムの構成

風力発電施設には、風車本体の他に、変電所、送電線、取付道路、施工ヤードなどが附帯する。

風車本体は、風の乱れによる干渉を考慮して、設置間隔を卓越方向に対して10D（ローター直径の10倍）、直角方向に対して3Dの距離を目安に分散して設置する[16]。取付道路は、長尺（20〜40 m）

図4-14 洋上風力

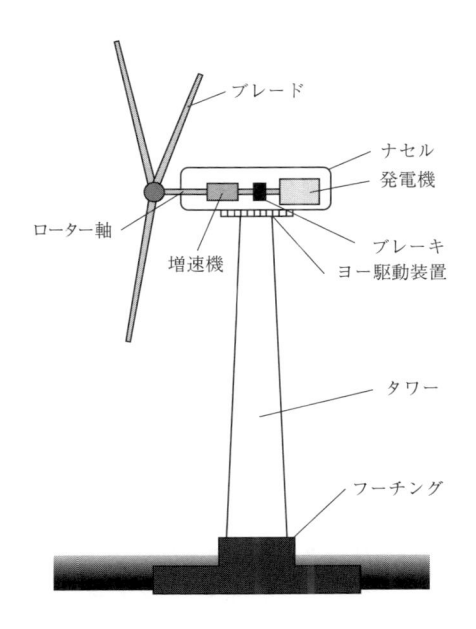

図4-15 風力の構造

のブレードや大径（5 m 前後）のタワーを輸送するため，5〜6 m 幅の通路と十分なカーブの曲率が必要であり，施工ヤードでは，タワーやブレードを組み上げるだけのスペースが必要となる（施工方法により異なるが 5,000〜10,000 m^2 程度）．送電線については，風車から構内変電設備までの配線（埋設が多い）と電力会社の変電所までの特別高圧の送電線（風力会社が施工することが多くなっている）がある．

2・3 風況と出力

風力発電施設は，発電に最低限必要な風速（カットイン風速）や回り過ぎによる風車の過負荷防止のためにブレードの角度を風を逃がすように変えるなどにより回転を止めるカットアウト風速がある．風車の種類や規模により大きく異なるが，大型の風力発電システムでは，カットインが 3〜4 m/s，カットアウトが 24〜25 m/s 程度である．発電は，この間の風速でのみ行われることになる．

そのため，システムの定格出力（設計上の最大出力）で運転できた場合の発電量に対する実際の年間発電量の割合（設備利用率）は，風力発電施設の設置場所によっても異なるが，年間の平均風速が 6 m/s の地点では，およそ 20％とされている．

3. 環境影響の概要

風力発電施設の建設または運転に伴う環境影響は，風力発電施設そのものによる影響の他に，取付道路や送電線による影響もある．道路が地方公共団体の，送電線が電力会社の事業とし，事業主体が異なるものとして制度的に環境影響評価の対象としていないことがあるので注意が必要である．

条例や自主的な環境影響評価事例において環境影響要素として高頻度で選定されているのは，騒音，振動，水質，動物，植物，生態系，景観，廃棄物，電波障害などであり，このうち，振動，水質，廃棄物などは主に工事中の，景観は供用後の影響についてである[17]．なお，最近はこの他に，低周波音やシャドーフリッカーに関する関心が高くなっている．

3・1 騒音／低周波音

風車では，ブレードとタワーの間における気流の変化の影響と考えられる騒音や低周波音が発生する．また，ブレードの風切音やローターの向きを変える際のモータ音なども発生する．そのため，環境省のアンケートでは，389 ヵ所の風力発電所のうち 64 ヵ所で苦情や要望書などが出されている．

当該アンケート結果によれば，設置基数が多くなるほど苦情などが多くなり，10 基以上設置している風力発電施設では苦情などが 45％に達している．苦情などが継続している 25 ヵ所は，最も近い住宅までの距離が「300 m 以上 400 m 未満」の場合が最も多く（8 ヵ所）なっている．

3・2 動植物／生態系

動植物に関する影響として，希少鳥類が採餌行動などで移動中に風車のブレードやタワー，送電線へ衝突したり，渡り鳥が渡りの途中で同様に衝突すること（バードストライク）について，多くの指摘がされている．特に大型の鳥類は，風を利用して飛翔するため，風力発電施設にとって好ましい場所に接近してくることになる．

風力発電施設の設置される場所は，重量物を支えることができるしっかりした地盤とか稜線付近であることが多く，希少植物が比較的多い湿地などはあまり利用しない．しかし，民家から離れている必要があることから，草地や林地などを掘削することとなり，そこの生態系を改変することになる．

なお，バードストライクについては，環境省資料[18]においてまとめられており，環境省釧路自然環境事務所が2000年から北海道内におけるオジロワシ・オオワシの傷病（死亡を含む）個体（182個体）について傷病要因を検査した結果，交通事故によるものが最も多く（28件），風力発電設備への衝突（24件），鉛中毒（17件）となっている（図4-16）．

3・3 景　観

風車は，風の通りがよい山の尾根上などに設置されることが多く，近年は自然公園などの景勝地などへの立地要望も増えてきており，そういった見通しのよい場所は視認もされ易く，多くの観光客などに見える機会が多い地点になってしまう．

また，最近用いられる風車の高さは100 mを超えることから，航空機などとの衝突を防止する観点から着色や航空障害灯の設置が義務づけられており，鳥類を含めた飛行体が視認できることと景観上の課題とがトレードオフの関係になっている．地元の理解を得る努力が必要である．

3・4 取付道路／送電線関連

風力発電施設は，山の丘陵や海岸線などに設置することが多く，特に山の丘陵に設置する場合には，狭い山道や農道しかない場合も多く，運搬路として新設・拡幅工事を必要とすることが多い．この場合には，掘削に伴う動植物の伐採のほか，濁水による斜面の生態系や河川水質への影響に考慮が必要である．また，電力会社の変電所が近くにあるケースは今後も限られてくることから，特別高圧の送電線を鉄塔などによって結ぶ必要がある．最近は，バードストライクなどを考慮して道路脇に埋設することも多くなっているが，これらの工事における掘削に伴う環境影響のほか，送電線敷設時のヘリコプターの騒音などにも注意が必要となる．

なお，これらの工事は，地方公共団体や電力会社の事業とされることもあり，単独では環境影響評価の対象としない場合もあった．しかし，現在は，環境省の風力発電施設に係る検討会報告において取付道路は事業実施区域に含まれるとし，送電線については条例等で適切に措置されるとされている．

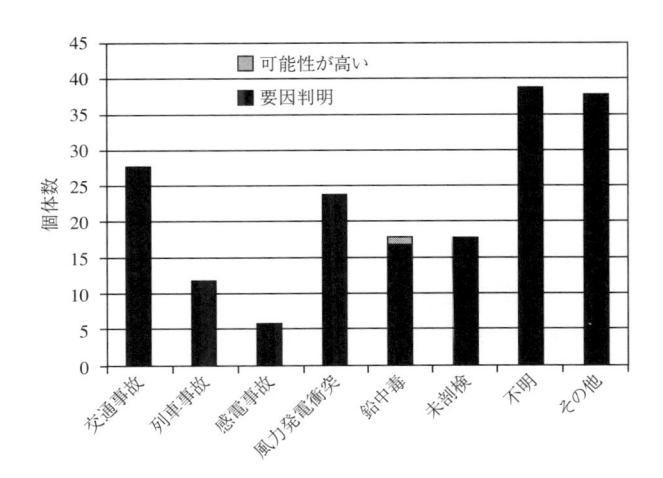

図4-16　オジロワシの傷病要因

4. 動植物・生態系についての調査〜予測〜評価〜保全対策の実施状況

環境影響評価法施行令の改正政令が2012年10月1日に施行され，風力発電所の設置または変更の工事の事業が法の対象事業に追加された．地方公共団体の条例では，福島県7件（うち4件は手続中），長野県1件（手続中に事業廃止），兵庫県の1件（手続終了），岡山県の1件（手続中）となっている[17]．手続きが終了した案件のうち，2例は電力会社との契約ができず，他の2例は電力会社関連の事業で，1例は運転開始に至っていない．

そのため，以下には方法書および準備書に係る知事意見を紹介する．

4・1 方法書

方法書に係る知事意見としては，以下のような例がある．

- 特に，レッドデータブック対象種に係る適切かつ効果的な時期における調査を行うこと．
- 送電線ルートにおける鳥類の行動圏・営巣木調査を実施すること．
- 周辺河川における魚類・底生動物調査について実施すること．

事業者は，これらの指摘について概ね受入れ，調査を追加している．

この事例に限らず，猛禽類の調査に2営巣期を含むことが求められることが多く，1年半程度の調査が必要となる．そのため，事業の工程に影響を及ぼす可能性のある，特に重要で長期の調査期間を要する調査項目にはしっかりした調査目的と方法選定の根拠を準備しておかねばならない．

また，方法書の手続き中に環境影響審査会などの現地調査が実施されるが，この際に専門家によって意見が異なる可能性のあるバードストライクに係る調査方法について関係者間で意見調整しておくのが望ましい．

4・2 準備書

準備書に係る知事意見としては，一般的な動植物に関するコメント以外に次のような例がある．

- 事業者，関係市，関係地域の住民，有識者で構成される組織を設け，その協議結果を公表し，対策の実施に反映させること．
- 渡りのピーク時における工事や営巣している猛禽類の行動圏における工事を避けること．
- 供用当初は，渡りのピーク時に風力発電施設を停止し，その後について再検討すること．
- 供用後の餌場利用への影響をできる限り低減するよう，施設の配置について配慮すること．
- コウモリ類の衝突防止対策に配慮するとともに，事後調査を適切に実施すること．

5. 今後の課題

環境省のアンケート調査結果の報告書では，風力発電所からの騒音についての不快感は，風力発電所による視覚影響に対する否定的な感情との間に相関があるとし，風車音と他の騒音源からの同等レベルの騒音を比較した場合，不快に感じる人の割合は風車音の方が高いという報告を引用している．このことから，今後は，風車の与える圧迫感のようなものについて，環境心理学的な観点からの検討が必要と考えられる．

動植物・生態系に係る調査計画の作成に際して注目すべき点は，バードストライクと土工事による伐開であり，既存の事例においてもこれらの影響を考慮した調査計画を作成している例が多い．これらの影響は，多くの風力発電施設においても騒音と並び焦点になっていることから，調査に着手する

前の事前段階に十分調べておくべき項目である．既存資料の調査や現地踏査に加え，地方公共団体の自然保護担当官へのヒアリングや担当官から紹介いただいて地元の研究者・保護団体からも貴重な種や生態系に関する情報を入手するのが望ましい．その際に計画に関する要望もヒアリングして，早い段階から対応策について検討を進めておくのが望ましい．

§7. 最終処分場

1. 事業の概要

最終処分場の事例として，山間地に建設される産業廃棄物最終処分場(管理型)の例を示す．本事例[19]は増設事業であり，事業の概要は表 4-18 に示すとおりである．管理型最終処分場[20]には廃棄物の埋立施設[21]，浸出水処理施設[22]，浸出水調整槽[23]，管理施設（管理棟，トラックスケール，洗車場など），防災調整池などが整備され，本事例では埋立施設と浸出水処理施設の増設が計画されている．

2. 環境影響の概要

山間地に建設される管理型最終処分場の一般的な環境影響要因および影響の内容を表 4-19 に示す．通常，最終処分場で影響が大きい環境影響要因は，工事中における樹林の伐採，切土・盛土，河川の改変などが，施設の存在および供用時における排水，悪臭の影響があげられる．

A処分場は河川の最上流部に建設されるため，特に水質への影響が大きく，それに伴って陸水生物への影響も大きい．以下には，水質への影響などについて詳細を示す．

3. 水質に係る調査，予測，評価および保全対策の実施状況
3・1 調 査

供用時における排水の影響を検討するため，既存処分場の排水の放流先河川 5 地点において通年の水質調査を行った．その結果，生活環境項目や健康項目などの濃度が放流地点で最も高く，下流地点で低くなる傾向がみられ，既存処分場の排水の影響が出ていることを示していた．特に，BOD，硝酸性窒素・亜硝酸性窒素，ふっ素，ほう素については環境基準を超過するレベルになっており，慎重な対応が求められた．

表 4-18 事業の概要（A処分場）

項　　目	増設後	既　設	増　設
敷地面積	204,541 m^2	169,133 m^2	35,408 m^2
埋立地面積	87,840 m^2	53,000 m^2	34,840 m^2
埋立容量	200 万 m^3	107 万 m^3	93 万 m^3
管理棟	1 棟	1 棟	－
浸出水処理施設	480 m^3/日	300 m^3/日	180 m^3/日
浸出水調整槽	30,000 m^3	30,000 m^3	－
調整池容量	26,900 m^3	26,900 m^3	－

表 4-19 最終処分場建設に伴う一般的な環境影響要因と影響の内容（山間地埋立の例）

主要な環境影響要因		影響の内容	影響の程度※
工事の実施	樹林の伐採	処分場予定地は大部分が樹林地に覆われた場所になっている場合がほとんどのため，樹林の伐採は植物，動物，生態系等にとって影響が大きい． また，伐採に伴い，発生した廃木材の処理が必要となる．	◎
	切土・盛土	埋立地を建設するために傾斜地を切り盛りすることから，地形の改変，工事用重機の稼働による大気汚染，粉じんの発生，騒音，振動の影響，降雨時の濁水の流出，地下水の流れの変更等の影響がある．	○
	河川の改変	処分場予定地は水処理量の関係から上流の広い流域を持たない場所が選定されるため，改変される河川は小規模なものが多い．しかし，河川の最上流部にあたるため，清流域に生育・生息する陸水生物に対する影響が大きい．	◎
	資材又は機械の運搬	工事用資材，機材を搬入・搬出する車両が走行するため，道路沿道における大気汚染，騒音，振動の影響がある．なお，発生した土砂は覆土や盛土に使用するため，区域内に貯留する場合がほとんどであり，発生土砂の搬出はない場合が多い．	△
	施設の設置工事	処分場では，埋立地，堰堤，浸出水調整槽，水処理施設，管理棟等が建設されるため，騒音，振動等の影響があるが，造成工事と比べると工事規模が小さく，期間も短いため影響は比較的小さい．	△
施設の存在及び供用	施設の存在等	埋立施設，浸出水調整槽，水処理施設，管理棟等が存在することになり，そこを利用する動植物や生態系への影響がある． 埋立施設は周りの多くを稜線で囲まれていることが多く，その他の施設も高さが比較的低い構造物であるので，景観上の影響は比較的少ない．ただし，周辺に自然景観のすぐれた眺望点など触れ合いの活動の場がある場合には人工的な景観の出現による影響が大きい．	△
	埋立・覆土	処分場にはばい煙を大量に発生する施設は通常ないが，埋立機械の稼働による大気汚染や騒音・振動の影響が考えられる．しかし，稼働台数は数台程度であり，山間地では周辺に民家が少ない場合が多いので，影響は比較的小さい場合が多い． また，廃棄物の埋立の際の埋立や覆土に伴って粉じんが発生する場合があるが，周辺民家とは離れて立地する場合が多いので，実質上の影響は小さい．	△
	運搬用車両の走行	廃棄物や覆土材の搬入車両が走行するため，道路沿道における大気汚染や騒音，振動の影響がある．	△
	浸出水処理水の放流	放流先河川は比較的小さな河川の場合が多いことから，排水に伴う水質，陸水生物への影響が大きい．特に焼却灰を埋立てる場合は塩化物イオンの影響が大きく，その他では窒素やふっ素・ほう素などの有害物質の排水濃度が高い場合がある． また，処理施設の稼働に伴う騒音，振動の発生があるが，山間地では周辺に民家が少ない場合が多いので，影響は比較的小さい場合が多い．	◎
	廃棄物の存在	有機性廃棄物や汚泥等の埋立ての際に悪臭の影響がある．また，埋立層内で発生する硫化水素やメタン等のガス成分が漏出する場合もある．メタンは温室効果ガスの一種である．なお，山間地は周辺に民家が少ない場合が多いので，悪臭に関する実質上の影響は小さい場合が多い．	○

※影響の程度　◎：大きい，○：比較的大きい，△：比較的小さい

　この事例のように，既存の施設がある場合には，通常，既存施設を含めて評価するため，必要な場合には既存施設における追加的環境保全措置が求められることになる．

3・2　予　測

　水質の予測は一般的に用いられている単純混合式（水域に排出された排出水が完全に混合すると仮定し，単純希釈計算により濃度を求める方法）を使用している．

　放流地点および下流地点における水質調査結果には既存施設からの排水の影響が含まれている．しかし，増設後は処理施設が改善されるため，影響を受けていないバックグラウンド濃度を推定し，改

善後の処理施設からの排水との混合計算を行う必要がある．そのため，ここでは放流地点近くの支流での測定データの値を採用し，流量も排水量を除いた量を設定している．ただし，下流予測地点では，ワースト側で評価するよう調査結果の値をそのまま採用している．

一方，排水濃度については，計画排水水質として排水基準値を設定する場合が多い．想定通りに処理できない場合にも最低限は守れるように，という考えからである．しかし，本事例の場合には，より厳しい排水の水質が求められることから，可能な限り排水基準より低い濃度で排水するものとして維持管理目標値を設定しており，予測においてもその値を排水濃度としている．

環境影響評価法の改正により今後は事後調査が義務付けられるが，事後調査を実施する場合には，採用された環境保全措置が十分に機能を発揮しているかを調査し，必要な場合には，追加的措置を検討することが必要になる．そのため，放流先における環境目標値が厳しい場合には，その目標値を満足しているか否かについて事後調査した際に満足させられるように，事前の段階からより精度の高い予測が求められることになる．

3・3 評　価

予測結果の評価は，環境の保全が適切に図られているかどうかを評価するとともに，整合を図るべき基準と予測結果とを比較し検討することにより評価している．

整合を図るべき基準については，環境基準，または環境基準として設定されていない項目については「農作物の生育に対する水質汚濁の許容限度濃度」（1991年3月 千葉県）に掲載されている値や水道水源の水質の保全に関する条例の排水基準値の1/2～1/10の値を目安に設定している．

評価書では後述する脱塩施設やキレート施設を追加的に整備した結果，放流地点でも目標とした水質を満足させることができている．

この目標とした水質の妥当性が重要な意味をもつこととなり，より説得力のある目標の設定が必要となる．

3・4 環境保全措置の実施状況

環境アセスメント手続きの中で，調査結果，予測評価結果，知事意見などにより環境保全措置の内容が変更になった．その過程を表4-20に示す．

方法書では環境保全措置については，非常に簡単に表記しており，水質汚濁に関するものとしては浸出水処理水の定期的な監視調査を示しているに過ぎない．計画が未定の段階では具体化しづらいため，この事例ではこのような表記になったものと考えられるが，方針や例示など，可能な範囲で記述することが望まれる．

準備書では，最上流部においては，現況において既設の施設からの放流水によってBODなどが環境基準を超える濃度となっており，また，増設後も特段の措置を講じない場合には目標とした基準を超える状況が予測されていた．そのため，追加的に措置を講じる必要があると判断し，受入廃棄物と浸出水濃度（有機物，塩化物イオンなど）との相関を分析し，その結果に基づく受入量に係る搬入制限，および放流先河川の陸水生態系に配慮して有害物質分析項目（ふっ素，ほう素など）を追加して維持・改善できるための措置を講じることとしている．

評価書では，準備書の審査において，準備書に記載されている保全措置では予測評価結果が確実には担保されないのでより実効性の高い措置を講じるようにという意見が出されたため，塩化物イオン

表 4-20 水質に係る環境保全措置の修正，追加の状況

環境保全措置	方法書	準備書	評価書
（1）計画段階で配慮した環境保全措置			
・浸出水処理施設を設置し，維持管理目標値以下に処理した後に公共用水域へ放流する．	−	○	○
・増設する浸出水処理施設の処理能力は，既存の処理施設の稼働状況を基に余裕を持った施設とする．それにより，埋立層内に浸出水が滞留することを防止し，埋立層内の準好気性環境を維持する．	−	○	○
・浸出水の調整槽については，緊急的措置として近年の豪雨に対応できる容量を持った施設を増設中であるが，増設する浸出水処理施設の処理能力についても十分余裕を持った施設とすることにより，浸出水調整槽の負担を軽減する．	−	○	○
・浸出水の処理方法は，既存の施設の運用で得られた知見を基に当該埋立物の状況に適合した方法を採用する．また，これについては既存施設においても同様の対策を講じる．	−	○	−
・浸出水中のCODの処理方法は，既存の施設で中性凝集沈殿処理を酸性凝集沈殿処理に変更し，良好な結果を得ているので，増設する浸出水処理施設でも同様の処理方法を採用する．	−	−	○
・浸出水処理施設では，日常の維持管理を適切に行う．	−	○	○
・浸出水，放流水の水質を定期的な調査により監視する．	○	○	○
・埋立地内に周辺の雨水が流入しないように，側溝等により，雨水調整池に迂回流入させる．	−	○	○
・重金属が溶出したり，ダイオキシン類を含有する特別管理産業廃棄物は受入れない．	○	○	○
・洪水調整池内に放流水を含む水を貯留すると水質が悪化するため，調整池には放流水を貯留せず，直接，調整池外に放流する．また，定常時の表流水も原則として貯留しない．	−	○	○
（2）調査及び予測の結果に基づき講じる環境保全措置			
○受入廃棄物の搬入管理：動植物性残渣や有機汚泥等の有機性廃棄物，燃えがらの受入に際しては，BOD，COD，塩化物イオン等の排水濃度目標値維持のため，受入廃棄物と浸出水濃度との関係の分析等によるデータを基に受入量の制限等，搬入管理を徹底する．	−	○	○
○有害物質分析項目の追加：放流先河川の水質，陸水生態系に配慮して，受入廃棄物の有害物質分析項目にふっ素，ほう素，塩化物イオン，BOD，CODを追加し，放流水質の排水目標値の維持，さらには改善を図る．	−	○	○
○脱塩施設の追加整備：塩化物イオンの排水濃度を低減するため，浸出水処理施設に脱塩施設を追加整備する．	−	−	○
○キレート施設の追加整備：ふっ素，ほう素の排水濃度を低減するため，これらの物質を除去するキレート施設を追加整備する．	−	−	○

を処理する脱塩施設やふっ素・ほう素を処理するキレート施設を追加的に整備するという措置を講じることとしている．

このように，本事例においては，環境アセスメントの手続きを進めることにより，追加的な受入廃棄物の制限といったソフト的な対応から，より確実な処理施設の設置といった措置が講じられるようになっている．

4. 課題

最終処分場は比較的広い面積を必要とすることから面整備事業としての性格を有しており，自然環境系の調査および予測評価の手法については他の面整備事業と同様に取り扱うことが可能である．一方で，山間地における処分場は沢状の地形を利用する場合が多いことから，陸水生物に対する影響が大きく，調査に当たっては陸水生物にも重点を置く必要がある．

また，管理型最終処分場で天蓋をしない開放型処分場の場合は，埋立地に浸透した雨水を処理して放流しなければならず，その影響が大きい．本事例では最大 480m^3/ 日が排水される．焼却灰を埋立てる処分場では高濃度の塩化物イオンが放流され，陸水生物はもとより，稲作への影響が問題視されてきている．

　この塩化物イオンについては排水基準がないため，予測において排水濃度を設定する際に慎重な対応が必要となる．また，塩化物イオンの陸水生物への影響については事例や既存文献が少なく，評価することが難しい．本事例では既存施設による影響の程度を現地調査によって把握できたため，文献以外にこの結果を影響の事例として参考にすることができたようである．

　このように処分場建設における事後調査の成果は非常に参考となるが，事後調査報告書は広く公開されているものが少なく，今後，データベース化する必要があると考える．

引用文献・注釈

1) 電気事業連合会，2012，発電のしくみ，電気事業連合会HP．
2) 資源エネルギー庁，2010，エネルギー白書 2010．
3) 経済産業省 原子力安全・保安院，2007，発電所に係る環境影響評価の手引 平成 19 年 1 月改定．
4) 川崎天然ガス発電株式会社，2005，川崎天然ガス発電所環境影響評価書．
5) 曽根真理・並河良治・足立文玄，2006，道路環境影響評価の評価手法の均一化状況に関する調査，土木計画学研究・講演集 Vol. 34：CD-ROM．
6) (財) 道路環境研究所，2007、道路環境影響評価の技術手法 2007 年改訂版．
7) 山本裕一郎・井上隆司・曽根真理，2011，道路環境影響評価における事後調査事例と環境保全措置の追加実施状況，第 66 回土木学会年次講演会講演概要集．
8) 藤和不動産株式会社・株式会社　エス・ディー・マネジメント，2005，(仮称) 川崎八丁畷駅前団地計画に係る条例環境影響評価書．
9) 遠藤　毅，2004，東京都臨海域における埋立地造成の歴史，地学雑誌，113 (6)，785-801．
10) 農林水産省・運輸省・建設省，2010，公有水面の埋立て又は干拓の事業に係る環境影響評価の項目並びに当該項目に係る調査，予測及び評価を合理的に行うための手法を選定するための指針，環境の保全のための措置に関する指針等を定める省令(平成十年六月十二日農林水産省・運輸省・建設省令第一号，最終改正：平成二二年四月一日農林水産省・国土交通省令第一号)．
11) 熊本県，2010，熊本県環境影響評価条例．
12) 熊本県，2008，塩屋漁港広域漁港整備計画環境影響評価書．
13) 環境省，2010，平成 22 年度再生可能エネルギー導入ポテンシャル調査報告書．
14) エネルギー・環境会議 コスト等検証委員会，2011，エネルギー・環境会議 コスト等検証委員会報告書．
15) http://log.jwpa.jp/monthly/201201.html
16) NEDO，2005，風力発電導入ガイドブック．
17) 環境省総合環境政策局，2011，風力発電施設に係る環境影響評価の基本的考え方に関する検討会報告書．
18) 風力発電施設に係る環境影響評価の基本的考え方に関する検討会，2010，風力発電所に係る動物，植物及び生態系に関する問題の発生状況，http://www.env.go.jp/policy/assess/5-2windpower/wind_h22_4/mat_4_2_1.pdf．
19) 新井総合施設株式会社，2009，君津環境整備センター増設事業に係る環境影響評価書．
20) 管理型最終処分場は，重金属類，有害物が一定の溶出基準以下の廃棄物，燃え殻，ばいじんなどにあっては一定の濃度以下のダイオキシン類含有量の廃棄物を埋立処分する施設．
21) 埋立施設は，廃棄物を埋立処分する施設で遮水工により浸出水が地下に浸透しない構造になっている．
22) 浸出水処理施設は，公共用水域や地下水を汚染しないように浸出水を生物的，物理化学的に処理する施設．
23) 浸出水調整槽は，浸出水処理施設に流入する浸出水の水量や水質を調整し均一にするための設備．

第5章　制度としての環境アセスメント

§1. 環境影響評価法（法制定に至る経緯）

1. 環境影響評価法の前史
1・1 公害の激化と米国の国家環境政策法制定
　わが国では，1960年代に入って，各地で公害被害が激化し，その被害者の救済や防止対策が大きな社会問題になってきた．1967年には公害対策基本法が制定され，さらに1970年には，第64回国会で，同法の改正を含む，14の関係法律の制定，改正が行われたことは，このような事態を端的に示す出来事であったということができよう．

　ところで，1969年に，アメリカで連邦法として，国家環境政策法（National Environmental Policy Act：NEPA）が制定され，その中にとりいれられた環境影響評価（アセスメント）のシステムの考え方は，日本の公害問題の未然防止や開発に伴う自然破壊の防止のために有効な手段であり，これをわが国にも導入することが必要，との認識が高くなった．特に，1964年に三島・沼津コンビナート建設に関する政府等調査団による公害未然調査の結果，翌年，計画が断念されたことなどが，このような期待を強くさせることとなった．

1・2 閣議了解などによる環境アセスメントの導入
　1972年，政府は閣議了解として「各種公共事業の環境保全対策について」を決定し，これに基づいて，1976年にはむつ小川原総合開発計画第2次基本計画について，また翌年には，児島・坂出ルート本州四国連絡橋事業について，環境影響評価が行われている．なお，これに先立つ1973年には港湾法及び公有水面埋立法の手続きの中に，環境影響評価に関する図書の添付が定められている．さらに通商産業省は，1977年に発電所の新設に際する環境影響評価の手続きを要綱化し[1]，さらに1978年には，建設省が所管する公共事業につき，同様に要綱を定めている．このような動きは，地方公共団体に広がり，1976年には川崎市，1978年には北海道で条例による環境影響評価制度が発足している．

1・3　環境庁の設置と環境アセス法制化への動き
　ところで，1971年に，政府の公害対策本部（1970年設置）を母体として，環境庁が設置され，公害防止および自然保護の行政を行う内閣総理大臣直属の組織が設置された．

　環境庁は，設置直後から環境影響評価制度の法制化を大きな課題と考えており，1975年には，中央公害対策審議会に制度の在り方を諮問している．これをうけての審議会での審議は開発部局・関係業界の抵抗が強くて難航し，ようやく，1979年に「速やかに環境影響評価の法制度化を図られたい」との答申が出された[2]．しかし，答申後も法案の国会提出までには，各省との調整に手間取り，旧環境影響評価法案が国会に提出されたのは，1981年4月のことであった．旧法案は，アセスメントの対象となる事業の許認可に際しては法令上の個々の事業許可要件に加えて，アセスメントの結果を反映させるべきことを定めた．そして，このような「横断条項」によって，個々の事業許可の法令の改

正を省く，という画期的な手法を取り入れたことは，当時も注目されたことであった．

2. 旧環境影響評価法の廃案と要綱アセスメント制度の発足
2・1 旧法案の審議と廃案
　ようやく法案が国会に提出されたものの，開発部局・関係業界の抵抗はさらに続いた．また，審議会答申に至るまでの調整，さらに法案提出のための調整を経た結果，旧法案は，開発を抑止する機能をこの法制度に期待していた人々の立場からも，法案の内容は手ぬるく期待のもてないもの，と評価されてしまったこともあって積極的に法案を可決させようとする推進力が乏しかった．そこで，法案の委員会審議は行われたものの，採決には至らず，継続審議を繰り返したのち，1983年11月には国会解散のため，廃案となってしまった．

2・2 閣議決定による要綱アセスの導入
　政府は，法案の再提出を断念し，法案の要綱をもととして，国が行う公共事業のみを対象とする環境影響評価制度を発足させることとし，1984年8月に「環境影響評価の実施について」閣議決定を行った[3]．その結果，わが国では，このほか，通商産業省の定める発電所アセスメントなどとあわせ，法律でなく，政府が定める要綱によるアセスメント制度（以下，要綱アセスという．）が行われることとなり，これが1999年までの約15年間続いた．環境アセスメント制度といえば，公共事業に関するものであり，したがって，その決定過程に公衆関与（場合によっては公衆の拒否権）を保障すべきものとする，わが国での一般的な理解は，このような沿革に起因するものと指摘することができる．

　ところで，この閣議決定による要綱アセス制度は，アセスメントが事業の実施計画段階で事業実施に先だって行われるものであること，アセスメントを事業者自らが行うものであること，という特徴があった．さらに，アセスメント対象事業種および規模，アセスメントをすべき環境項目，また評価基準や項目のどの点をとっても，それらが固定化（限定列挙）されており，そして評価の結果が許認可に反映される，という，大学で言えば，全科目必須，合否判定型とでもいうべき内容のアセスメントであったこと，また，アセスメントの手続きへの住民の参与が関係地域住民のみに限定される，という点にも特徴があった．

3. 環境基本法制定と現行環境影響評価法の制定
3・1 環境基本法19条・20条
　1993年11月に，公害対策基本法に代わるあらたな環境政策法として，環境基本法が制定された．同法は，19条において，国が行う施策の全般にわたって環境配慮を義務付けるとともに，20条で，土地の形状の変更や工作物の新設などを行う事業者に，当該事業による環境への影響を，あらかじめ調査・予測・評価させ，その結果にもとづいて，必要な環境保全措置を講じさせるために，国が必要な措置を講じるべきことを定めた．この20条は，それまで行われてきた閣議決定による要綱アセスのシステムを念頭においての規定であり，環境基本法の国会審議では，国が行うべき必要な措置とは，アセスメント法の制定をいうものと説明されていた．

3・2 環境影響評価制度総合研究会の検討
　1994年7月，環境庁に「環境影響評価制度総合研究会」（会長・加藤一郎成城学園長）が設置された．

研究会は，環境影響評価制度に関する内外の関連制度の実施状況について分析整理を行うとともに，わが国の制度の見直しのための提言を行うことを目的として，17名の委員で組織され，7回の委員会，13回の小委員会，9回の技術専門部会を重ねて，1996年6月にその報告書を公表した[4]．報告書は，わが国の環境影響評価制度へも諸外国と同様のスクリーニングやスコーピングのシステムを導入することをはじめとして，柔軟で弾力的な制度への転換の必要性を強く指摘していた．

3・3 現行環境影響評価法の制定・施行

1996年秋，中央環境審議会は，内閣総理大臣の諮問をうけて，環境影響評価制度の在り方についての審議を開始し，1997年2月に，総合研究会報告の内容にそって環境影響評価の法制化を行うべき，と答申した[5]．この答申をうけ，同年3月にはアセス法である「環境影響評価法」の法案が国会に提出され，6月にはこれが可決成立し，公布された．環境影響評価法（以下，アセス法という．）は，要綱アセスの制度を基礎としつつも，やや規模の小さな第二種事業についてのスクリーニングの制度を導入し，また，アセスメントの対象項目や調査・予測・評価の方法をあらかじめ検討するための方法書手続き（スコーピング手続き）を導入した．また，アセスメント手続きへの公衆の参与については，関係地域に限定することを廃したほか，定性的評価を許容，また予測が不確実な場合は，これを記載することを許容したうえで事後調査をおこなうことができることとするなど，従来の制度に比べれば，よりよい計画にするためのアセスメント，という考え方を採用している．さらに，旧法案にあった「横断条項」がアセス法にも取り入れられていることは当然である．法は公布後，段階的に施行されてきたが，1999年6月に全面施行となっている．

4. 2011年度の環境影響評価法改正

4・1 アセス法制定後の動き

1999年に施行されたアセス法は，環境影響評価の手続きの詳細を，事業種ごとにそれぞれの主務大臣が省令で定める技術指針などに委ねている．しかし，それらに共通する「基本的事項」は，環境大臣が定めて告示することとし，省令で定められる事業種ごとのアセスメントの技術指針などはこの告示に基づくものとされている．なお，法制定当初には，第二種事業に関する環境アセスメントの要否の判定基準，環境アセスメントの対象項目や調査・予測・評価の手法選定の指針，また環境保全措置に関する指針について，基本的事項が定められた．

ところで，アセス法は，要綱アセスの時代に比して，様々な点で，手続きの柔軟化・弾力化を図っている．しかし，実務の現場にこの趣旨が徹底していたとは言い難く，法施行後も旧来の発想で，あらゆる項目について基準をクリアできるかどうかにのみ関心が払われたアセスメントの実施事例が目についていた．

そこで，法施行後5年にあたる2005年に，法の考え方を徹底させるべく，前記の「基本的事項」の点検見直しが行われ，同年3月にその改正が告示された．この改正では，アセスメントの対象事項として，廃棄物などの最終処分量を予測させるなど，予測内容を見直したほか，これまでガイドラインの中で「標準項目」「標準手法」と呼んでいた記載事項の名称を「参考項目」「参考手法」と改めることによって，事案ごとの柔軟な調査・予測・評価を誘導しようといった配慮が行われている．また予測の前提となる条件や原単位などの明示，環境影響が予測される場合の環境保全措置についての事

後調査の必要性を強調するなど，制度運用の改善を図ろうとしている．

4・2　SEAガイドライン

アセス法は，事業実施の計画段階で，事業実施に先立つ環境影響評価の手続きを義務付けている．しかし，法案の国会審議では，より早期の計画段階でのアセスメント（当時は計画アセスメントと呼ばれていた）も必要であり，今後の検討が政府に求められていた．このいわゆる計画アセスメントは，諸外国では，戦略的環境アセスメント（SEA：Strategic Environmental Assessment）と呼ばれ，広く制度化が進んでいるものでもある．わが国でも，前述の環境基本法19条は，読み方によっては，政府が行うあらゆる政策・施策について，それが環境影響を及ぼすかどうかを予め調査・予測・評価すべきことを定めているとも考えられるところである．

すでに1998年には，環境庁に「戦略的環境アセスメント総合研究会」（座長浅野直人福岡大学教授）が設置され，2000年7月に報告書が取りまとめられ，わが国にこのSEAを導入するに際する考え方がとりまとめられた[6]．それによれば，様々な政策・計画・施策の策定プロセスは一様ではなく，直ちに立法化を図るよりは，実績を重ねることが適当とされていた．環境庁は2001年に環境省に改組されたが，この研究会はこの時期にまたがって，2003年まで，断続的に制度の検討を行っていた．その後，2006年に閣議決定された環境基本法にもとづく環境基本計画（第3次）は，政府が各事業種に関するSEAについて共通的ガイドラインを策定するものと定めた．そこで，2006年夏から，この研究会が再開され，とりあえずアセス法の対象事業に関して，その位置および規模を決定する段階での環境配慮手続きに関するガイドライン案を2007年3月に報告書として取りまとめた[7]．これをうける形で，報告書の内容どおりのガイドラインが，2007年4月に環境省によって決定され告示された．もっとも，この段階では，どの事業種についてもSEAを法的に義務付ける法令は存在していなかったが，しかし，国土交通省は，各種公共事業の計画立案に際する公衆の参与をパブリックインボルブメント（PI）制度として要綱を定めていた[8]．そのため，上記のガイドラインでは，PI手続きと一括してSEA手続きを行うことも可能として，手続きの重複の回避を図っている．

4・3　生物多様性基本法25条

2008年6月，議員提案による「生物多様性基本法」が施行された．同法は，政府が国際条約にもとづいて策定してきた「生物多様性国家戦略」を法定計画としたほか，地方公共団体にも「生物多様性地域戦略」の策定努力義務を課している．ところで同法の25条は，生物多様性に影響を及ぼすおそれのある事業を行う事業者らが，事業の立案の段階から実施までの段階で，影響の調査・予測・評価を行うことを義務づける規定をおいている．これは，わが国にSEA制度の導入を促すものであって，重要な規定である．

4・4　法改正の検討と2011年改正法の成立

アセス法は，その附則で，法施行後10年をめどに，法の実施状況をふまえての見直しをすべきことを政府に義務づけている．そこで，環境省は，2008年6月に，アセス法制定のときの例にならって，省内に環境影響評価制度総合研究会（座長浅野直人福岡大学教授）を設置し，制度の施行状況や課題について分析整理を行い，検討すべき課題や論点を明らかにすることを試みた．研究会は，2009年7月に報告書をとりまとめ，①対象事業（国と地方の役割分担，法的関与要件などについて）　②スコー

ピング（方法書段階の説明の充実などについて）③国の関与（現状では環境大臣関与のない事業の取扱などについて）④地方公共団体の関与（政令指定都市の意見提出などについて）⑤環境影響評価結果の事業への反映（許認可への反映，事後調査などについて）⑥環境影響評価手続の電子化，⑦情報交流（住民などの意見聴取の強化，情報の整備などについて）⑧環境影響評価の内容および環境影響評価技術（リプレースなどへの対応，評価項目の拡大などについて）⑨環境影響評価結果の審査（審査会の活用などについて）⑩戦略的環境アセスメントなど，それぞれの項目ごとに，アセス法で改正が必要と考えられる論点と考え方の方向性を示唆した（なお，法制定時と同様，見解が分かれるものは両論併記の形がとられている）[9]．この報告書をうけて，2009年9月には，中央環境審議会に環境影響評価制度専門委員会（委員長浅野直人福岡大学教授）が設置され，2010年2月には，この専門委員会の報告がそのまま，審議会から環境大臣への答申とされた[10]．その後，答申にもとづいて，2010年春に，アセス法の改正案が国会に提出された．

改正法には，あらたに方法書に先立つ「配慮書」の手続きと，環境保全措置および事後調査に関する「報告書」の手続きが新設されたほか，環境影響評価の手続きの中での公衆への情報提供の方法の改善（説明会開催義務の強化，電子媒体による情報提供および情報提供文書の要約書の作成とその公表義務化など）が図られることとされた．これらのうち，配慮書の手続きは，各事業の規模・位置を決める際に，主に文献調査などにもとづいて，可能な限り，複数案の検討をとおして，計画段階での環境配慮を行わせようとする手続きであり，2007年のSEAガイドラインの考え方を法制度にとりいれたものといえる．なお，法改正の必要がなく政令改正で足りる風力発電施設新設事業を法での対象事業に加えることなども法改正とともに行われることとされた．

もっとも，この改正法の国会審議は，法案の内容の是非とは全く無関係な政局の動向に左右されてしまった．2010年の第174回通常国会審議は，参議院先議ではじまったが，衆議院で閉会中審査，つづく第176回臨時国会では，衆議院可決後，参議院回付の段階で，閉会中審査，2011年の第177回通常国会でようやく両院を通過，ということになり，結局，2011年4月公布，2012年4月一部施行，2013年4月全面施行，ということになった．

なお，風力発電所新設事業を法対象事業とするための検討は，法案の国会審議が遅れたため，予定よりも遅れて始まり，2010年10月から2011年6月にかけて「風力発電施設に係る環境影響評価の基本的考え方に関する検討会」（座長浅野直人福岡大学教授）が具体案の検討を行った．2011年3月11日の東日本大震災とひきつづく福島第一原発事故のために，原子力発電への批判とともに，再生可能エネルギーへの期待が高まってきた中で，風力発電を法アセスの対象とすることは立地を遅延させるとして，強い異論が出される中での検討，関係者間の調整は困難を極めた．しかし，結果的には，合計1万キロワット以上の規模の発電施設を法対象とすることに落ち着いた．そしてこのために必要な政令改正は，2012年10月に施行された．また，2012年の環境基本法改正をうけて，2013年に「放射性物質による環境の汚染の防止のための関係法律の整備に関する法律」が制定され，環境影響評価法で放射性物質による大気汚染，水質汚濁，土壌汚染を対象外と定めた52条1項が削除されたことに伴い，2014年6月に「基本的事項」が改正された．これによって，別表のうち「環境要素の区分」欄に大区分として「一般環境中の放射性物質」が，また小区分として「放射線の量」が追加され，放射性物質の影響は，環境媒体別でなく統合的に予測・評価をすべきこととされた．

§2. アセス法（対象事業と手続きの流れ）

1. アセス法の対象事業
1・1 法の対象事業

アセス法は，国が手続きに関与することが必要と考えられる種類・規模の事業を対象にしている（法2条2項1号）．また，環境アセスメントの結果を事業に適正に反映させることを担保するため，国が行う事業ないし国に免許・届出受理・許可・補助金交付などの権限がある事業を対象としている（法2条2項2号）．これは，閣議決定による要綱アセス以来引き継がれた考え方である．現行の対象事業および規模は，表5-1のとおりである．

表5-1 環境影響評価法の対象事業一覧

事業の種類	第一種事業	第二種事業
1. 道路		
・高速自動車国道	すべて	
・首都高速道路など	4車線以上のもの	
・一般国道	4車線以上・10 km以上	4車線以上・7.5 km～10 km
・林道	幅員6.5 m以上・20 km以上	幅員6.5 m以上・15 km～20 km
2. 河川		
・ダム，堰	湛水面積100 ha以上	湛水面積75 ha～100 ha
・放水路，湖沼開発	土地改変面積100 ha以上	土地改変面積75 ha～100 ha
3. 鉄道		
・新幹線鉄道	すべて	
・鉄道，軌道	長さ10 km以上	長さ7.5 km～10 km
4. 飛行場	滑走路長2500 m以上	滑走路長1875 m～2500 m
5. 発電所		
・水力発電所	出力3万kw以上	出力2.25万kw～3万kw
・火力発電所	出力15万kw以上	出力11.25万kw～15万kw
・地熱発電所	出力1万kw以上	出力7500 kw～1万kw
・原子力発電所	すべて	
・風力発電所※	出力1万kW以上	出力7500 kw～1万kw
6. 廃棄物最終処分場	面積30 ha以上	面積25 ha～30 ha
7. 埋立て，干拓	面積50 ha超	面積40 ha～50 ha
8. 土地区画整理事業	面積100 ha以上	面積75 ha～100 ha
9. 新住宅市街地開発事業	面積100 ha以上	面積75 ha～100 ha
10. 工業団地造成事業	面積100 ha以上	面積75 ha～100 ha
11. 新都市基盤整備事業	面積100 ha以上	面積75 ha～100 ha
12. 流通業務団地造成事業	面積100 ha以上	面積75 ha～100 ha
13. 宅地の造成の事業（「宅地」には，住宅地，工場用地も含まれる．）	面積100 ha以上	面積75 ha～100 ha
○港湾計画	埋立・堀込み面積の合計 300 ha以上	

※風力発電所は平成24年10月1日より法対象事業に追加された．

ただ，このため，地方分権改革によって，事業への補助金制度が廃止されて，使途について地方公共団体の自由な判断ができる交付金制度に代わった事業種（廃棄物処理施設）や，地方公共団体の長に許可権限がある事業に関して，許可後の主務大臣認可制度が廃止された事業種（国が事業主体となる公有水面埋立）について，対象事業でなくなったり，あるいは環境大臣の意見提出ができなくなる，といった問題を生じることとなった．そこで，2011年改正で，交付金事業を法対象事業に追加（法2条2項2号）し，また，地方公共団体から環境大臣の助言を要請できる仕組みの新設（法23条の2），といった必要な手当てが行われた．

地方公共団体の条例に基づく環境アセスメント（以下，条例アセスという．）では，許認可権限の有無を考慮せずに対象事業を定めることが通常であり，そのため，環境アセスメントの実効性が損なわれているわけではない．したがって法律に基づき実施される環境アセスメント（以下，法アセスという．）に限って，このような限定を設ける必然性は乏しいとも考えられる．ただし対象事業種を拡大する場合にも，いたずらに条例アセスの対象事業種を法が吸い上げることのないように配慮すべきことはいうまでもない．また，許認可権限との連動をやめるときには，現行制度の枠組みに大幅な修正が必要となる．

1・2 対象事業の規模と第二種事業

アセス法は，環境アセスメントの対象事業について，表5-1に示すとおり，必ず環境アセスメントを行わなくてはいけない規模の第一種事業と，必要な場合には環境アセスメントを行う第二種事業とに区分している．なお，第二種事業は，概ね第一種事業の75％の規模のものとされている．第二種事業について環境アセスメントを行うかどうかを判断する手続き（スクリーニング）は，後述（2・2）する．

2. アセス法の手続きの流れ

2・1 配慮書の手続き

2011年の法改正によって，新たに配慮書の手続きが設けられた（図5-1参照）．この手続きは，第一種事業では義務的に，第二種事業では任意に行われることとされている（法3条の2，同3条の10）．この手続きは，事業計画の立案の段階に，その事業が行われると想定される区域における当該事業に係る環境の保全のために配慮すべき事項（計画段階配慮事項）について検討させる手続きであり，配慮事項とその選定，調査・予測・評価の手法に関する指針が，事業種ごとに主務省令で定められるものとされ，主務大臣は，これらの省令を定めるにあたっては，環境大臣と協議しなければならない（法3条の2）．なお，環境大臣はこれらの省令に定めるべき事項について，基本的事項を定めて公表することになっている（法3条の8）．

配慮書手続きでは，事業の位置・規模あるいは建築物などの構造・配置について，複数案の設定を原則とし，設定しない場合はその理由を明らかにしなくてはいけない．この段階で詳細な事業計画にもとづいて，基準などとの整合性を検討することは難しい．そこで，せめて複数案の比較によって，環境保全への配慮を促すため，SEAガイドラインに沿った考え方を導入したものでもある．そしてこの複数案につき，影響をうけるであろう環境要素の状況に加えて，区域の自然的条件や，人口・産業・土地利用などの社会的条件も含めて調査しなければならないが，調査は原則として国や自治体がもっ

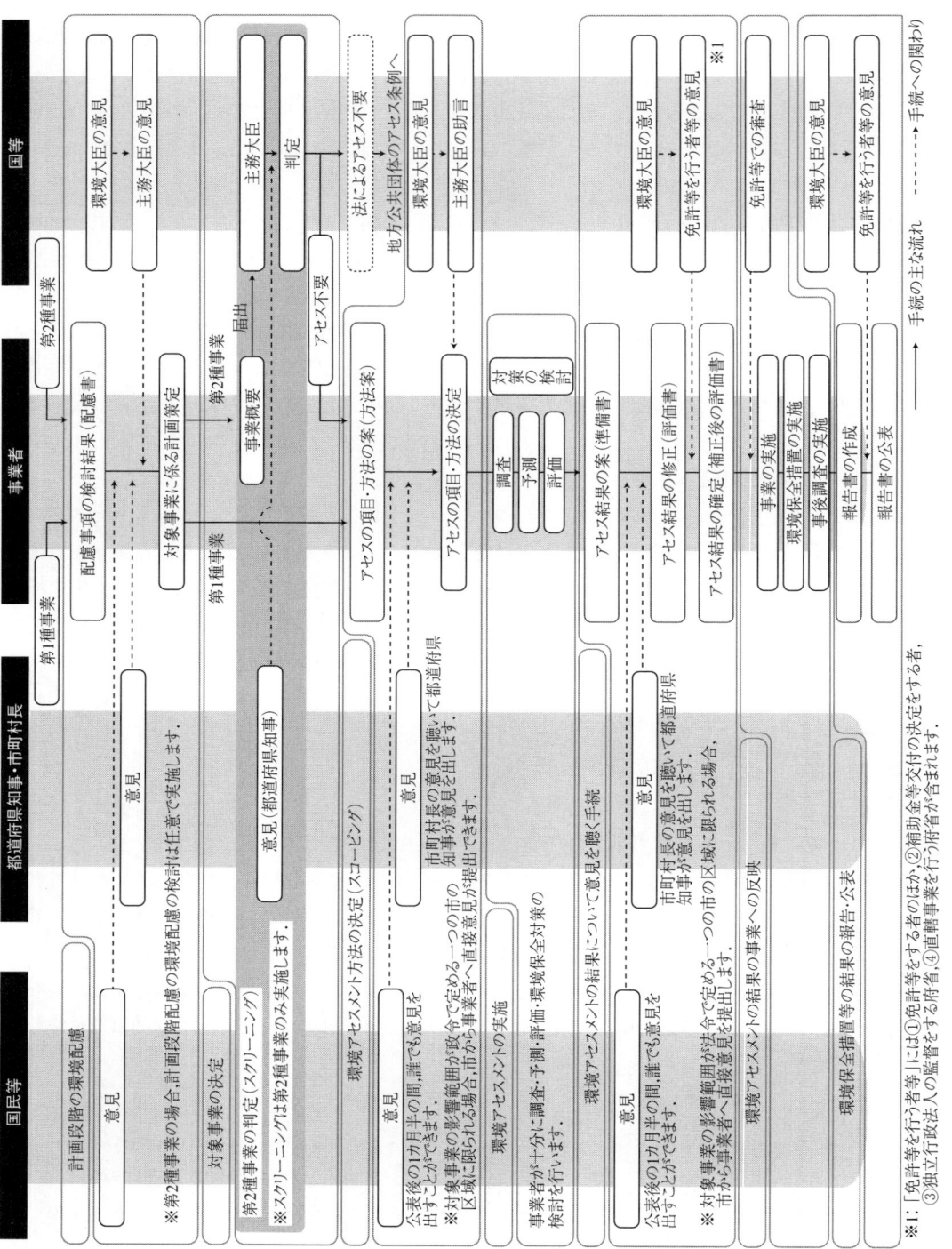

図 5-1 改正法の環境アセスメント手続の流れ[11]

※1:「免許等を行う者等」には①免許等をする者のほか、②補助金等交付の決定をする者、③独立行政法人の監督をする行政庁、④直轄事業を行う府省が含まれます。

ている既存資料などの調査で足りる．予測は定量的に行うことが原則であるが，これが難しいときは定性的予測も許される．また，評価は，複数案の比較によって行うものとされるが，複数案を検討できないときは，影響の回避，低減の可能性を評価することが求められている．

評価すべき事項としては，環境基本法14条各号に掲げられている指針にもとづく事項および「環境への負荷」に関連する事項があげられている．

事業者が，計画段階配慮事項について検討した結果は，「計画段階環境配慮書」にまとめたうえで，速やかに主務大臣に送付しかつ公表しなければならない（法3条の3，3条の4）．主務大臣は，写しを環境大臣に送付して意見を求め（3条の4 2項），環境大臣は環境保全上の見地から主務大臣に意見を述べることができる（3条の5）．主務大臣は，環境大臣の意見を勘案して事業者に対し配慮書につき，意見を述べることができ（3条の6），このほかに，事業者は，関係行政機関の長や一般公衆から，配慮書ないしその案について，意見を求める（3条の7）努力義務を負う．配慮書手続きは，すぐに引き続いて方法書手続きがあることや民間事業については事業計画に関する情報開示の時期を考慮する必要があることから，この部分は努力義務にとどめられている．

配慮書送付ののちに事業を実施しなくなったときなどには，事業者はこの事実を公表しなければならない（3条の9）．

2・2　対象事業の決定（スクリーニング）

第二種事業を実施しようとする事業者は，主務大臣らへ届出（主務大臣が行う事業の場合は書面を作成）しなければならず（法4条1項），届出などをうけた主務大臣らは，関係都道府県知事に環境アセスメント手続きの要否につき，意見を求めなくてはいけない（同条2項）．意見提出後，60日以内に，主務大臣らは環境アセスメントの要否を判定し，その結果が事業者に伝えられる（同条3項）．判定の結果，環境アセスメントを不要とされるまでは，事業の着手が禁じられる（同条5項）．なお，事業者がこの判定の手続きなしに，環境アセスメントを実施しようとする場合は，主務大臣らへ通知（または書面作成）を行い，これによって環境アセスメントが必要との判定をうけたと，同様の効果が生じるものとみなされる（同条6～8項）．ここでの判定の基準なども，環境大臣が定めて公表する基本的事項（同条10項）にもとづいて，主務大臣が省令によって定める（同条9号）．

なお，法制定以降，この手続きによって法アセスを実施する必要なし，と判定された事例は3件しかない．これは，法アセスの適用除外の事業については，ほとんどすべてに条例アセス手続きを要求されることから，それならば日数のかかる判定の手続きを省略して，第二種事業についても法アセス手続きを行うほうが事業者にとって有利と考えられているからであろう．

2・3　方法書の手続き（スコーピング）

環境アセスメントを行う義務のある（第一種事業および環境アセスメントをすべきものとの判定を受けた第二種事業の）事業者は，事業を実施すべき区域などを決定し，対象事業に係る環境アセスメントの調査・予測・評価の方法を記載した「環境影響評価方法書」を作成し（法5条），方法書とその要約したもの（要約書）を，対象事業によって環境影響を受ける範囲であると認められる地域（関係地域）を管轄する都道府県知事および市町村長あて，これを送付しなければならない（法6条1項）．関係地域の範囲は，事業種ごとに主務省令で基準が示されており，事業者はこれに従わなくてはいけない．また，この主務省令は，環境大臣と協議のうえで定められる（同条1項，2項）．

方法書には，事業の目的・内容，対象事業が実施される区域とその周囲の概況，および対象事業に係る環境アセスメントの項目，調査・予測・評価の手法が主務省令で定められたところによって，記載される．また，方法書に先だって配慮書を作成した場合には，そこに記載した計画段階配慮事項ごとの調査・予測・評価の結果，これに対する主務大臣意見および意見に対する事業者の見解も記載しなければならない（法5条1項）．

　上記の送付の手続きとともに，事業者は，方法書を作成したことを公告したうえで，方法書と要約書を当該地域で1カ月間，縦覧に供するとともにインターネットの利用その他の方法で公表しなければならない（法7条）．また，関係地域で方法書の説明会を開催しなければならない（法7条の2）．これらの手続きのうち，要約書の送付・公表，インターネットによる公表，説明会開催義務は，2011年改正で新たに取り入れられた．

　公表された方法書について，環境保全上の見地から意見を有する者は，誰でも，公告の日から方法書縦覧期間後2週間までの間に，事業者に対して意見書を提出することができ（法8条），提出された意見書は，その概要が関係地域を管轄する都道府県知事および市町村長に送付される（法9条）．一般公衆意見の概要を送付された都道府県知事は，関係地域の市町村長の意見を聞き（法10条2項），さらに一般公衆意見に配意して（同条3項）事業者に対し，方法書につき90日以内に，意見を書面で述べるものとされる（同条1項，施行令8条）［なお，2011年改正で，関係地域が1つの市の区域に限られている場合であって，その市がこの法律の政令で指定されている場合には，その市長が，一般公衆の意見に配意して，直接事業者に意見書を提出することができることとされた（同条4項・6項）］．ただし，この場合でも都道府県知事は，必要なときは意見書を提出することができる（同条5項）．

　この方法書の手続きは，スコーピングと呼ばれ，アセス法の制定に際して，新たに設けられた仕組みである．その目的は，不必要な項目にまで詳細な環境アセスメントを形式的に行うのでなく当該事業の性質と地域の特性を反映させたメリハリのある環境アセスメントを行わせること，また，方法書の公表によって，一般公衆や専門家から情報や意見を入手することによって，無駄な調査を省きあるいは，後になっての再調査といった手戻りを防止させること，にある．なお，方法書の手続きは，本来は，実際の環境アセスメントの作業に着手する前に行われるものであり，事業計画の詳細が未定の段階で作成されることも多いので，方法書に事業内容の詳細の記載を求めることが無理な場合もあることに留意する必要がある．なお，方法書に対する一般公衆の意見や都道府県知事らの意見に対して，事業者は，これらに配慮して環境影響評価の項目，調査・予測・評価の手法を選定することを求められている（法11条1項）が，出された意見に対する見解を事前に公表する義務はなく，後述の準備書の中で，見解を記せば足りる．

2・4　環境影響評価の実施

　事業者は，環境影響評価の項目，調査・予測・評価の手法の選定を，主務省令で定められたガイドラインにしたがって行うことになる（法11条1項・4項）が，その際に，事業者から主務大臣に対して技術的な助言を求めることができ（同条2項），求めがあった場合，主務大臣は環境大臣の意見を聴いて助言しなければならない（同条3項）．この段階での環境大臣の関与の可能性は，2011年改正で新設された．

　その上で，事業者は，対象事業についての環境影響の調査・予測・評価を行い，主務省令で定めら

れる環境保全のための措置に関するガイドラインにそって，必要な環境保全措置の検討を行うことになる（法12条）．

なお，これらの主務省令もまた，環境大臣との協議のもとに定められ（法11条4項，12条2項），また，主務省令で定めるガイドラインに関する基本的事項を，環境大臣が定めて公表するものとされている（法13条）．

2・5 準備書の手続き

事業者は，環境影響評価の結果を記載した，「環境影響評価準備書」を作成しなければならない．準備書は，環境保全の見地からの意見を求めるためのものであり，主務省令の定めるところにより，方法書手続きに関連する事項のほか，評価の項目ごとに調査の結果概要・予測・評価結果，環境保全のための措置，総合的な環境影響の評価などが記される．この際に，評価をしたが影響の内容・程度が明らかにならなかった項目を記すべきこと，また，それが将来判明するはずの事項であるときは，事後調査の措置を記すべきこととされる．なお，環境アセスメントを第三者に委託した場合は受託者の氏名，住所も記される（法14条）．

準備書は，方法書と同様に，関係地域（アセスメントの結果，方法書よりも拡大されることがある）の都道府県知事，市町村長に要約書とともに送付され（15条），その後に，公告の上，関係地域で1カ月間，縦覧に供し，インターネットなどで公表し，また関係地域で説明会を開催しなければならない（法16条，17条）．準備書へは，方法書と同様の期間内に環境保全上の見地からの意見を有する者はだれでも意見書を提出できる（法18条）．事業者は意見書の概要に事業者の見解を付して，関係都道府県知事・市町村長に送付しなければならず（法19条），その後，都道府県知事は，120日以内に事業者に対して，環境保全上の見地からの意見を書面で述べる（法20条，施行令10条）ことになるが，この際に関係市町村長の意見をきき（同条2項），その意見を勘案しまた事業者の見解に配意するものとされる（同条3項）．なお，2011年改正で，一定の範囲の市長に直接意見書提出の権限が与えられたことは方法書と同様である（同条4項以下）．この知事らの意見書の作成にあたって，公聴会を行い，あるいは専門家や審査会等付属機関の意見を聴くことは特に法律では制限しておらず，多くの事例では，この段階での手続きを通して，地域環境に即した環境アセスメントへの第三者審査が行われている．

2・6 評価書の手続き

事業者は，都道府県知事らの意見が出されたときは，これを勘案し，また一般公衆の意見にも配意して，準備書の記載事項を検討し，事業の目的・内容に軽微とはいえない修正を加えた場合は，再度，環境アセスメントの手続きをやり直し（法21条1項1号），あるいは，必要な部分について環境アセスメントを追加し（法21条1項3号），記述を修正して（同条同項2号）「環境影響評価書」を作成する（同条2項）．評価書には，準備書への一般公衆意見の概要や都道府県知事らの意見を記載するとともに，これらに対する事業者の意見を記載しなければならない．

評価書は，対象事業の免許・届出受理・許可などの権限を有する者に送付され，送付された評価書の写しが，直接，あるいは主務大臣を経由して，環境大臣に送付され，その意見を求められなければならない（法22条）．環境大臣は，45日以内に環境保全上の見地から評価書について，意見を述べることができる（法23条，施行令12条）．この場合，環境大臣は必要なときは専門家の意見を求める

ことができる（施行規則12条の2）。なお，評価書の最終送付の相手が，地方公共団体の長である場合は，地方分権の建前から，環境大臣の意見を求めることを義務付けることができない。そこで2011年改正法は，この場合には，評価書の写しを環境大臣に送付して助言を求めることを努力義務として規定した（法23条の2）。

評価書の送付をうけた免許権者らは，評価書について，環境大臣意見が出されたときは，その内容を勘案して，90日以内に評価書への環境保全上の見地からの意見を述べることができ（法24条，施行令14条），事業者は意見が出されたときは，必要に応じて，環境アセスメント手続きのやり直し（以下，再アセスという。），あるいは必言な箇所についてのアセスメントの追加，記述の補正などを行って，補正評価書を作成して，免許権者らへ送付しなければならない（法25条）。補正評価書が作成されたときは，その写しが環境大臣に送付され（法26条1項），また，事業者から，関係都道府県知事・市町村長にもその要約書とともに送付される（同条2項）。

評価書の補正がない場合あるいは補正評価書が作成されたとき，事業者は評価書を作成したことを公告するとともに，関係地域で1か月縦覧に供するほか，インターネットなどで公表しなければならない（法27条）。

この評価書に関する公告の手続きを終えるまで，対象事業を実施してはいけない（法31条1項）。公告後の軽微でない事業内容の変更があるときは，所要の手続きを経て再度の公告が行われるまで，事業の実施ができない（同条3項）。なお，方法書に関する公告ののち，評価書に関する公告までの間に，事業の目的・内容を修正する場合には，再アセスを含む手続きのやり直しが必要となることがあり（法28，29条），また，事業を廃止する場合は，方法書などの送付を受けた者に通知するとともに，事業廃止の公告をしなければならない（法30条1項）。手続きの途中，あるいは公告後に事業主体が変わった場合には，アセス手続きの引き継ぎが認められている（法30条2項，31条4項）。また，公告後の事情の変更によって，再アセスを行うことができるとされている（法32条）が，これは義務的ではなく，任意とされている点に限界がある。

2・7　事業決定への反映

事業の免許などに際しては，評価書の内容および免許権者らの意見の書面にもとづいて，免許の決定その他事業の決定が行われなくてはいけない（法33条～37条）。これは，廃案となった旧法案の「横断条項」の考え方を受け継いだものである。また，事業者は，評価書に記載されているところに従って，環境の保全についても適正な配慮をして事業を実施する努力義務を負う（法38条）。

2・8　事後調査と報告書の手続き

事業者は，評価書記載の環境保全措置のうち，回復することが特に困難であるため，その保全が特に必要であると認められる環境に係るものであって，その効果が確実でないと環境省令で定めるもの，につき，事業に中で講じた措置とその結果判明した環境の状況に応じて講じた措置についての「報告書」を，環境大臣が定める基本的事項にもとづき，主務省令で定められたガイドラインに沿って作成しなければならない（法38条の2）。報告書は，評価書を送付した者に送付するとともに，公表しなければならない（法38条の3）。報告書の写しは環境大臣に送付され，環境大臣はこれについて意見を述べることができ（法38条の4），免許権者らは，環境大臣意見を勘案して事業者に意見をのべることとなり（法38条の5）。これによって適正な環境保全措置の担保を図ることとされる。これらの

報告書の手続きもまた，2011年改正で追加された．

2・9　手続きの特例

都市計画事業，港湾計画，発電所の新設，災害復旧などについては，法アセス手続きに特例が設けられている．その概要はつぎのとおりである．

1) 都市計画事業

都市計画法に位置づけられる事業については，原則として，都市計画決定権者が環境アセスメントを行うものとされ，手続きの特例が設けられている（法39条以下）．手続きは都市計画手続きとあわせて行われ，都市計画に係る一般公衆からの意見聴取と環境アセスメント手続きにおける意見聴取手続きで提出された意見が環境アセスメント，都市計画のいずれの意見であるかが区別できない場合の扱いなどについても調整の規定がおかれている．

2) 港湾計画

港湾法に規定される港湾の開発，利用および保全や港湾に隣接する地域の保全についての環境アセスメントは，「港湾環境影響評価」と呼ばれ，手続きの特例が定められている（法47条以下）．この場合は，配慮書，方法書の手続きがなく，準備書の手続きから始まる．手続きを行うのは港湾管理者である．

3) 発電所の新設・増設

アセス法のほかに，電気事業法が手続きを定めている（法60条）．方法書や準備書の段階で，国（経済産業省）が意見（勧告）を述べる審査手続きなどが加えられているほか，国が評価書への変更を命じることができる規定がある．また，報告書手続において，報告書の公表は行われるが，国（経済産業省・環境省）の意見提出機会はない．

4) 災害復旧など

災害対策基本法88条の規定による災害復旧事業などについては，アセスメントの手続きのすべてについて適用除外となっている．また，配慮書手続きについては，国の利害に重大な関係があり，災害の発生など特別の事情で緊急に実施する必要があると政令で定められる事業については適用除外が認められている（法52条2項・3項）．

§3. 環境影響評価条例に基づく環境アセスメント

1. 地方条例の制定状況

法制定前の1997年4月では，地方公共団体の環境影響評価制度は，環境省の資料によれば，都道府県・政令市計59団体中，条例制定団体7（北海道，埼玉県，東京都，神奈川県，川崎市，岐阜県，兵庫県），要綱等制定団体44であった．法制定後の2012年現在では，47都道府県のすべて，20政令市のうち，相模原市，岡山市および熊本市を除くすべて，条例・要綱制定団体14（稚内市，酒田市，遊佐町，港区，逗子市，掛川市，岡崎市，豊中市，吹田市，高槻市，枚方市，八尾市，尼崎市，伊丹市），計81団体と倍増している．なお，改正アセス法が全面施行される2013年4月を見据えて，条例の改正に着手する自治体が少なくない．

2. アセス条例の枠組みと構造

　国の制度の対象となる事業について，これまで先行的な実績をもつ地方公共団体が条例によって，さらに詳細な手続を要求できるものとするか否かは，アセス法の審議過程において議論となった．アセス法の対象事業（判定前の第二種事業に相当するものを含む）については，事業者に過度の負担を負わせないように同一趣旨内容の手続の重複は認められないこととしたが，東京都の計画段階アセスメント制度のような法の射程外の事項や法の手続を妨げない内容については，地方公共団体が独自の判断で規定することができるものと位置づけた．第二種事業にも対象事業にも該当しない事業に関して，一連のアセスメント手続を定めることや，また，第二種事業や対象事業にかかる環境影響評価についても，当該地方公共団体が，例えば，首長意見の形成のために公聴会や審査会を開催するなどの手続事項を規定することなどは妨げないとされた．横出しについて，公定解釈は認めないとするが，学説では，認めるとするものがある[12]．この点，法の対象事業については，法の先占事項との判断から，事業者に条例によって新たな負担を課すことを許さない趣旨と解することができよう．

　法の制定後に条例化を図った地方公共団体のアセス条例は，基本的に法の構造をそのまま踏襲している．相違点として指摘できることは，①技術指針の規定が特出しされていること，②環境影響評価審査会の規定を有すること，③アセス法との関係に関する規定を設けたこと，などの3点に集約できる．その内容に係る条例策定時の具体的な規定ぶりを以下に例示する．

2・1 条例などにみる手続内容

1) 第二種事業に係る判定手続（スクリーニング）

　スクリーニングの考え方について，導入している地方公共団体としては，山梨県，長野県，千葉県，岩手県，北九州市などがある．そこでは，知事が関係市町村長や審査会の意見を聴いて対象事業とするか否かの判断を行うとしている．そのほかの地方公共団体は，面積などの基準を用いて画一的に決める方法を採用している（大阪市，大阪府，神戸市，福岡市など）．

2) 方法書に係る手続（スコーピング）

　スコーピング手続については，ほとんどの地方公共団体が導入している．しかし，方法書を公告・縦覧する主体の定め方に違いが見られる．その主体を事業者とするもの（宮城県，山梨県，岩手県）と知事とするもの（大阪府，長野県，千葉県，広島県）との違いである．

3) 意見提出者の範囲

　ほとんどの地方公共団体が方法書に対する意見提出者を「環境保全の見地からの意見を有する者」と規定しており，地域範囲を限定していない．

4) 審査会など

　すべての地方公共団体は，従前の経緯から，審査会を設置する規定をもっている．しかし，審議事項については，①技術指針，方法書段階での首長意見に関するもの，②準備書段階での首長意見に関するもの，③事後調査結果に基づく措置要請などの段階での意見聴取（北九州市，大阪府，大阪市など），④手続の再実施要請の段階での意見聴取に関するもの，などいくつかのタイプがある．

5) 公聴会

　公聴会については，アセス法では規定がないが，ほとんどの地方公共団体で規定している．ただし，開催方法については，①知事が必要と認めるときに開催するという規定（長野県，宮城県，千葉県，

岩手県など）と，②原則開催し，知事が認めるときにはこの限りでないという規定（山梨県，大阪府など）に分かれている．

6）事後調査手続

すべての地方公共団体が調査報告書の提出を事業者に義務づけているが，その内容をみると，①着手届けの提出の規定および事後調査報告書の提出（山梨県など），②事後調査計画書の提出（宮城県・北九州市など），③報告書に対する一般意見および知事意見の提出手続（大阪府），などとなっている．このうち，調査結果を公告・縦覧する（宮城県，大阪府，山梨県，岩手県）と規定しており，また，これらの調査結果に基づき，必要に応じて，知事が環境保全に必要な措置を事業者に求めることができるという規定を置いている．

7）都道府県条例と市町村条例との関係

アセス法が法と条例との関係について規定を置いたが，条例においても県条例と市町村条例との関係について，規定するものがある．例えば，①当該条例と同等以上の効果が期待できる条例を有するものとして，知事が指定する市町村の範囲内で行われる対象事業については適用しないとするもの（大阪府），②同等以上の環境影響評価が行われるものと知事が認めるときには適用しないとするもの（宮城県）などがある．

8）都市計画などの取り扱い

都市計画について，手続の特例規定を定める自治体があるが，その規定の仕方は，①手続の内容を含めて規則で別途定めるもの（山梨県，北九州市，長野県など）と，②都市計画決定権者が事業者に代わって行うこととする旨などを規定し，規則に読み替えなどを委ねるもの（大阪府，福岡市など）がある．また，港湾計画については，住民手続を伴う環境影響評価を行うとするもの（福岡市・北九州市など）がある．

2・2 法と条例との関係

1）法対象事業の取り扱い

地方条例では，以下のように，条例対象から法対象事業を除く規定を設けているほか，法対象事業であっても法の規定に反しないものを準用または適用するという規定を設けている．

2）首長意見形成手続における上乗せ規定

これについては，法の手続に従って方法書および準備書に首長意見を述べる場合に，①審査会などの意見を聴く旨の規定を置くものと，②公聴会規定を準用するものがある．

3）住民サービスとしての上乗せ規定

法の手続において事業者から提出を受けた文書（方法書，準備書，評価書，事業者見解書）を首長が公告・縦覧するという規定を置くものがある．

4）事後調査手続の上乗せ規定

事後調査手続について，法対象事業に適用・準用するものがある．

3. 地方公共団体における環境配慮関連制度の比較

各地方公共団体の取り組みの背景には，社会経済情勢の変化に伴う都市・生活環境型の環境問題の慢性化，生活水準の向上に伴う住民の快適環境を求める声の高まりなどがある．新たな制度の基本的

枠組みを考えるために，①理念・目標，②位置付け，③制度の対象，④制度の手順，⑤推進体制，⑥制度の手続，などをみてみよう．なお，東京都の制度は，アセス条例（2002年7月）に先立って，総合アセスメント制度の試行がなされており，早期の環境配慮制度を考えるためにここで取りあげる．

3・1 早期の環境配慮制度の理念・目標

一般的には，環境基本条例の理念や環境管理計画における環境目標と整合性をとることが必要と思われる．この点に関して，東京都の答申（「東京都総合環境アセスメント制度の本格実施に向けて」答申，2001年10月以下，答申という．）では，早い段階に，広域的な事業に対して，広い視野から環境配慮を行い，客観性と科学的な適切性を確保しながら，都民に開かれた制度とすることを謳っている．北九州市は環境資源を利用する計画・事業について，環境配慮の必要事項を定め，計画や事業の構想段階で，その熟度に応じ，適正な環境配慮を期するとする．

3・2 位置付け

本来的には，計画段階アセスメントと事業段階アセスメントとを統合化した総合アセス制度を構築すべきと考えられるが，現下では過渡期的状況にある．そのため，新たな制度の多くは，現行の条例や要綱を相互に補完・拡充するという位置づけにとどまっている．これらのうち，情報公開，住民参加制度をもつものは，東京都の答申，北海道，逗子市，兵庫県の制度である．東京都のアセス条例，千葉県，兵庫県の制度では，計画段階の環境配慮手続と実施段階の現行アセスメント手続が一体化された構成になっている．川崎市は，現行環境影響評価条例とは独立の制度として位置付けられ，両者の関係は明示されていない．また，千葉県，兵庫県の環境配慮手続は，第三者機関による審査に基づき，知事が事業者に対して環境保全上の配慮を要請するといった行政指導が手続の中心になっている．また，川崎，横浜，北九州市の制度では，住民参加手続を伴わない行政内部の調整手続となっている．この点，川崎市が全庁的な総合調整に対して，横浜市では環境保全関連部局内での意見の集約と事業局・許認可部局との調整に特色がある．また，広島市，北九州市では，環境部局と事業・計画部局との個別調整となっている．

3・3 早期の環境配慮制度の対象

対象行為に関しては，東京都の答申は，原則として，環境に強いかかわりをもつすべての行為とするが，当面は，現行アセスメントの対象事業の実施に係る計画や方針などを対象とするとしている．それには，広域的な開発計画や各種マスタープランが含まれる．一方，マスタープラン，政策行為を対象としているのは，川崎市，北九州市である．また，複合開発を対象にしているのは，北海道，千葉県，広島市である．北海道では，国家的レベルの大規模開発を対象に特定地域の指定を行い，複合・計画段階アセスメントを導入している．民間事業を対象にしているのは，千葉県（特大規模），横浜市（中規模以上），逗子市（小規模），兵庫県（ゴルフ場），北九州市（大規模）である．

3・4 早期の環境配慮制度の手順

まず，手続き実施主体について，条例などでは事業主体がアセスメントを行うのが，事業者のセルフコントロールの原則から基本となっている．この原則は，新しい制度などにおいても踏襲されている．例えば，東京都の答申では，原則として，対象となる行為を主管する部局または計画などを策定する者（主管部局など）とされている．ただし，複合的計画や広域的計画などでは，適切な実施主体を選定することが困難なケースもあり得る．そのような場合には，主管部局と関係部局間で協議組織

を設けるなどの組織的な対応を講ずる必要がある．つぎに，実施時期については，広島市の個別事例（西部丘陵都市開発についてのみ適用される単発的指針）を除くと，基本構想もしくは基本計画段階となっている．この点，東京都の答申では，計画立案の早期の段階とし，「意思決定のできるだけ早い段階とは，代替案の検討や環境に配慮した結果を計画などの再検討や見直しに反映させることが可能であると考えられる時期」としている．

3・5　推進体制

環境配慮のための調査・評価または調整に関与する主体については，第三者機関方式と内部調整方式とがみられる．第三者機関方式をとるものに，東京都の答申，千葉県，北海道，北九州市，兵庫県，逗子市がある．千葉県は知事に提言する環境会議とその下部組織の環境調整検討委員会がある．その構成には，いずれも住民代表を含んでいる．東京都の答申では，学識経験者と都民の代表とを加えた機関とし，都民の解釈について地域の直接的な利害関係者というのではなく，幅広く都民の代表と捉えることとしている．この点，対照的なのが横浜市，川崎市の制度である．いずれも環境面から計画の適正化を図る新たな手続として，計画行為の意思決定に関係する行政内部の協議・調整手続に限定しながら，実質的な適正化を目指す手続としている．

3・6　早期の環境配慮制度の手続

実施手続としては，東京都の答申は，①計画素案などの立案と環境配慮書の作成，②第三者機関における環境配慮書の調査・審議，③住民の参加と意見の反映，という3つの基本的流れをベースにした手続の内容を提示している．特に，住民参加については，3つの段階，すなわち，計画素案などの立案および環境配慮書の作成段階，環境配慮書の公表段階，第三者機関が住民意見を集約する段階に確保するとされている．現行のアセス制度では，事業者が技術指針に沿って作成した環境影響評価書案などに対する住民意見である．したがって，条例上，住民からの意見を基に事業者が計画を変更することは期待されていないといえる．そもそも地域の環境をよく知る住民の意見や関係機関の意見を聴き，必要な情報を収集することは合理的に意思決定を行う上で重要な要素である．答申では，住民の範囲については，基本的に，都民および都内の法人などとするが，意見書や要望書の提出には都民などに限定しないとしている．

3・7　その他

計画などを合理的に評価するためには，環境面からだけではなく，計画などの社会的影響や経済的影響を考慮することが必要である．この点，米国のNEPAでは，評価書案などにおいて，環境に対する影響と社会・経済的影響が同じレベルで比較されている．これらは，合理的な決定の素材とされているのである．しかし，この予測・評価項目に関して，経済・社会的影響まで評価しているものは埼玉県の戦略的環境影響評価要綱を除くとほとんどみられない．公害・自然環境項目に重心が偏っているのがわが国の特徴といえる．例えば，広島市では，大規模都市開発に際し，地域環境管理計画型の調査を実施し，これを管理指針とし，環境配慮を誘導するという情報提供型に特徴がある．逗子市の制度では，市域における10メートルメッシュごとの自然環境評価情報に基づき，開発予定区域の環境保全目標量を総合評価ランクと環境保全目標を基礎にして客観的に算定し，これを達成できる範囲で環境の改変量を決定する．自然環境評価の体系は，生態系，居住系，土地の3つの機能ごとに影響評価を行っている．東京都の現行条例アセスにおいても，社会・経済的影響は予測評価の対象とはなっ

ていない．そのため，対象事業が環境の側面のみで評価されてしまう危険性がある．この点，東京都の答申では，環境配慮書の作成にあたって，対象行為の目的記述に社会的・経済的側面からの必要性について明らかにするように求め，評価項目には地球環境保全項目など従来の評価項目にとらわれない新しい項目を加えている．また，代替案の検討については，東京都の答申では，計画などの立案のできるだけ早い段階から代替案を検討し，環境面からより望ましい計画にするよう努めるとし，代替案の検討が可能なものは必ず検討するものとしている．この点に関連して，代替案の検討が比較的に容易な計画の初期段階で調整を可能とするのは横浜市，川崎市の制度の特徴である．

§4. 環境影響評価条例との連携

　地方公共団体の環境アセスメント制度は，国のアセス法に先駆けて1970年代に条例化の動きが始まり，国の制度づくりに寄与するとともに，地域特性を踏まえた多様な工夫により進展してきた．こうした国と地方との関わりについて，アセス法の対象とならない小規模事業や法対象外の事業種に対し，地方が地域の実情も踏まえながら条例において対象事業とするという役割分担を前提に，法と条例とが一体となってより環境の保全に配慮した取り組みを実施している．ここでは，こうした条例制度と法制度との連携や関わりについて検討する．

1. 法制度と条例制度との連携の局面

　1997年に制定されたアセス法は，法と自治体条例との関係について明記している．法第61条では「この法律の規定は，地方公共団体が次に掲げる事項に関し条例で必要な規定を定めることを妨げるものではない」とし，その第1項で，法対象事業以外の事業について地方自治体は環境影響評価その他の手続について条例で定めることができる旨を，また第2項で，法対象事業について地方公共団体が行う環境影響評価の手続に関する事項を条例で定めること（本法の規定に反しないものに限る）ができる旨を規定する．この規定を受けて，前節でみたように1999年6月のアセス法の全面施行時には，すべての都道府県と政令指定都市では，それまでの要綱や条例を全面的に見直し，法制度との整合性の観点から新たに環境影響評価条例を制定・改正した．それらの条例では，アセス法に盛り込まれた方法書やスクリーニングなどの手続を導入し，また法の規定（準備書など）に対する首長の意見形成の手続なども新たに追加するとともに，旧条例などの特徴を踏まえて，地域の実情に応じた対象事業や規模要件の設定，事後調査の導入などの自治体制度を制定した．そして2011年のアセス法の改正により，法制度における計画段階環境配慮書や報告書制度（事後調査手続）が新たに導入されたことを受け，自治体でも，こうした手続を改めて条例に取り込む検討が始まっている．環境アセスメントに係る法制度と条例制度が併存することに関し，相互の連携により効果的，体系的な環境影響評価の実施が期待されるところである．そこで両制度の具体的な連携のあり方を整理すると，大きく2つの対応課題が考えられる（図5-2）．

　第一は，法対象事業に対する条例制度の連携（図5-2のⅠの領域）である．ここでは，法制度の運用に際して地域特性等を踏まえた円滑で適切な制度実施の観点から，法制度において法の範囲内で地方公共団体独自の手続を条例で盛り込み実施する対応である．第二は，法対象事業以外の事業に対す

る条例の適用であり，いわば法の対象範囲から外れた事業に対して地方公共団体独自の環境アセスメント制度を適用するものである．これは，法対象事業ではない事業種に対して条例を適用する場合（図5-2のⅡ）である．第三は，法対象事業種であるものの小規模であるために法の規模要件の対象外となる事業に対して条例を適用する場合がある（図5-2のⅢの領域）．これは，法制度との関係では，前述のように法が対象事業以外の事業について，環境影響評価その他の手続事項を条例で定めることができる旨の規定を受けて実施するものである．以下，各々の局面について課題を整理する．

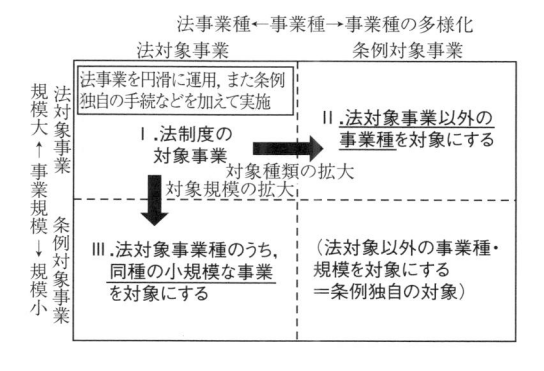

図5-2 法対象事業に対する自治体制度の関係

2. 法制度の円滑な運用に向けた条例制度の連携
2・1 法制度の運用に伴う首長意見提出などに係る条例手続の規定

2011年改正の法制度では，自治体首長の意見提出について4段階の手続が設けられている．改正法の手続の流れでは従来からの制度であるスクリーニング，方法書，準備書の各段階の意見提出に加え，改正法では新たに計画段階手続が加わっている．これらについて，地方公共団体では，適正な首長意見の形成のために，条例制度で位置づける審査会（地方公共団体により審議会の名称もある）への諮問答申や関係市町村長の意見の聴取を行い，それを反映して首長意見を形成する仕組みを設けている制度がある．また，こうした審査会などの意見聴取の他に，公聴会や縦覧の手続を設けている例もある．

具体的な事例として，神奈川県条例では，方法書に係る知事意見の形成にあたり審査会の意見および関係市町村長の意見の聴取を規定し，また準備書に係る知事意見形成に際して審査会および関係市町村長の意見の聴取に加えて，住民意見への事業者による見解書の30日間縦覧，公聴会開催などの手続を定めている．これらの規定は，節目となる重要な段階において，地域特性の反映しつつ知事意見を入念に形成する趣旨の取り組みということができる．

法制度との関係では，「法に反しない限り」の視点から，法が定める期間内にこれら諸手続が実施されること，事業者に特段の負担を課すものでないことなどがポイントであり，法制度の実施に際して法の手続と一体となり運用される仕組みであることが肝要である．

神奈川県条例と同様に，法制度の円滑な実施に向けた自治体首長の意見形成などに関する規定は，東京都，川崎市などの多くの条例で導入されている．東京都条例では，スクリーニング段階において，知事意見の形成に際して関係市区町村長の意見の聴取，知事意見の形成後における知事意見の公表と関係市区町村長の公表の手続が定められており，方法書および準備書段階においても，概ね神奈川県制度と同様の内容により知事意見の形成に係る手続が実施されている．

なお，方法書および準備書段階で知事意見が提出される際に，これまでは上述のように知事が市町村長の意見を集約して事業者に意見を提出する規定であったが，2011年改正法ではこの点が一部改正されている．すなわち，地方分権の進展により公害防止事務の多くが政令指定都市などに移管され，

表 5-2 法制度における評価項目と自治体独自項目の例

法制度：環境の自然的構成要素の良好な状態の保持		
大気環境	水環境	土壌環境・その他の環境
・大気質 ・騒音 ・振動 ・悪臭 ・その他	・水質 ・底質 ・地下水 ・その他	・地形，地質 ・地盤 ・土壌 ・その他

法制度：生物の多様性の確保及び自然環境の体系的保全		
植物	動物	生態系

法制度：人と自然との豊かな触れ合い	
景観	触れ合い活動の場

法制度：環境への負荷	
廃棄物等	温室効果ガス等

（自治体独自項目の例）

建造物影響：風害，電波障害，光害　等
歴史的文化的環境：歴史的景観，史跡・文化財等
地域生活環境：地域分断，交通安全，安全性

これらの市が地域環境管理に果たす役割が大きくなっていること，政令指定都市などでは独自にアセス条例が制定されていることなどから，環境影響を受ける範囲が政令で定める1つの市の区域に限られるものである場合には，当該市の長は直接事業者に意見を提出することとされた．

2・2 法対象事業に対する条例独自の評価項目に係る手続の実施

法の対象事業は，法の規定や手続が適用されるが，地方公共団体によっては独自で定める評価項目について法対象事業にも適用する手続を条例で定める場合がみられる．これにより，事業者は法制度に定められている所定の評価項目に係る手続の実施とともに，地方公共団体独自の評価項目について条例に基づく手続を並行して行うことになる．このような自治体の評価項目として，法制度で定める評価項目（表5-2参照）に対して，例えば建造物影響による風害・局地風，光害，電波障害，歴史的文化的環境に係る歴史的景観，史跡・文化財など，地域分断，交通安全や安全性などの評価項目がある．これは，自治体制度の側が例えば地域環境の保全や良好な地域環境の創出に関し，環境の要素・項目をより幅広く設定していることに基づくものである．こうした独自の評価項目に関して，法対象事業であっても手続はあくまで条例制度の適用であり，条例に基づき一連の規定が実施される必要がある．

したがって，当該事業者は，法制度に基づく評価項目については法制度の手続規定により，地方公共団体独自の評価項目については条例制度の手続規定にしたがい，定められた手続を進めるべき点に留意が必要である．

3. 法対象事業以外の事業に対する条例制度の連携

法対象事業以外の事業に関しては，法61条第1項の規定により，条例の範囲であり，各々の自治体で地域特性を生かした様々な工夫により条例制度を設計することができる．法対象事業以外の事業の捉え方として，大きく2つの方向がある．

1つは，法対象事業ではない事業種を条例制度の対象とする場合である．例えば法制度では道路，

河川施設（ダムなど），鉄道，空港，発電所など13種類の事業を対象としているが，これに対して条例では，法対象の事業種には該当しない高層建築物，廃棄物焼却施設，下水道終末処理場，工場，ゴルフ場，採石施設，研究所などの独自の事業種を環境アセスメントの対象に選定する場合がある．このような独自の事業種を対象とする場合は，条例制度における事業種の設定および当該事業種における規模要件の取り扱いに関しては地方公共団体の裁量であり，地域における開発事業の動向，地域環境の実態，地域の社会特性などを考慮して，それらの事業が地域環境に及ぼす影響を勘案しつつ設定することになる．例えば，都市化が高度に進展して建造物による環境影響が懸念される場合には，高層建築物を対象事業とする，豊かな自然環境に恵まれる地域でリゾート開発が生じるおそれがある場合には，ゴルフ場を対象事業とするなどの選定は，有力な対応方向である．全国統一的な対応が求められる法制度のもとではカバーできない開発事業の範囲を，地域特性を考慮しながら対象事業として選定することは，地方公共団体による地域環境管理の観点から必要な取り組みである．

　もう1つは，法対象の事業種であるものの，規模要件により法制度の対象から外れた事業を，条例の対象として設定する場合である．例えば，法制度では，一般国道に関して規模要件として4車線以上で延長10 km以上の事業が，火力発電所建設に関して規模要件は出力15万kw以上の事業が，土地区画整理事業に関して規模要件は面積100 ha以上の事業が，対象事業として設定されている（第二種事業はいずれも各々の第一種事業の要件の75％〜100％の範囲）．これに対して，条例では，法対象事業には該当しない中小規模事業を対象とすることになる．例えば，大阪府条例では，一般国道では4車線以上で延長3 km以上の事業が，火力発電所建設では出力2万kw以上の事業が，土地区画整理事業では面積50 ha以上の事業（法対象事業を除く）が，対象事業に設定されている．こうした場合の規模要件の設定に際しては，対象事業種の選定の場合と同様に，地域における開発事業の動向や地域環境の実態などを踏まえて適切な規模要件を設定し，良好な地域環境の保全・管理を実現する政策手段として，環境アセスメントを積極的に活用していくことが必要である．

　このように法対象事業の規模要件を下回る中小事業について条例で環境アセスメントの対象とするに際しては，法制度とのバランスについて留意する必要がある．すなわち，大規模事業を対象とする法制度の手続に比して，規模の小さい事業について重層的できめ細かな手続を条例で制度化することは，条例対象事業の方がかえって手続が過重となる場合があり，いわば比例原則（達成されるべき目的とそのために講ずる手段としての権利・利益の制限との間に合理的な比例関係を求めるという原則）の面からバランスを欠くおそれがある．法対象事業以外の事業においては，条例の範囲であって自治体で様々な工夫により条例制度を設計することは許されているものの，比例原則の考え方にも十分留意して，地域特性などを踏まえた適切な手続を制度に組み込むように工夫することが重要である．

4. 環境アセスメントにおける法制度と条例制度の連携〜まとめ

　わが国の環境アセスメントは，全国的な観点から標準的で大規模事業を対象とする法制度と，地域の開発動向や地域特性を踏まえて法制度の対象外となる個別的事業や中小規模事業を対象とする条例制度との間で，一体となった連携と役割分担を進めることにより，良好な環境保全に役割を果たしてきた．総体的には，法制度が専ら大規模事業を中心として統一的な水準で手続や評価項目を適用する仕組みであるのに対して，条例は中小規模事業を対象として地域特性などに応じた手続や評価項目を

適用するものであり，条例制度の方がきめ細かな制度である傾向がみられる．その際，法制度と条例制度との連携に際しては，環境アセスメントの趣旨に則した適切な手続の実施による環境保全が期待されるところであり，制度間における手続の整合性とともに手続の軽重のバランスなどにも留意する必要がある．国と地方の双方の取り組みが効果的に連携し，総体として開発と環境との調和を実現する環境アセスメンとして機能することが求められよう．

(注　この規定に該当するのは札幌，仙台，さいたま，千葉，横浜，川崎，新潟，名古屋，京都，大阪，堺，吹田，神戸，尼崎，広島，北九州，福岡の18市である)

§5.　戦略的環境アセスメント

1.　戦略的環境アセスメントとは

戦略的環境アセスメント（SEA）は，「提案された政策，計画，プログラムに関する意思決定の可能な限り早い段階で，経済的，社会的考慮とともに，これらの環境面での帰結が十分に考慮され，適切に対応されるよう，これらの環境面での帰結を評価するための組織化されたプロセスをいう」とされ，米国が1969年に国家環境政策法（NEPA）を制定して，導入して以降，1990年前後からその他の諸外国でも導入が進められてきている．

2.　わが国における検討経緯

1997年のアセス法審議の際には，丁度，欧州委員会が1996年にいわゆるSEA指令案を提案したこともあり，その手続の導入の是非が議論され，国会の衆議院および参議院環境委員会附帯決議において「上位計画や政策における環境配慮を徹底するため，戦略的環境影響評価についての調査・研究を推進し，国際的動向やわが国での現状も踏まえて，制度化に向けて早急に具体的な検討を進めること」という項目が加えられた．

その後，1998年7月から環境庁においては，戦略的環境アセスメント研究会が開催され，2000年7月には報告書が出された．この報告書においては，SEAの原則について整理され，今後の方向として，実施事例が少ないので具体的事例を進めることや法制定で導入されたスコーピング手続の活用，地方公共団体が先導的に取り込むことについての期待，ガイドラインを提示して実施を促すこと，より上位の「政策」についても検討を行うことの必要性などについて，報告された．

そして，2006年の第3次環境基本計画において，重点的取り組み事項として，共通的なガイドラインの作成を図ることや制度化に向けての取り組みを進めること，政策の決定に当たってのSEAに関する検討を始めることなどが決定された．

これを受けて，環境省において，2006年8月から戦略的環境アセスメント総合研究会が始まり，2007年3月，報告書がまとめられた．この報告書においては，戦略的環境アセスメント導入ガイドライン（以下「SEAガイドライン」という）が示され，対象計画としては，法に規定する第一種事業を中心として，事業の位置・規模などの検討段階のものを想定することや実施主体としては，この対象計画の策定者らとした．そして，手続は，図5-3のような流れとされていた．

なお，SEAガイドラインは，発電所等民間事業については，対象とされなかった．

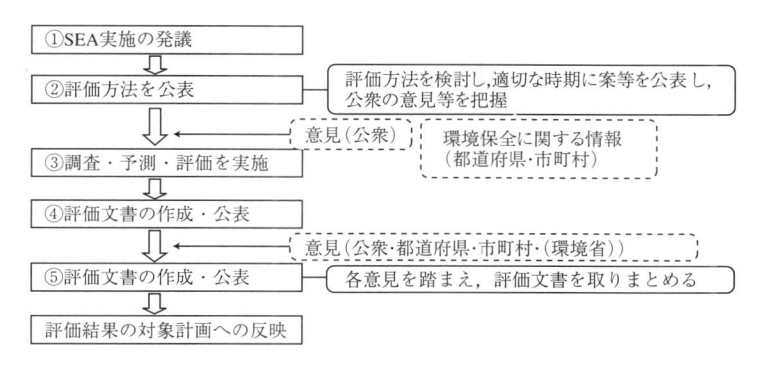

第 5 章　制度としての環境アセスメント　159

```
①SEA実施の発議
     ↓
②評価方法を公表 ──── 評価方法を検討し,適切な時期に案等を公表し,
     ↓              公衆の意見等を把握
     ↓ ← 意見(公衆)　　環境保全に関する情報
③調査・予測・評価を実施              (都道府県・市町村)
     ↓
④評価文書の作成・公表
     ↓ ← 意見(公衆・都道府県・市町村・(環境省))
⑤評価文書の作成・公表 ── 各意見を踏まえ,評価文書を取りまとめる
     ↓
評価結果の対象計画への反映
```

図 5-3　戦略的アセスメントの流れ（第 8 回環境影響評価制度総合研究会資料より）

　ところで，SEA ガイドラインが定められるのに先立って，自治体においては，埼玉県，広島市，京都市が戦略的環境アセスメントの要綱を，それぞれ 2002 年 4 月，2004 年 4 月，同 10 月に制定した．また，東京都は，2002 年 7 月に条例を制定し，実績を積みだした．

　一方，国土交通省においては，2003 年 6 月に策定した「国土交通省所管の公共事業の構想段階における住民参加手続きガイドライン」の他，事業分野ごとにガイドラインを定め，公衆参加の手続を進めだしていた．そして，環境省のガイドラインが策定された後，2008 年 4 月，戦略的環境アセスメントを含む，「公共事業の構想段階における計画策定プロセスガイドライン」を策定し，同ガイドラインを踏まえた取り組みを始めた．その典型例として，SEA ガイドラインに基づく事例第一号と認められるのが，那覇空港拡張のための事業である．

　ところで，アセス法は，その附則において，施行後 10 年目の見直し規定を置いているので，環境影響評価制度総合研究会での検討を経て，2009 年の夏には，中央環境審議会に今後の環境影響評価制度のあり方を検討する専門の委員会が設置され，2009 年 9 月から，検討が始まった．その中での大きな争点の 1 つは，総合研究会の報告書では，まずは事例の積み重ねが重要とされていたこの SEA について，導入するかどうかであった．SEA については，専門委員会では，第 4 回に議論され，その中では，民間事業について，「SEA を実施することは，いわば経営戦略とか，技術的ノウハウとか重要情報の開示を求められること，計画の公表によって投資計画の不確実性が増すので受入れがたい，だから，国内外で，民間事業者が SEA をしている事例がないはずで，民間事業は，現行の事業アセスメントをベースに取り組みを進めるべき」との強い意見があった．一方で，公共事業系については，SEA を導入すべきではないかとする意見も相次いだことから，中間報告において，「（略）SEA は推進すべきである．（中略）対象範囲については，まず事例の蓄積のある公共機関の事業から導入すべきである．（中略）民間事業の扱いについては様々な問題が指摘されていることから，なお議論の余地がある．」（環境影響評価制度専門委員会中間報告より抜粋）とされて，2009 年 11 月 27 日，中央環境審議会総合政策部会に報告された．

　総合政策部会においては，民間の活力をそぐかもしれないので，慎重な議論が必要とする意見や関係事業者の負担を配慮すべきとする意見などがでる一方で，規模の大きな事業なのに，民間事業ということで，対象からはずすことへの懸念の表明も相次いだ．そして，もう一度，専門委員会で議論す

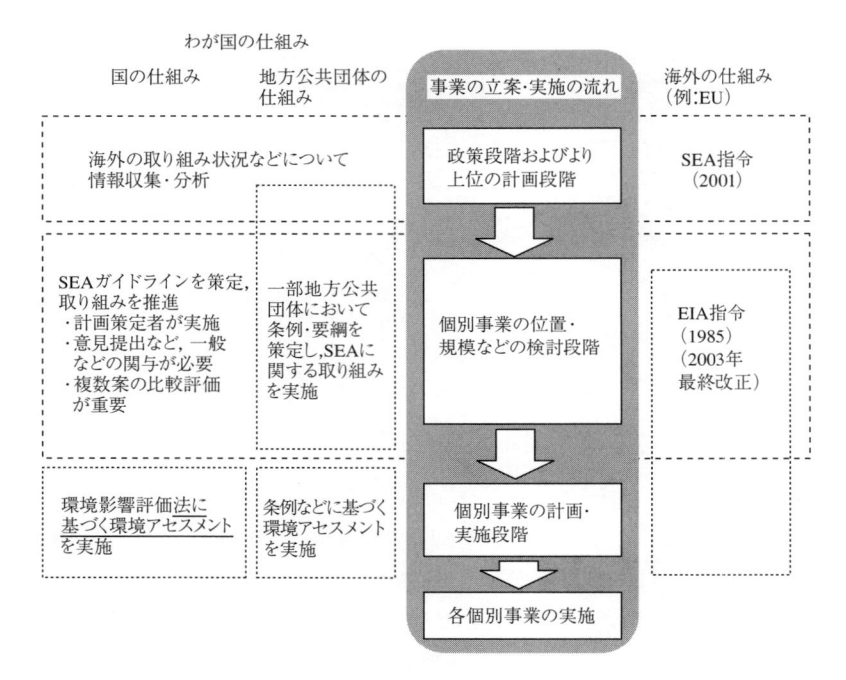

図5-4 事業の段階に応じた各主体の戦略的環境影響評価の仕組み

るという結論となった．その後，公開での意見ヒアリングを経て，議論がされたが，争点は，SEAの概念はどういうものかということであった．そして，図5-4のとおり，SEAガイドラインで対象とされた個別事業の位置・規模の検討段階のものは，EIA指令で対象とされているなど諸外国では，事業段階のアセスメント（以下「EIA」という．）として扱われているため，当然民間事業でも対象となっているということから，むしろ早期からのアセスメントによって環境影響の回避・低減ができるようにするべきということで，今般導入する計画段階配慮書手続については，民間事業も含む第一種事業を対象にSEAガイドラインで対象とした個別事業の位置・規模の検討段階とする結論となった．なお，民間事業や様々な事業があって事業決定過程も様々であることに対する配慮ということで，制度そのものを柔軟な制度にすることされた．また一方で，積み残しとなったより上位の政策や計画を対象とする戦略的環境アセスメントについては，今後の課題とされた．

3. 導入されることとなる計画段階配慮書手続

その後の政府内調整作業において，この制度の案の基本形は，以下のような形となった．

対象は，事業アセスメントの事業を実施しようとする者であって，計画の立案の段階で，1または2以上の事業の実施が想定される区域における環境の保全のために配慮すべき事項についての検討を行うことが義務とされた．そして，この結果について計画段階配慮書を作成して，速やかに主務大臣に送付するとともに，配慮書およびその要約の公表を行うことが義務とされた．主務大臣は，この写しを環境大臣に送付して環境大臣の意見を求めること，環境大臣は，環境の保全の観点からの意見を述べることができること，主務大臣は，事業をしようとする者に対し，意見を述べることができ，そ

の場合，環境大臣の意見を勘案しなければならないこととされた．一方で，関係する行政機関や一般の意見聴取については，努力義務とされ，また，その実施は配慮書の案の段階でも配慮書の段階でもよいこととされた．つまり，法律による計画段階配慮事項については，SEA ガイドラインのそれと違い，まずスタートとなる発議がないことや事業アセスメント前に事業アセスメントと同様の手法で自治体や公衆の意見を聞いて案を積み上げるような形はとらない案となった．これはまさに SEA ガイドラインで対象としていなかった民間事業も対象としたために，柔軟な制度とするべきとする考え方がベースとされたのを踏まえ，事業者の過度の負担とならないよう配慮した手法を模索した結果といえる．この案は，その後，改正法案の 2010 年 3 月 19 日の閣議決定以降，第 174 回国会から三国会にわたって審議されることとなる．この国会審議でもやはり議論となったのは，「SEA には，民間事業の事例はないのではないか，今回の改正で民間事業にも導入するのは，おかしいのではないか」という点であった．結局，政府側からは，「海外とは対象としている段階が違う，今回導入する SEA は，海外では EIA 扱いとなる段階を対象とするものであり，今回の SEA はいわば日本型ともいえるもの」というすれ違いの回答に終始することとなった．

ところで，この審議の際にも，自治体や公衆の意見聴取が義務となっていないことへの懸念が指摘され，これに対して，義務ではないが原則として聴取するものであるとする回答がされていたが，その後，細かい点についての技術的な規範となる基本的事項の検討結果で，手続について，以下の考え方が示された．

①複数案を設定することを基本として，設定しない場合は，その理由を明らかにする．また，複数案のうち，「位置・規模」と「配置・構造」では，前者が優先される．また，ゼロ・オプションについては，現実的である場合には含めることが望ましい．単一案設定時には，「重大な環境影響が回避・低減されているのか」の評価を行うことが必要．

②手続の透明性の向上から，助言を受けた専門家の所属の属性を明らかにすることが望ましい．

③関係者への意見聴取は原則として行うべき．「一般」とは環境の保全の見地から意見を有する者を意味するので，事業実施想定区域周辺に居住する住民に限定することなく，広く意見を求めることが期待される．計画検討の進行に応じて適切な段階ごとに意見聴取を行うことが望ましい．

④一般および関係地方公共団体からの意見を求める場合は，可能な限り，配慮書の案について行うよう努める．まず一般からの意見を求め，次に，その意見の概要とそれに対する事業者の見解をあらかじめ送付した上で，関係地方公共団体の意見を求めるよう努める．

⑤一般への意見聴取は，行政手続法のパブリックコメントが 30 日以上となっていることを目安の 1 つに，適切な期間を確保し，書面による供覧，インターネットなど適切な方法により行う．

このように，いずれも努力義務の範囲内ではあるが，計画段階配慮手続が有意義かつ効果的となるように，望ましいとされる考え方が示されたので，事業者も実際の検討に際しては，これらを十分踏まえた形で実施することが望まれる．

また，配慮書手続の結果とそれに至る経緯が EIA の手続につながっていくことが大事なので，EIA の項目選定や手法の選定に当たって，配慮書検討過程や配慮書やそれ以降の事業の内容の具体化の過程における環境保全の配慮に係る検討の経緯やその内容の情報も含めることとされている．

なお，検討に当たっては，既存の資料により行うこととし，重大な環境影響を把握する上で必要な

情報が得られない場合には，専門家からの知見の収集を行い，それらによっても必要な情報が得られない場合は，現地調査・踏査などを行うとされているので，事業者に過度の負担を負わせたり，アセスメント期間のいたずらな延長を招くものではない．

一方で，この制度が日本型と呼ばれるように，諸外国では，もっと上位の計画や政策の策定時に取り組まれているものであるから，今回法制化された制度について，まずは実績を重ねつつ，附帯決議にも書かれたように，次の課題として，このような上位段階における制度をどう規定していくかについて，時間をあまり置かずに検討していくことが必要である．

その際に，こうした戦略的環境アセスメント制度について，環境基本法上の扱いの整理であるとか，専ら事業アセスメントの制度について定めている現行のアセス法の範囲内には収まりきらないと想定されることから，他の仕組みの活用も含めて，検討することが必要である．

さらには，それぞれの事業の根拠となっている政策や上位の計画の決定に向けての手続についての検証も必要であり，そのためにも改正された制度での実績の積み上げと事例の検証が必要となってくる．

§6. 事後調査

1. 環境の保全のための措置と事後調査

事業者が対象事業の環境影響評価を行った後，この結果について，環境の保全の見地から意見を聞くために，環境影響評価準備書を作成しなければならない．この準備書の中には，調査の結果の概要や予測，評価の結果とともに，環境の保全のための措置（以下「環境保全措置」という）について，それを講ずるに至った検討の状況とともに，記載することとなる．この環境保全措置とは，事業位置の変更や基本的構造の変更や工期の変更，運用条件の変更まで含む概念とされている．そして，この措置を講ずるに至った検討の状況を含めるのは，1997年2月の中央環境審議会答申で「個々の事業者により実行可能な範囲内で環境への影響をできる限り回避し低減するものであるかを評価する視点を取り入れていくことが適当」とされたのを受けて，その評価の方策としての複数案の比較検討や実行可能なよりよい技術を導入したものであるか否かの検討の結果を記載する旨を明示したものとされている．これは，法制定前には，事業者が環境保全目標を設定して，予測結果と比較した場合にこの目標を満たせば，影響は軽微だとする方法が広まっていたためとされている．

そして，この環境保全措置には，予測結果などに伴う不確実性の内容や程度に応じ，工事中や供用後の環境の状態や環境への負荷の状況，環境保全対策の効果を調査し，その結果に応じて必要な対策を講じることが含まれているとされる．つまり，将来の一定の状況の発生などを条件として一定の環境保全措置を講じようとする場合には，この条件が成就するかどうかの措置，いわゆる事後調査についても，その項目，手法，期間などを明らかにしておくこととされた．そして，この事後調査をどのような場合に行うこととするのかは，「法第十二条第一項に定める環境の保全のための措置に係る指針」として，事業ごとに定める主務省令で明らかにされることとされている．この環境の保全のための措置には，回避（環境影響を及ぼさないようにすること），低減（環境影響の程度を小さくすること），代償（環境影響を及ぼす代わりとなる措置を講ずること）などいくつかの種類が含まれており，主務

省令には，この措置の優先順位などが示されている．そして，この主務省令で定めるべき指針に関する基本的事項を環境大臣が主務大臣と協議して決めることとされている．

2. 環境保全措置などの現状と課題

環境保全措置とは，環境影響を回避する措置から避けられない影響を代償する措置まで含む幅広い概念とされている．この場合，環境影響の回避・低減を優先して検討したうえで，どうしても残る環境影響に対する代償措置が必要かどうかの検討が行われるものとするのは，環境影響評価の本来の趣旨に照らせば当然のことと考えられる．

そして，予測の精度が高くない項目や周辺の自然的社会的状況の推移の見通しが十分に得られていない項目などを対象として，予測の不確実性や環境影響の重大性の程度に応じ，事後調査の実施を検討するものとされている．いわば，事業の実施前に行う環境影響評価において調査，予測や評価の不確実性を補うものという位置づけである．本来は，事業実施前の環境影響評価の図書で明らかにするべき事業の実施による環境の状況の変化について，その一部を手続き後の調査により把握するものであるから，事後調査の結果をどのように評価し環境保全措置を講じるのかの対応の方針をあらかじめ明らかにしておくことや，事後調査の結果も公表される旨などを明らかにできるようにすることとされている．この他，事後調査の項目や手法について，環境影響評価の結果と比較検討が可能なように選定することや，調査そのものの影響の少ない手法を選ぶことや，事業の途中段階で事業主体が変わる場合の措置などについても基本的事項に定められている．

2009年10月の第3回環境影響評価制度専門委員会で示された事後調査についての事業者アンケート結果によると，法に基づく手続を完了した事業119件（2008年3月現在，経過措置を含む．）のうち回答が得られたのは56件であった．事後調査の対象項目があった32件のうち，結果を公表したのは22件，準備中が2件，公表していないのが8件であったが，環境省でインターネットなど普通に情報を入手しうる方法で検索したところ，公表が確認できたのは8件とする結果が報告された．これに対し，委員からは，法に制度として義務付けるべきであるとか，アセスメントの精度向上のために情報公開すべきという意見が相次いだ．そして，同委員会第5回において再度，事後調査について議論されたが，この中で，法において報告・公表の義務がないことや，基本的事項および主務省令で「事後調査の結果の公表の方法」を準備書に記載するよう規定されているにもかかわらず，公表すべき具体的内容が示されていないケースがあること，などの課題が示された．

一方で，条例における位置付けも報告された．この時に報告された資料に示された条例に規定される公表方法一覧は表5-3のとおりである．また，同資料による事後調査の公表などに係る期間に関する規定は，表5-4のとおりである．

そして，2010年2月の中央環境審議会答申において，「環境保全措置を含む事後調査は，特に生物多様性の保全の観点から，環境影響評価の充実に資するもの（中略）予測・評価技術の向上の観点からも，その結果の報告および公表は有効（中略）しかしながら，環境保全措置を含む事後調査結果の公表が一部にとどまっている（中略）環境保全措置を含む事後調査の結果の報告及び公表を法制度化すべき」とされ，法制化の検討がなされた．

表5-3 条例に規定する事後調査結果の公表方法

事後調査結果の公表方法 に関する条例規定内容	地方公共 団体数
公告・縦覧	32（22）
公告	2（2）
閲覧	2（2）
公表	2（2）
縦覧	1（1）
規定なし	22（14）

かっこ内は条例において法対象案件についても公表を規定している件数で内数

表5-4 条例で規定される事後調査の期間

事後調査の期間に関する条例規定内容	地方公共団体	
着手後，工事又は事業の完了後から5年までの間	3（2）	神奈川県，岡山県，横浜市 （三重県，大阪府）
着手から施設等の供用後概ね3年	0（2）	（福井県，兵庫県）
予測対象時期	1（1）	東京都（埼玉県）
事後調査計画書に記載した期間	0（1）	（栃木県）
供用後の環境状態が定常状態で維持されることが明らかとなるまで	1（0）	沖縄県

かっこ書きは，運用上（要綱等により）期限を設定している地方公共団体

3. 環境保全措置などの報告・公表手続の創設と法制度の範囲

環境保全措置を含む事後調査結果の報告および公表を法制度化すべきとする審議会答申を踏まえ，2010年3月に国会に提出されたアセス法改正法案においては，評価書の公告を行った事業者が，環境保全措置や将来判明すべき環境の状況に応じて講ずるものである場合には，この環境の状況の把握のための措置，これにより判明した環境の状況に応じて講ずる環境の保全のための措置であってその事業の実施で行ったものについての報告書を作成し，評価書を送付した相手である許認可等権者に送付して公表する義務が課せられることとなった．また，必要に応じ，環境大臣は，この報告書に対して環境の保全の見地からの意見を提出し，許認可等権者はこの環境大臣意見がある場合にはこれを勘案して必要に応じ，環境の保全の見地からの意見を述べることができることとなった．この条項については，その後の国会審議においても，望ましい制度改正方向と認められていくのであるが，法案作成過程において，この条項に関するアセス法の限界が明らかになるのである．

1つは，報告書の作成を事業者に義務付けることができるのは，あくまでも事業完了までとする整理である（アセス法において，「事業」とは，建設工事を指す）．当然ながら，事業によって色々な影響が起こるのは，事業が完了し，むしろ供用開始後に徐々に，影響がはっきりしてくることを排除できないのではないかとする考えがある．しかしながら，アセス法における事業者とは，アセス法第2条第5項において「対象事業を実施しようとしている者」と定義づけられている．このため，事業が完了して供用された後についての影響についてまで責任をもたせることができないという理由である．

もう1つは，電気事業法特例に関するものである．発電所の環境影響評価は，アセス法が制定される以前の昭和52年から，通商産業省省議決定に基づき，20年にわたり実施されてきた実績があることを配慮して，アセス法が制定されたときに，法第59条により，この法律と電気事業法の双方に手続きを定めることとした．つまり，環境影響評価が義務付けられる発電所の種類や規模についてはアセス法とその施行令で決まるが，具体的な手続は電気事業法による．つまり，入口は同じだが，部屋は異なる手法を取っている．そして，この電気事業法による手続では，方法書における経済産業大臣の勧告，準備書における同大臣勧告，評価書における変更命令の手続を備えた，通常の環境影響評価手続より厳格な制度となっている特徴がある．このため，そもそも，評価書に記載したとおりの工事を行うことが工事計画の認可の条件となっており，違反した場合には罰則も課されることから，通常の環境影響評価手続のように報告書に対する主務大臣意見は不要と整理され，このために環境大臣意見の提出の機会もない扱いとなったのである．この点についても，変更命令をかけられる制度となっているとしても，確実に変更命令は発出されるのか，実態があるのかといった疑義がない訳ではないが，より強固な制度が用意されている以上，それに委ねる法構造とならざるを得ないのである．

これらは，いずれも内閣法制局による審査の過程で明らかとなったものである．特に，前段は，アセス法において，環境影響評価を行う者（事業をしようとする者）が供用後（事業終了後）の影響について責任を取れないことを示しているのみならず，今後，増加していくことも考えられる施設の改廃や変更などについての判断が，事業実施時（建設工事時）の判断とつながらない限界があることを示している（図5-5参照）．さらには，同法が「事業の実施が環境に及ぼす影響」を射程範囲としていることが，前節に記述した戦略的環境アセスメントについて，今後，より上位の計画や政策について考える場合にも，制度的にこの法律でカバーできないという限界ともなっている．

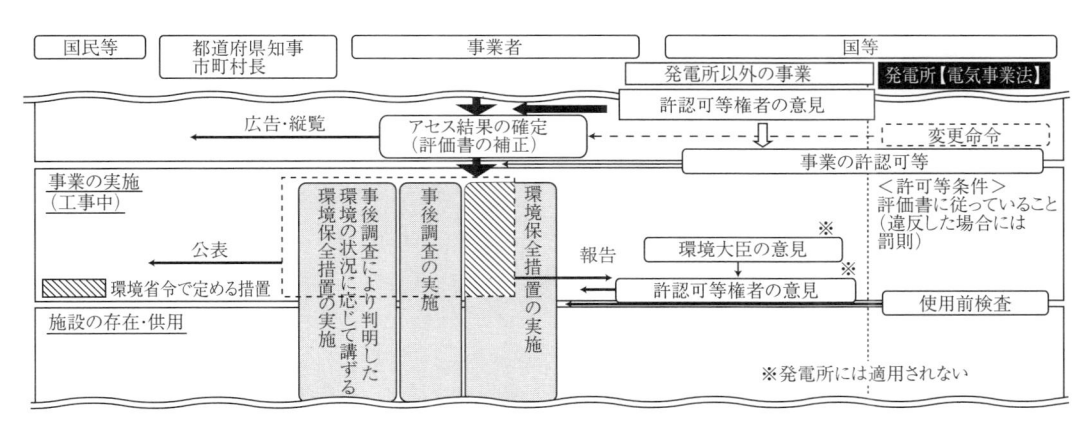

図 5-5　報告書の手続の概要（法に定まる範囲）

4. 基本的事項における整理

2011年6月より開催された「環境影響評価法に基づく基本的事項等に関する技術検討委員会」において，法改正により盛り込まれた報告書の手続について，再度議論されることとなった．特に，従来の環境影響評価の手続では，希少種の移植などが行われるケースにおいて，そうした環境保全措置の効果を追跡することができないなどの懸念が指摘されていて，報告・公表義務が課されることにより，

安易な移植などの措置に傾くのを止める効果があるとの期待があったからである．そこで，基本的事項に係る議論の結果，2012年3月に出された当該検討会の報告書において，①事業が終了した段階で実施中に講じた環境保全措置の効果を確認した上で，1回作成するのが基本だが，自主的な取り組みとして事業の途中段階または供用開始後に行う事後調査などの結果を公表することで信頼性確保や予測・評価技術の向上などに繋がることが期待，②報告書作成以降に事後調査や環境保全措置を行う場合はその計画や結果を公表する旨書き込むことが期待，③供用段階の実態把握のため，事業主体と供用段階の運営管理主体が異なる場合は，適切な引き継ぎが行われるよう促す，などについても指摘され，これを受けて基本的事項が改正された．

5. 地方公共団体における事後報告の手続との関係

　地方公共団体においては，法改正時点ですでに47都道府県と環境影響評価条例を有する15政令指定都市の環境影響評価に関するすべての条例において，事後調査結果の報告，公表などの手続が定められていた．とりわけ，表5-4にあるように事業完了後も必要に応じ，事後調査を課してきている実績があり，これら手続を有する地方公共団体のうち，34都府県と10政令指定都市においては，法対象事業についても事後調査の手続を行う旨規定していることから，その扱いをどうするのか，法制度ができることをもってこれらの手続が制限されることがあれば，積み重ねてきている環境保全に対する行政実績が後退するのではないかとする危惧ももたれていた．そして，この点について，法と条例に関する最高裁判例や法制的な瑕疵の有無を関係機関と審査したところ，これらの手続きは，「全国的に一律に同一内容の規制を施す趣旨ではなく，それぞれの普通地方公共団体において，その地方の実情に応じて，別段の規制を施すことを容認する趣旨」[最大判昭50・9・10（徳島市公安条例事件）]のものと解されるため，地方公共団体がその自然的，社会的条件から判断して必要と認める場合に，改正法の報告書手続とは別に事後調査手続を課すことは，法に抵触しないという結論を得た．そして，この整理は，環境省より地方公共団体などに2011年9月7日付で通知されている．

　なお，アセス法上では，事業を実施しようとする者が環境影響評価をするとされているためにかかった制約について，条例の場合にどのような扱いとなっているのかという疑問が残りそうであるが，条例においては，目的規定に，「この条例は，環境影響評価及び事後調査の手続に関し必要な事項を定めることにより」（東京都環境影響評価条例第一条抜粋）と規定されているものがほとんどである．これは，環境影響評価という名前のついた条例に，事後調査という別の制度を組み込んでいるということができる．したがって，事後調査に係る手続自体は環境影響評価に係る手続から独立しており，事業実施（工事）中はもとより，対象事業の供用後段階においても，環境状況の変化に応じ，同条例に基づく知事意見らにより評価書記載事項に縛られることなく新たな環境保全措置を求めることが可能となっていると解されるのである．

　いずれにしても，地域の実情に応じて設定される条例の実績を積み上げることなどにより，法の限界を克服し，よりよい環境影響評価につなげていくことが期待されている．

§7. 諸外国における制度

諸外国における環境アセスメントについて概観する．特に，オランダとドイツの制度についてやや詳しく扱うことにしたい．

1. アメリカの環境アセスメント

世界の中で環境アセスメントを最初に導入したのは，アメリカの国家環境政策法（NEPA）である．アメリカの環境アセスメントは次のような特色を有している．

第一に，対象事業の種類が特定されず，「人間環境の質に重大な影響を与えるおそれのある，提案された全ての立法や他の主要な連邦行為」という包括的な定め方をしていることである．その中には，連邦政府機関によって全部または部分的に資金供与，規制，承認などがされる事業やプログラムを含む新規や継続の活動，連邦政府の規制，計画，政策および法案などが含まれる．NEPA においては SEA と EIA（事業段階のアセスメント）がともに含まれることになる．具体的には，米国環境諮問委員会（CEQ）規則の下でのプログラム環境影響評価（PEIS）が SEA に対応すると考えられる．もっとも，政策に対する SEA と事業に対する EIA について同じ制度を適用することに伴う弊害も指摘されており，アメリカにおける戦略的環境アセスメントは，生成途上であるとの評価も受けている．

第二に，NEPA では連邦主導の活動が対象とされる．連邦から認定され，基金から補助を受けた事業についても，対象となる．

第三に，NEPA は，すべての連邦行政庁がその行為の環境に対する影響を考慮する権限を有することを保障した点，公衆に対して情報提供および住民参加をさせることを主要な目的としている点，代替案の検討を重視している点などに特色がある．環境影響評価準備書（Draft EIS:DEIS）には，最大限可能な範囲で，提案された行為の代替案を盛り込むこととされており，提案行為と選択可能なその他の代替案の環境影響を比較対照すること，またノーアクション案を作成することが必要とされている．

第四に，各省庁は，NEPA の適用除外となる政府の行為を類型除外リスト（Categorical Exclusion: CE）として指定することができるほか，簡易アセスメント（Environmental Assessment : EA）を実施し，その結果に基づき，提案された行為が環境への重大な影響がないと判断するときは，FONSI（finding of no significant impact）を作成することとされており，環境影響評価書（Environmental Impact Statement : EIS）を作成する場面は限定されている．

第五に，環境保護庁（EPA）に環境影響自体についての審査を行わせ，著しい環境影響が将来あると思われるとき，または現にあるときは，主務官庁との調整や大統領府に属している環境質諮問委員会（CEQ）の勧告などにより，事実上許認可などを制約する結果を実現するものであることである．

なお，連邦最高裁判所は，NEPA の法的性格について，一貫して，実体法でなく EIS の作成を命じた手続法であるという解釈をとっており[13,14]，NEPA 訴訟は，原告が情報的損害や手続的損害を被ったかどうかが争点となることが多い．もっとも，情報的損害や手続的損害がどのような場合に認められるかについての連邦最高裁判所の判断は確定していない．控訴審判決では，NEPA 訴訟の原告適格の判断については比較的寛容な裁判所（第 9 巡回区裁判所）とそうでない裁判所（コロンビア特別区

連邦控訴審裁判所）に分かれている．

2. EUの環境アセスメント

次にEUの環境アセスメントは次のような特色を有している．

第一に，指令により，対象事業の種類が特定されており，EIAとSEAが明確に区分されている（EIAについては85/337/EEC, 97/11/EC, 2003/35/EC, SEAについては2001/42/EC）．EIAの対象事業は，附属書Ⅰ事業（必ず対象となる事業）と附属書Ⅱ事業（事業ごとまたは構成国があらかじめ設定した範囲や基準によって評価対象を決定する事業）に分かれる．SEA対象事業は，著しい環境影響を及ぼすおそれのある計画・プログラムで，①農林業，漁業，エネルギー，産業，交通，廃棄物処理，水管理，通信，観光，都市および農村計画または土地利用の分野のEIAの対象事業の枠組みを構成するもの，および②その立地が及ぼすと見られる影響に鑑み，野生生物の生息域の保全に関する指令に伴う環境影響が必要とされたものである．構成国が①，②以外に関して環境に著しい影響を及ぼすと判断したものについては，SEA対象事業となる．

第二に，EIAについては，重大な影響をもたらすおそれのある事業が対象とされ，民間の事業も対象に含まれる（97/11/EC附属書Ⅰ，Ⅱ記載事業）．

第三に，EIAについても，公衆に対して情報提供および住民参加をさせることを主要な目的としていること（2003/35/ECによってさらに拡充された），代替案が重視されていることに特色がある．戦略的環境影響評価制度においては，公衆の意見表明は「適切な時間枠」内であることが必要とされている．

そのほか，（主要な）代替案は，EIAについてはEU指令（97/11/EC）附属書Ⅳの，事業者が提出すべき最低限の情報の中に含まれているし，SEAについては環境評価書において記載すべき情報としてEU指令（2001/42/EC）の附属書Ⅰに定められている．

3. オランダの環境アセスメント

オランダの環境アセスメントはEUのEIA指令およびSEA指令に基づいているが，これ以外にオランダ環境管理法の適用がある．オランダには，2001年に採択され，2005年に発効したEUSEA指令以前から，国内法でSEA手続を定めているが，実際上は，EUのSEA指令手続と同様の手続によって行われる．重要な相違点は，独立の環境影響評価委員会が，重大な役割を果たすことである．オランダにおいては，他の構成国と異なり，環境アセスメントの品質保証を環境影響委員会が行うことが法律上義務付けられている．

環境影響評価委員会についてやや詳しく述べておきたい．環境影響評価委員会は，EIA，SEAの双方について独立した立場から助言をする役割を担っており，その内容は，①計画早期段階での報告書の付託事項について助言すること，②報告書が作成された後，その質を審査することである．環境影響評価委員会は，独立した民間の法人であり，政府からの助成金によって活動している．オランダ政府は，委員会の助言がどの関係者にも受け入れ可能であり，信頼できるものであることを確保するために，このような独立した団体に重要な役割を担わせたのである．委員会は，1987年から発足した．600人程度の専門家を登録しており（委員会の職員ではない），これらの者と委員会には契約関係がな

い．これらの者が環境アセスメントの付託事項を審査し助言する．1つの事業，計画に平均3～5人の専門家をグループとして形成する．委員会は，どのアクターともフォーマルな交渉はしない．もっとも，政府は，関係団体のすべてのコメントを委員会に送付し，委員会の助言の中にこれを統合するよう要請する．委員会はこれを検討し，そのコメントが正しいか，重要かを検討し，場合によっては，助言の中に取り込む．委員会の役割は，情報の質，客観性をコントロールすることにあり，住民も政府もNGOも委員会には信頼を置いている．他方，委員会の助言には法的拘束力はない．もっとも，助言に反対することはハードルが高く，反対することは事実上困難である．

4. ドイツの環境アセスメント

ドイツには詳細な土地利用計画がEUのSEA指令の導入以前から存在しており，土地利用計画に加えて法的拘束力のあるSEAが導入された点に特色がある．この点は，土地利用計画がそもそも十分ではないわが国とは，大きく異なっている．

ドイツでは，かねて計画法領域で任意のSEAの取り組みが行われており，1990年に連邦の環境適合性審査法（EIAに関する）が制定された際には，地区詳細計画など特定の計画に限って，計画段階のアセスメントが導入された．その後，事業案より早期の体系的環境考慮の必要，事業の中止を含めた代替案の検討の必要，早期の公衆参加による決定の透明化（行政手続の民主化）の要請から，計画段階での環境アセスメントの包括導入が求められ，2004年に建築法典が改正された．SEAは，改正建築法典により，建築管理計画の手続の一環として，環境審査を実施する制度となった．これにより，計画策定手続の中に新たにSEAの手続が組み込まれ，それを通じて計画法上環境配慮がなされることになった．この点はその後，2005年に制定された連邦のSEA導入法（環境適合性審査法に組み込まれた）でも同様である．

SEAの対象事業は，EU指令と同様である．ドイツにおいては，国土の計画は，①連邦の国土計画法，②各州の計画，③地域開発計画，④建設管理計画の層をなしているが（上位の計画で決められたことは下位の計画で修正することはできない），SEAはこのうち，②から④に関わっている．従来から，地域計画などの計画手続は存在していたが，SEAの導入によって修正された点は，公衆参加が導入されたこと，環境影響の考慮が必須になったことである．もっとも，SEAの段階での公衆参加は，それが抽象的段階であることから，公衆にとっては重要かが必ずしも明らかではなく，どのようにして公衆に関心をもたせるかが課題となっている．

一方EIAには，環境適合性審査法，自然保護法，野生生物の生息地保護に関するEU指令（92/43/EEC）の2007年国内法，生物多様性法が関連する．EIAの手続は，連邦イミッシオーン防止法に基づいて行われ，その中に，環境適合性審査法や生物多様性法が組み込まれる．開発行為をする際に，事業者は，州の環境省に書類を提出するが，州環境省は，これらの4法に基づく書類が提出されているかどうかを確認する．公衆の意見聴取については，連邦イミッシオーン防止法には規定がなく，連邦環境アセスメント法の手続に基づいて行われる．SEAは連邦イミッシオーン防止法の手続の前に行われることになる．建築法典は，上記の地域計画およびSEAに関連しており，EIAとは関連しない．

EIAについては，州によって専門家委員会を設けているところとそうでないところに分かれる．特にスコーピングにおける専門家の関与は重要であると認識されているが，ドイツ法の特色として，外

部の専門家を関わらせることについては重視されておらず，州の自然保護関係の官庁の専門家の意見が重視されていることがあげられる．

ドイツでは，SEA および EIA における市民参加が重視されているが，第一に，行政法において，市民参加の規定が存在しており（行政手続法において，行政行為の発給前に第三者の権利が考慮されること，計画確定裁決に際して聴聞手続が実施されること，建築法典において，地区管理計画の策定に際して，市民参加の実施が義務付けられていること），それに加えて，環境法（連邦イミッシオーン防止法）に市民参加の規定があり，さらに SEA および EIA について環境適合性審査法に基づく市民参加の規定があることに特色がある．SEA および EIA は，行政庁による許認可の手続の一部として構成されている．第二に，参加をする市民は「関係市民」に限定されている．この関係市民は，広く理解されているが，何らかの関係性をもつことは，必要であると解されてきた．利害関係参加と情報提供参加の双方の意味が含まれているが，利害関係参加の面も相当に強いとみられる．もっとも，環境法的救済法の下で，NGO は環境アセスメントについて意見を提出でき，訴訟も提起できることが示されたが，そのためには，適格団体として登録されていること，最低限 3 年間活動していること，会員が団体の決定に関与できることの 3 つの要件が必要である．適格団体としての登録が要請されていることについては，排他的であるとも見られるが，専門知識を有する者が関わることが重要であると考えられ，また，会員の多い NGO が適格団体となっていることから，特に問題とされていない．

5. 結びに代えて

欧米のアセス法がわが国に示唆するものは多いが，その 1 つとして，環境アセスメントで用いられる情報の内容の十分性，正確性を確保することがあげられる．オランダの環境影響評価委員会は，その点で大いに参考になる．

§8. 制度に係る将来の方向性・展望

国における戦略的環境アセスメント（SEA）の位置づけは，個別の事業実施に先立つ「戦略的な意思決定段階」，すなわち個別の事業の計画・実施に枠組みを与えることになる計画を対象とする環境アセスメントとされている．しかし，2013 年 4 月に全面施行される改正アセス法において導入された計画段階配慮書の手続は，環境基本法 20 条の枠組みでの整理に留まっている．そのため，戦略的環境アセスメントといっても諸外国のそれとは異なり，図 5-6 に示すように 2007 年の共通ガイドラインのレベルまでは到達せず，事業段階の早期レベルにおける複数案検討を目指した制度であると位置づける方が正鵠を得ているかもしれない．

この節では，今後に残された，わが国における SEA 制度の導入とその発展に向けて，留意点や課題を諸外国における戦略的環境アセスメントの知見や経験からの示唆として指摘する．それは，図 5-6 に示したように，今後のわが国の持続可能な社会形成のために，第 2 フェーズとして制度設計される計画段階アセスメントの役割と期待に係るものであり，第 3 フェーズの持続可能性アセスメントに係る方向性を探るものである[15]．

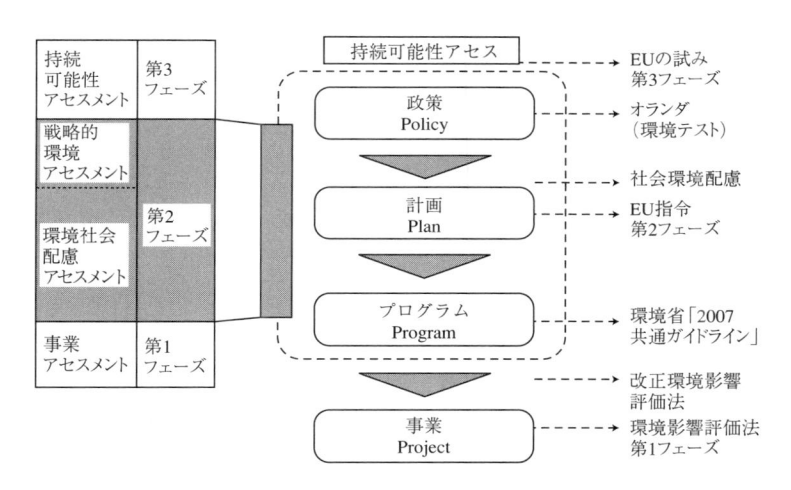

図 5-6 戦略的環境アセスメントの制度的枠組みの方向性

1. 計画段階アセスメントの役割と期待

まず，計画段階（第 2 フェーズ）アセスメントの役割としては，経済成長と環境保全との調和を図り，社会を持続的発展の方向へと導くこと，つぎに，公衆を意思決定の際に組み込むことで責任分担を可能とすること，さらに，戦略的環境アセスメントと事業アセスとの相互の補完および連動を図り，現状の様々な環境関連問題群を解決することがあげられる．

また，戦略的環境アセスメントに期待されることとして，①包括的評価法の有効性，②累積的・複合的影響の評価，③事業の実施段階での環境アセスメントなどとの重複の回避があげられる．

①は，戦略的環境アセスメントの方法論を特定するのは容易ではないが，複数案（代替案）の評価も考慮され，多様な状況への適用が可能である．いずれの計画の中にも多様なサブ・プランが含まれているため，環境および土地利用計画の戦略的統合という場面において，有効性は増すと考えられる．

②としては，小規模事業による環境への負荷は累積化することで，重大な影響となることを回避する手段となり，また同一地域で集中的に実施された複数の事業による複合的な環境への影響についての予測・評価が可能となる．③として，戦略的環境アセスメントを行った後に事業の実施段階での環境アセスメントを行う際には，評価の重複を可能な限り避けるため，直近の戦略的環境アセスメントの結果を適切に活用することが重要である．そのことは，事業者の負担の軽減やよりよい計画立案へのインセンティブにもなりうると考えられる．

このような役割と期待をもつ計画段階アセスメントの具体的な手続きや配慮項目として，①スクリーニング，②スコーピング，③複数案の比較による評価，④評価の視点，⑤手続の統合，⑥評価文書のわかりやすさ，⑦地方公共団体の役割の重要性，という 7 点について触れておきたい．

まず，①スクリーニングは，戦略的環境アセスメントの必要性の判断である．その場合には，計画（Plan），プログラム（Program），事業（Project）と段階的にアクセスを行う方法との連携性が求められており，特定の計画やプログラムに戦略的環境アセスメントが連結されている必要がある．すなわち，特定の計画・プログラムには戦略的環境アセスメントが要件になるようにしておく必要がある．ただし，明確に計画やプログラムの段階が特定できない場合には，特定できる段階に戦略的環境アセ

スメントを連動させるような工夫が必要である．

②スコーピングは，事業の実施段階での環境アセスメント以上に重要となる．単なる手法や項目の検討ではなく，背景となる情報とデータベースを構築し，既存の資料やバックグランドデータとの差異を認識し，環境保全の目的を記述する必要がある．環境特性のみならず，社会経済的な要素への配慮も必要である．制度設計に当たっては，戦略的環境アセスメントをどのような事項に関し，どのようなタイミングで，どのような手続を経て行うかは，対象とする計画などの内容やその立案プロセスなどに即して，弾力的に対応することが重要であるが，スコーピングの情報が図書として取りまとめられた場合には，それに対する公衆の参加や情報公開が必要となる．

③戦略的環境アセスメントでは，複数の案について比較評価を行うことがこの仕組みの核心部分といえるが，検討すべき案の範囲として，とりうる選択の幅を明らかにする必要がある．とりわけ，戦略的なレベルで意味のある選択肢が検討されなければならない．その場合，影響評価が科学性，適切性，透明性をもつもので，その評価結果について，信頼性，技術性を担保するものでなければならない．影響評価は，狭義には発生しうる影響をいかにミティゲーション（回避，低減，補償）するかに尽きるが，広義には，社会経済影響も評価の対象とすべきである．そのもとで，ベストプラックティス（BP，最悪の選択）や費用対効果のある最善の選択（BPEO）が識別できると考える．

④の環境保全面からの評価については，環境基本計画や環境管理計画などで望ましい地域の環境像や環境保全措置の基本方向が示されていることが必要である．また，広域的な視点からの環境の改善効果も含めた評価や戦略的環境アセスメントでは，より広域的な視点から，環境改善効果も含めて，複数の事業の累積的な影響を評価することが期待されている．ただし，行政主導型戦略的環境アセスメントは，計画やプログラムなどを対象とするため，環境影響の予測結果などには不確実性が伴う．しかし，その不確実性を過大に捉える必要はなく，不確実性があることを前提に，スコーピングや複数案の比較評価などを活用し，計画などに適した評価を行うという対応が重要である．これらは，いずれも現行のアセス法に導入されたスコーピング手続の応用により，アセス法で戦略的環境アセスメントに期待できる一定部分は実現できると考える．なお，評価のためのガイドラインを整備し，具体的な事例の積み重ねによって，各主体の参考となるベストプラックティスを含む文献やガイドラインを提示し，戦略的環境アセスメントの実施を促す努力はいうまでもない．

⑤環境面からの評価が科学的かつ客観的に行われるためには，環境面からの必要性に対応して関与すべき者が適切に位置づけられた手続が必要である．このため，戦略的環境アセスメントは環境面に焦点を絞った一定の独立した手続として設けられる必要がある．

⑥評価文書は，科学的な環境情報の交流ベースとしての機能や意思決定の際に勘案すべき情報提供機能をもっており，わかりやすく記載するよう努めることが大切である．

⑦各種計画の策定主体としての期待や地域環境保全に責任をもつ姿勢から，地方公共団体が先導的に戦略的環境アセスメントに取り組むことが必要であるが，しかし，上位計画を策定する国が計画やプログラム策定の法制度を戦略的環境アセスメントが適用できるように再構築しておくことが重要である．

その場合，環境アセスメントは意思決定のツールだという考え方に重点を置き，次世代の多段階型環境アセスメントとして，意思決定のおおもとの段階にさかのぼり，予測・評価の領域を拡大してい

くことが望ましい.

　これまでの考え方であると，社会経済面への影響評価を実施し，社会への影響や経済的効果などを予測・評価するとともに環境への影響評価もあわせて検討するということが妥当であるとの考え方であった．しかし，その方式は，いわゆる，埼玉方式であるが，環境と社会経済要素をバランスさせることに焦点が置かれ，環境保全が不十分でも社会的合意が得られると良しとする風潮になりやすいという危惧がある．

　この場合，環境容量論の視点に立ち，環境資源の利用可能性を複数のシナリオを検証するということで，社会経済要素は，環境容量の中に包摂されるシステムを構築することが重要であると考える．これにより，より適切な環境への配慮のあり方は可能であると考える．

2. 将来展望—持続可能性アセスメントへの道程

　わが国においては，現下の状況下と法制度の枠組みの中で持続可能な社会を構築するためには，環境アセスメントのツールを用いて，戦略的環境アセスメントと事業アセスメントとの相互補完や相互連動を図ることがまず必要である．つぎの第2フェーズに移行するために，今後の制度設計にあたっては，英国のようなAppraisal方式の戦略的環境アセスメントをとるか，米国（NEPA）のEIA方式の戦略的環境アセスメントをとるかが制度設計にはまず避けて通れないハードルである．わが国のこれまでの経験と蓄積を踏まえると，特定の計画プロセスにEIA型の戦略的環境アセスメントを組み込むことを検討すべきであると考える．

　また，政策立案や最上位の計画段階における政策型戦略的環境アセスメントには，柔軟性が確保できる英国のAppraisal方式が望ましいと考える．しかし，その場合においてもステークホルダーに対する公開性と参加性を確保するように努力されなければならない．これらの検討課題は，今後，2021年をターゲットとする法制度の見直しのなかで制度化されるべき課題であり，その焦点は，先に指摘したように行政主導型の戦略的環境アセスメントの制度枠組みの検討であろう．

　しかし，中長期の2050年をターゲットに考えた場合，持続可能性アセスメントのプロセスを構築するように，持続可能性を第一義の国家政策戦略とする政府の取り組みが必要である．その際，少なくとも国際条約の求めに応じての外圧によるのではなく，内発的な努力により，これまでの公害先進国としての技術力や環境立国としての矜持に基づく意欲的なものであることが期待されている．

　わが国のアセスメント研究の国際社会における立ち位置は，環境の側面に限定されており，2000年以降の取り組みの1つである新JICAの環境社会配慮が一歩前に踏み出しているにすぎない．先進的諸外国から制度枠組みや評価の方法論でも大きく後れを取っている．そのことは，持続可能性という国家政策や国家戦略がわが国では統一的に確立されておらず，将来世代を踏まえた環境政策が実現できていないことを示唆するものである．残された課題は少なくないといえる．今後は，環境容量をコアや外延にした環境社会経済配慮を構築していく制度枠組み，手法を先進諸外国にも学びつつ，国内的に制度構築を推し進め，その蓄積した知見に基づき，前進することが持続可能性アセスメントを実現させる道であろう．そのための社会科学的な枠組みとしての法制度が具体的にどう構築すべきかを，関連諸科学と協力しながら，さらに具体的に模索していくことが残された課題である．

3. おわりに

改正法で導入された計画段階配慮手続は，先に述べたように環境基本法第20条の枠組みの中で，検討されたものであり，事業実施区域などの決定段階のものである．

そこで，今後，環境基本法第19条などを活用することによる計画策定段階の上位段階における環境配慮の仕組みを導入するためには，地方公共団体の計画段階アセスメントの実績も踏まえながら，各種計画策定システムの研究が不可欠である．それによって，計画策定システムを統一化ないし規律化していくことが，計画ごとに戦略的環境アセスメントをあてはめるべき段階や組み込み段階を明確化できることになると思われる．

また，諸外国の政策段階における戦略的環境アセスメントなどでは，環境配慮の側面のみならず，社会・経済的側面を踏まえた持続可能性を向上させるための仕組み（第3フェーズ）もみられる．これらを導入するためには，今後の取り組みによる蓄積を踏まえ，環境基本法の環境配慮の射程の見直しを法改正も視座に入れて検討し，評価軸についても環境面・社会面・経済面を統合した評価軸へと再構築を図る必要がある．

引用文献

1) 通商産業省，1977，発電所の立地に関する環境影響調査及び環境審査の強化について（省議決定）．
2) 中央公害対策審議会，1979，環境影響評価制度のあり方について（答申）．
3) 閣議決定，1984，環境影響評価の実施について．
4) 環境庁企画調整局，1996，環境影響評価制度総合研究会報告書，大蔵省印刷局．
5) 中央環境審議会，1996，今後の環境影響評価制度の在り方について（答申）．
6) 戦略的環境アセスメント総合研究会，2000，戦略的環境アセスメント総合研究会報告書．
7) 戦略的環境アセスメント総合研究会，2007，戦略的環境アセスメント総合研究会報告書．
8) 国土交通省，2003，国土交通省所管の公共事業の構想段階における住民参加手続きガイドライン．
9) 環境影響評価制度総合研究会，2009，環境影響評価制度総合研究会報告書．
10) 中央環境審議会，2010，今後の環境影響評価制度の在り方について（答申）．
11) 環境省，2012，環境アセスメント制度のあらまし．
12) 大塚 直，1988，環境影響評価法と環境影響評価条例の関係について，政策実現と行政法（西谷 剛ほか編），有斐閣．
13) Vermont Yankee Nuclear Power Corp. v. Natural Resource Defense Council, Inc., 435 U.S.332（1978）．
14) Robertson v., 1989, Methow Valley Citizens Council, 490 U.S.332.
15) 柳憲一郎，2011，環境アセスメント法に関する総合的研究，清文社，pp.297-302．

参考文献

浅野直人，1998，環境影響評価の制度と法，信山社．
淡路剛久，1997，環境影響評価法の法的評価，ジュリスト，1115．
環境庁アセスメント研究会編，1997，日本の環境アセスメント，ぎょうせい．
環境法政策学会編，1998，新しい環境アセスメント法，（社）商事法務研究会．
田中 充，2000，自治体環境影響評価制度づくりの論点，環境影響評価法実務，信山社．
田中 充，2011，地方公共団体における環境アセスメント制度の歴史からの教訓，環境アセスメント学会誌，9（2），6-16．
中央環境審議会，2010，今後の環境影響評価制度の在り方について（答申），環境省．
森島昭夫，1997，環境影響評価法までの経緯（1），ジュリスト，1115．
柳憲一郎，1997，地方自治体における環境配慮制度の最近の動向と課題―先進的試みの自治体の制度比較を中心にして―，環境と公害，岩波書店．

第6章　わが国の国際協力における環境アセスメント

§1. 二国間開発協力と環境社会配慮
― JICA 環境社会配慮ガイドラインの誕生経緯と課題 ―

1. 独立行政法人国際協力機構（JICA）の環境社会配慮支援の経緯

　JICAは，二国間援助事業としてプロジェクトを実施する場合で，途上国の事業実施機関が環境アセスメントを行う場合には，「JICA環境社会配慮ガイドライン」を遵守して支援を行っている．JICAは，1990年にダム案件に関する環境配慮ガイドラインを最初に導入して以来，鉱工業分野，社会開発分野（道路，港湾，空港ほか），農林水産業分野など計20セクターについてのガイドラインを1996年までに整備し，2004年3月まで運用してきた．他方，世界銀行などの多国間援助機関は社会環境分野において慎重な対応を図るようになり，JICAとしてもインフラ案件の開発調査などにおいては，特に社会配慮面の充実が求められるようになり，環境のみの配慮から環境と社会両面への配慮見直しを行うことになった．

　そのため，2002年12月に環境社会配慮ガイドライン改定委員会を設置し，2003年の9月までに19回の会議を開催した．この改定委員会には大学関係者，NGO，民間団体や関係政府機関の方々が委員として参加し，活発な議論がおこなわれた．改定委員会は全て公開で行われ，透明性を確保するために委員以外の参加者にも発言の機会が設けられるとともに，全議事録がJICAのホームページ上で公開された．また，ガイドラインの見直しでは，JICAの開発調査の過去事例に関わる問題点の分析および他の国際融資機関や援助機関における環境配慮の現況調査などの結果，基本方針が示されて，提言がなされた．

　環境社会配慮ガイドライン改定委員会の提言を取り入れて策定されたJICA環境社会配慮ガイドラインが2004年4月1日から施行された．その後2008年にJICAと国際協力銀行（JBIC）の円借款部門が統合されたことに伴い，両者の既存の環境社会配慮ガイドラインを統合する必要が生じ，このため公開の場で有識者委員会の議論を経て一本化され，2010年4月1日からは，統合されたJICA環境社会配慮ガイドラインが施行されてきている．

　統合前のJICAにおける開発調査では，開発途上国からの技術協力要請に基づき関係機関による案件採択の検討が行われ，採択された場合にはまず事前調査が行われ，その後本格調査がコンサルタントチームにより実施されていた．この本格調査には，マスタープラン調査とフィージビリティー調査を行う場合や，マスタープラン調査は行わずに直接フィージビリティー調査を行う場合もあった．また，大規模なインフラ案件などの場合には，環境社会配慮の観点から，配慮社会配慮予備調査を事前調査の実施以前に行うケースもあった．マスタープランの策定作業に際しては，通常，初期環境調査を当該国が行っている場合には，その調査支援を行い，先方の事業実施機関が初期環境調査を的確に実施できるように，本格調査団が計画作りの段階から支援を行うこともあった．フィージビリティー調査については，原則として先方事業実施主体が行う環境アセスメントに対して技術支援（Technical

Assistance）をしていくという立場で協力事業が行われてきた．統合後は，協力準備調査という名称での調査事業や無償資金協力事業ならびに円借款事業について，環境社会配慮ガイドラインを遵守しながら取り組むことが求められている．

環境面と社会面の双方を配慮する原点となったJICAの環境社会配慮改定委員会での議論は意義あるものであった．この改定委員会で提言された見直しの基本方針を下記に示す．

（1）JICAの環境配慮に対する基本方針を環境配慮ガイドラインの中で明確に示すとともに，開発調査業務に関する情報を含め情報公開をホームページなどを通じ推進強化する．
①環境配慮について以下の基本方針を明確にする．（見直しの基本方針1）
・環境アセスメントに係る基本的な考え方（事業実施主体が行う環境アセスメントに対してJICA本格調査団は支援を実施，住民参加，ミティゲーションの検討など）
・戦略的環境影響評価制度（SEA）に係る世界の流れを考慮しつつ，計画段階の環境アセスメントを適切に実施する．
②開発調査に係る情報公開を強化する．（見直しの基本方針2）
③環境アセスメントに係る情報を影響住民などに公開する．（見直しの基本方針3）
（2）環境配慮に関する世界的な動向に対応したものにする．
①住民移転が必要な場合の対策を強化する．（見直しの基本方針4）
② IEE/EIA支援レポートの記載内容を世界的な流れに沿ったものにする．（見直しの基本方針5）
③開発調査案件採択を含め各段階のチェック体制を整備し，環境配慮にメリハリをつける．（見直しの基本方針6）
④スコーピング内容が適切なものとなるようにする．（見直しの基本方針7）
⑤ミティゲーションに係る事項を明確にするとともに，ミティゲーションの内容が適切なものとなるようにする．（見直しの基本方針8）
（3）JICA（担当者，コンサルタントを含む），相手国政府機関，影響を受ける住民などの環境配慮への意識を高める．
①対象調査案件の特性に応じて環境配慮団員の配置を強化するとともに，環境配慮に係る現地の人材の活用を現地再委託などにより促進する．（見直しの基本方針9）
② NGOをも含めた公衆参加（Public Participation）について理念を明確にする．（見直しの基本方針10）
③環境配慮の結果を新たな案件にフィードバックする．（見直しの基本方針11）

これらの見直しの基本方針を踏まえて改定された環境社会配慮ガイドラインは，2004年からJICAの開発調査事業や無償資金協力事業の調査段階などに適用されてきた．途上国の事業実施主体が行う環境社会配慮について，開発調査事業などでJICAが支援を行うことに関しては，対象国の環境社会配慮に対する考え方や環境アセスメントの審査体制などに違いはあるが，適切な対応を図ることが重要である．JICA環境社会配慮ガイドラインに則り，第三者機関として設置された環境社会配慮審査

会が主にカテゴリA案件の審査を担ってきた．JICAが統合された後にこの第三者機関は環境社会配慮助言委員会という名称に変わり，有償資金協力分野についても関与・助言するようになっている．

2. JICA開発調査・無償資金協力基本設計調査事業における環境社会配慮の適用事例

前述の基本方針に基づいて，改定されたJICA環境社会配慮ガイドラインの理念を取り入れた開発調査・無償資金協力基本設計調査事業の実例を紹介し，環境社会配慮上の課題を抽出してみる．なお，環境社会配慮の理念は次の3点に集約される．①持続可能な開発を実現するためには，開発に伴う様々な環境費用と社会費用を開発費用に内部化することと，内部化を可能にするための社会と制度の枠組みが不可欠であり，その内部化と制度の枠組みを作ることが環境社会配慮の実現であること，②環境社会配慮を機能させるためには民主的な意思決定が不可欠であり，意思決定を行うためには基本的人権の尊重に加えてステークホルダーの参加，情報の透明性や説明責任および効率性を確保することが重要であること，③環境社会配慮は基本的人権の尊重と民主的統治システムの原理に基づき，幅広いステークホルダーの意味ある参加と意思決定プロセスの透明性を確保し，このための情報公開に努め，効率性を十分確保して行わなければならない．関係政府機関は，説明責任を強く求められる．また，その他のステークホルダーには真摯な発言を行う責任が求められることになる．

（事例）　カンボジア国の国道改修プロジェクトにおける環境社会配慮支援
　　　　　―環境社会配慮におけるシンプルサーベイ支援の強化―

このプロジェクトは，ベトナムとの国境からカンボジアの首都プノンペンに至る国道区間の一部改修，拡幅に関する開発調査・無償資金協力事業である．JICA環境社会配慮ガイドラインの施行以前に採択された案件であるが，カンボジア政府による的確な住民移転計画策定とその実施がプロジェクトの実現上不可欠なところから，環境社会配慮に対する支援が行われてきた．基本設計調査（B/D）を開始する条件として，先方の事業実施機関であるカンボジア公共事業道路省（MPWT）と政府内再定住委員会（IRC）がJICAの事前調査団ならびに予備調査団と協議の上，カンボジア側がシンプル・

図6-1　移転の可能性がある国道方面近くの高床式住居の様子

図6-2　IRCの職員がシンプル・サーベイにおいて国道沿道の自動車修理工場主にインタビュー

サーベイを導入・実施し，関係住民（プロジェクト道路の沿線に居住し，特に移転の可能性のある住民）がプロジェクトに対してどのような意見をもっているかについて，最初の意向把握の作業を実施した．環境社会配慮支援に係わる JICA の現地調査では，シンプル・サーベイの進捗状況を確認した結果に基づき，基本設計調査が実施される場合のプロジェクトによって影響を受ける人々（Project Affected Persons：PAPs）に関するセンサス・サーベイの方法ならびにこの PAPs センサス・サーベイの実施状況を外部モニタリングするに際しての現地 NGO との契約内容などの検討が行われた（図6-1, 図6-2参照）．

　IRC および MPWT が準備を行い，2003年11月に，寺院の管主，自動車修理板金の工場主ならびに高床の家屋の居住者など，道路脇で生活を営む人々に対するシンプル・サーベイを実施した．IRC の指示により調査を実施しているグループが，パンフレットを用いてプロジェクト概要（Project Description：PD）を説明し，シンプル・サーベイの目的の1つである当該事業に対する賛否意見の把握を行った．類似例の経験から考えると，視察の現場で，PD の説明時間が十分とはいえない点もあったが，PD においては，通常住民の関心事となる将来の交通量予測や交通事故の回避なども含め，理解し易い図表を用いた説明が不可欠である．なお，このシンプル・サーベイ段階で関係住民に PD を丁寧に説明しておくことは，基本設計調査の際に行われる資産評価調査（Detailed Measurement Survey: DMS）/PAPs センサス・サーベイにおいて，無用な摩擦や軋轢を最小限に留めることに結びつく．シンプル・サーベイの結果 PAPs の70％～80％の基本合意が得られたならば，B/D を開始するという対応方法は新しい試みだったといえよう．B/D と平行して実施される DMS/PAPs センサス・サーベイの方法および内容については，アジア開発銀行（ADB）や世界銀行の類似例を参考にしながら，各ステップごとに IRC ならびに MPWT の関係者と当該分野の経験を有するコンサルタントからの協力を得て，協議が行われた．

　シンプル・サーベイの実施状況に関する外部モニタリングは，ADB の類似案件に経験を有するコンサルタントチームが，環境社会配慮支援のための予備調査を通じて，支援業務を担当したものである．基本設計調査の DMS/PAPs センサス・サーベイの実施に当たっては，現地 NGO と外部モニタリングの契約を結んで，進捗状況を把握することが検討された．モニタリング内容については ADB の道路案件で，既に IRC が現地 NGO と実施した例があり，参考となった．

　また，カンボジアの NGO フォーラムのメンバーとの懇談を通じ，JICA 開発調査で環境社会配慮支援を実施したこれまでの事例として，大規模導水計画における公聴会やシンプル・サーベイに関する現場映像とともに，内容紹介などを行った．リーガル・エイド・オブ・カンボジア（Legal Aid of Cambodia: LAC）という NGO に対しては，米国人法律アドバイザーが支援して，ADB が実施した道路案件の住民移転および再定住問題に関するコメントなどを提出した．このように NGO との懇談の機会を設けることは有益であった．

3. 環境社会配慮支援の充実をめざして

　JICA は，前述のとおり19回の環境社会配慮改定委員会を開催し，その提言を受けてフォローアップ委員会での議論やパブリックコメントを反映した形で，JICA 環境社会配慮ガイドラインを2004年3月に完成させ，4月から施行開始した．NGO や大学関係者の代表などが参画した改定委員会の提言

が基本的な骨子になっていることが，本ガイドラインの特色である．大規模な開発調査案件のマスタープラン，フィージビリティ・スタディおよび当時のJBICとの連携実施設計調査（連携D/D）などの段階における環境社会配慮のあり方が，主な議論項目であった．統合後のJICAには，2010年4月から統合化された環境社会配慮ガイドラインを運用し，技術協力，無償資金協力ならびに円借款の事業に対して包括的な環境社会配慮支援を行うことが求められている．

これまで，大規模な住民移転を伴う案件に従事してきた過程で得られた教訓の中で最も大きなものは，事業実施主体が関係住民にプロジェクト内容や住民移転の概要説明をする際に，その国のプロジェクト計画地域の社会環境に知見を有する社会科学研究者チームなどが参画し，公聴会で述べられる関係住民からの意見を十分に分析することが重要だということである．事業実施主体が，計画している事業の説明会を開催する際に，もし恣意的に集められた関係住民の間でのみ行なわれる場合には，住民の意向把握に関する結果は，プロジェクトに賛同し住民移転に同意する割り合いを高めるものになると考えられる．社会調査手法ならびに統計学的観点から，関係住民の母集団を代表する様々な意見が発言できるような場を，上手に設定できる能力をもった現地の社会科学研究チームが，環境社会配慮のテクニカル・ガイダンスならびにモニタリングの業務の双方を合わせて担当できるように実施体制を組むことが望ましい．

プロジェクトの形成段階における情報公開を踏まえたステークホルダー協議は不可欠である．途上国の環境省，公共事業省などの行政官（研修員）を対象としたJICA環境社会配慮の本邦研修では，公開済みの開発調査報告書を用いた実務演習で本ガイドラインの内容と途上国側の状況との乖離から生ずる問題点を抽出し，改善策について議論を行っている．研修員からは，2011年3月11日の東日本大震災時の福島原発事故による放射性物質汚染問題，被爆を逃れ避難中の人々の将来問題や津波被災者の高台移転問題など，ステークホルダー協議の日本の実情に高い関心が示されている．

§2. 国際援助機関における環境アセスメント

1. 開発プロジェクトの実施サイクルと環境アセスメント

国際的な開発援助機関では1980年代末から開発による環境や社会への影響に関する配慮を始めており，数次にわたる改正を重ねてきている．開発援助では外国からの資金投入による開発行為が対象となっているため，特に事業実施に対する説明責任（アカウンタビリティ）が求められる．そのため，環境社会配慮の内容は，欧米で実施されている環境アセスメント制度と比較しても先進的な内容となっている[1]．

開発プロジェクトの実施には，通常，次のようなサイクルが適用されている．すなわち，国別の援助戦略（Country Assistance Strategy）の策定→援助戦略に即したプロジェクトの同定（Identification）→プロジェクト実施のための事前調査の実施（Preparation）→プロジェクトがもたらす経済面，技術面，制度面，財政面，環境面，社会面からの評価（Appraisal）→実施のための折衝と認可（Negotiation and Board Approval）→プロジェクトの実施と監督（Implementation and Supervision）→プロジェクトの完了報告とパフォーマンス評価（Implementation and Completion）→監査の実施と今後のプロジェクトデザインのための検討（Evaluation）である．このうち，環境アセスメントは，主として

事前調査の実施からプロジェクト実施後のパフォーマンス評価のあたりまでに関わっている．

ここでは，世界銀行の制度を中心に国際援助機関が実施している環境アセスメントの概要を紹介する．なお，開発プロジェクトでは，いわゆる環境影響だけでなく，住民移転に代表される社会影響の側面も極めて重要であるため，環境社会配慮という語を用いて表現されることが多い．

2. 世界銀行における環境社会配慮

2・1 経 緯

世界銀行では，1984年に策定された「環境に関する業務マニュアル規定」（Operation Manual Statement：OMS 2.36）において，環境影響と緩和策を審査する手続きが導入されている．その後，世界銀行が関与したダム建設が深刻な環境社会問題を引き起こしていることがクローズアップされるようになり，より実効性の高い実施方策の整備が求められるようになった．こうした背景から，1989年には環境アセスメントに関する「業務指令」（Operational Directive（OD）4.00）が策定され，世界銀行が投資する事業に対して実施される環境アセスメントのガイドラインとして位置づけられた[2]．

その後，1991年にOD4.01として修正され，1999年には世銀内部の改革が進み，「業務方針」（Operational Policy（OP）4.01）として再整備された．これらの指令や方針の中では，EA（Environmental Assessment：環境アセスメント）と呼ばれているが，アメリカ国内で国家環境政策法（NEPA）に基づいて実施されているアセスメント制度において，詳細な影響評価の前段階で行われている簡易アセスメントとは意味が異なり，本格的な環境影響評価と緩和策を具体化した環境管理計画の策定が盛り込まれている．

2・2 手続き

EAの手続きはプロジェクトサイクルの各段階に対応した形で設けられており，①スクリーニング，②スコーピング，③EA報告書の作成，④EA報告書の審査，⑤事業実施段階での影響緩和措置やモニタリングの5つの段階に分けられている．

このうち，スクリーニングでは，環境影響の大きさによって3つに分けている．重大な環境影響が想定されるプロジェクトはカテゴリーAに分類され，フルスケールの環境アセスメントとともに，環境分野の専門家による現地調査が求められる．また，影響がプロジェクトサイトに限定的で対策によって比較的回避可能な場合，カテゴリーBに分類され，限定的な環境アセスメントが実施される．カテゴリーCに分類されるプロジェクトは，影響が微小か皆無な場合であり，通常環境アセスメントは実施されない．その他，投資事業に対するカテゴリーFIという分類もある．

スコーピングの段階では，想定される環境影響と影響を受けると考えられる地域が可能な限り正確に特定されることが求められる．この段階で，関係地域の住民や関連するNGOへの情報提供や，他のステークホルダーとの協議が行われ，関係主体の関心を把握することによって，アセスメントのプロセスに反映させる．

次の段階で作成されるアセスメント報告書は，以下の内容を含む．すなわち，要旨（Executive Summary），政策・制度・行政上のフレームワーク，プロジェクト内容，ベースラインデータ，環境影響，代替案の分析，環境管理計画（Environmental Management Plan: EMP）の7項目である．

この後，報告書を審査し，環境社会配慮上の課題が適切に対応できるかどうかが評価される．この

過程で対応策が十分と判断された場合には，必要な対策が適切に予算化されることを確認し，プロジェクトの実施に移る．この段階では，環境管理計画（EMP）を含むアセスメントにおける指摘事項の実施，影響緩和措置の状況，モニタリングによって得られたデータの分析と対応策の実施があげられる．

2・3 上記以外の環境社会配慮
1）関連する分野

世界銀行では，OP 4.01で定められている内容 以外にも，環境社会配慮に関しては，主として次のような業務方針ならびに手続き（Bank Procedure: BP）がある．

- 自然生態（OP/BP4.04）
- 森林（OP/BP4.36）
- 害虫駆除（OP4.09）
- 有形文化資源（OP/BP4.11）
- 非自発的住民移転（OP/BP4.12）
- 先住民族（OP/BP4.10）
- ダムの安全性（OP/BP4.37）
- 国際間水路（OP/BP/GP7.50）
- 紛争地域（OP/BP/GP7.60）

このうち，自然生態では，危機的な自然生態区域の著しい損失や劣化をもたらすようなプロジェクトの禁止を求めている．また，森林分野では，森林伐採の削減，森林地域における環境保全の強化，植林の促進，関連地域における貧困の削減や経済活動を支援する．害虫駆除については，農村地域の開発や保健分野のプロジェクトにおいて有害な殺虫剤の使用を回避し，総合的な害虫駆除の方策の実施を求めている．また，比較的大規模なダムの新規立地については，プロジェクトサイトの調査，設計，ダム建設，操業の時期に関して世界銀行とは独立した専門家パネルによるレビュー，建設や維持管理，危機管理に関する詳細計画の策定，ダム完成後の定期的な安全性評価などが内容となっている．

2）非自発的住民移転

上記のうち，途上国における開発援助では，道路整備やダム開発などのインフラ整備において非自発的な住民移転が発生する場合が少なくなく，OP4.12で定められている内容はプロジェクトがもたらす社会影響を評価するうえで，重要な指針となっている．

そのなかで，次のような点が実施されることを求めている．
- 開発プロジェクトによって生じうる住民移転の規模や特性の評価
- 住民移転を回避あるいは最小化するようなあらゆる範囲における代替案の検討
- 住民移転に関する相手国政府あるいは実施機関の法制度の評価，ならびに世界銀行の業務方針との相違点の明確化
- 過去の類似プロジェクトにおける実施例の住民移転に関する経験のレビュー
- 住民移転に関する実施方針や実施体制，対象住民との協議などに関する実施機関との調整
- 相手国に提供されるべき技術的な支援の検討

途上国政府が策定している住民移転に関する補償制度と世界銀行が求める水準との乖離は，しばしば生じる問題である．そのような場合には，資金援助の条件として世界銀行の業務方針ならびに手続きに準拠した補償を実施することが求められる．

2・4 セーフガード政策としての第三者評価

世界銀行の環境社会配慮制度の特徴としては，開発事業によって生じうる悪影響を幅広くとらえるため，セーフガード政策（Safeguard Policy）という考え方を採用していることがあげられる[3]．そのなかで，環境社会面での配慮をより充実させ事業のアカウンタビリティを高めるためには，影響を受ける地域からの問題提起に耳を傾ける仕組みも必要となっているため，世界銀行では，1990年代から苦情や異議申し立てに対する対応を進めてきている．特に，世界銀行が1993年に設置したインスペクションパネル（Inspection Panel）の制度では，対象プロジェクトによって影響を受ける住民などから異議申し立てがなされた案件に関して内容を検討したうえで，必要に応じて外部の専門家からなるパネルを設置し，現地調査を含めた詳細な検討を経て必要な措置を講じることになっている．この制度により，2011年6月末までに73の事業について異議申し立てを受け付けている[4]．なお，旧JBICやJICAのガイドラインにも異議申し立ての手続きが規定されているが，これまで申し立てがなされた事例はない．異議申し立てがなされることは決して望ましいことではないが，事業内容に対して申し立てがなされていないことの妥当性については地域住民の視点から検証されるべきであろう[5]．

3. アジア開発銀行（ADB）における取り組み

ADBにおいても，1988年に融資の際に行う環境審査のために業務マニュアルを導入している．同マニュアルは，環境配慮を業務全般に統合するものであり，手続きとしてはカテゴリー分類やモニタリングなどの規定が盛り込まれている．1993年には環境社会配慮のためのガイドラインが策定されたが，その後10年間の運用で，国家計画や戦略への環境配慮の統合，透明性の確保，セクターローンへの適用などの課題がクローズアップされた結果，2003年10月に改定された．

手続きについては，援助機関の間で協調関係を築く流れから世銀のEAプロセスを踏襲したものとなっている．同ガイドラインの改定にあわせて，地域持続可能開発局や環境社会セーフガード部が設置されている[6]．同ガイドラインでは，それまではなかった国別環境分析（Country Environmental Analysis：CEA）や住民協議マニュアルなどのガイダンスが提供されている．また，戦略的環境アセスメントの実施についても明確に宣言されている．

4. 戦略的環境アセスメントに関連した取り組み

世界銀行やADBはプロジェクトレベルで実施されるEAの限界を早くから認識しており，1990年代初期から戦略的環境アセスメントに相当する手法を導入している．特に，セクター・地域横断的なプロジェクトがもたらす複合的，累積的影響に対処するために，政策や計画といったより上位段階からのEAが要求されている[7]．

この点に関連する取り組みとしては，Sector EA，Regional EA，Policy EAなどがある．

4・1 プロジェクト分野ごとのアセスメント（Sector EA）

Sector EAとは，ある単一のセクターの範囲から実施する可能性のあるプロジェクトを複数検討す

るものである．たとえば電力供給を目的とするプロジェクトでは，目的を達成するため，火力発電にするのか水力発電にするのかといった検討を行うことを意味する．過去の実績はエネルギーセクターが最も多く，次いで交通セクターとなっている．事業者にとってのメリットとして，プロジェクトEAの実施段階ですでに主要な問題が特定されているため，迅速かつ安価で着実なEAが実施できることがあげられる．

4・2 広域な範囲におけるアセスメント（Regional EA）

Regional EAとは，同一地域における複数のセクターにまたがるプロジェクトに対して行われるEAを指す．銀行や相手国政府はセクターアプローチをとる傾向があるため，Sector EAほど普及していないが，このタイプのアセスメントは地域開発計画と連関し，融資や諸活動の優先順位をつけるために有効であるとされている．

4・3 政策レベルのアセスメント（Policy EA）

PolicyレベルでのアセスメントではC，事業内容や環境影響が具体的ではなく，従来行われてきたEIAからイメージすることは困難である．このためPolicyレベルのアセスメントは，それより下位のPlan，Program，Projectレベルのアセスメントとはまったく異なるアプローチが必要である．そのため，国別に支援すべき開発分野の検討や，それに関連した人的資源の育成などが含まれている．これまで，法令や条約，国家予算，国家計画などに適用されてきている．

§3. 国際協力における環境アセスメントの実際 —世界銀行を事例に—

1. 事例研究と「フォローアップ」

国際協力として実施される環境アセスメントの実態を学ぶ際に，事例研究にはどのような意義があるだろうか．

事例と対になっている概念は「理論」である．国際政治学者のジョセフ・ナイらは，理論とは地図のようなものであり，それがないと道に迷うと述べている[8]．すなわち，未知の事象に遭遇した際に，理論が示す道筋を手がかりに進むことで，因果関係や予期される結果を仮説的に導くことが可能になるということである．環境アセスメントにおいては，理論に裏づけされた手続きや制度・政策は，それに従って実施すれば，環境面の負の影響は未然に防止，最小化，軽減できるということになる．その意味では，事例研究の1つの意義は，予期された結果にたどり着けなかったプロジェクトについて，理論に導かれた手続きや制度・政策の実施プロセスを後付け的になぞり，その原因を探ることにあると言える．

環境アセスメントでは，このようにプロジェクトが実際に引き起こした影響を事後的にモニタリング・評価することを「フォローアップ」と呼んでおり，3つのスケールで整理することができる[9]．第一が個別プロジェクトごとに実施する「ミクロ・スケール」，第二が特定の機関や国における環境アセスメント制度全体の効果を検証する「マクロ・スケール」，そして，第三が環境アセスメントという考え方自体を問い直す「メタ・スケール」である[10]．多くのフォローアップは「ミクロ・スケール」で実施されているが，「マクロ・スケール」としてはWood（2003）[11]による7カ国の比較研究が，また「メタ・スケール」ではSadler（1996）[12]による包括的な研究が顕著な業績としてあげられる．

本章の限られたスペースで，同等の分析を行うことは困難だが，少なくともミクロ・スケールの事例からの広がりを意識する．

2. 被害住民が申し立てた世界銀行プロジェクト

国際協力プロジェクトにおいて，予期せぬ結果が生じた事例を検証するには，国際協力機関によるモニタリングや監査（audit），あるいは研究者やNGOなどの外部アクターによるいわば告発的な報告を活用する方法が考えられる．本節では，以下の3つの理由から，前者の異型とも言える世界銀行のインスペクションパネルに申し立てられ，世界銀行の環境アセスメント政策に違反したと指摘されたプロジェクトを事例として取り上げる．

第一の理由は，世界銀行が国際協力分野での環境アセスメント政策のけん引役であり，政策運用のプロセスを後追いできるだけの十分な資料が入手可能だからである．第二に，数千人の専門家を抱える世界銀行は知識銀行を標榜し，優れた調査実施能力があると考えられるからである．予期せぬ結果の原因を調査能力の未熟さ以外の要素に見出すことができる．第三に，環境アセスメントを初めとする政策の遵守をチェックするインスペクションパネルの存在がある．「予期せぬ結果」が環境アセスメントとどう関連しているかを第三者の視点で検証しているからである．

世界銀行のインスペクションパネルは，プロジェクトの立案に関与した部局から独立した組織で，3名の専門家によって構成されている．世界銀行が自らの政策を守らなかったために融資事業によって被害を受ける，もしくはその可能性が高いと考えたプロジェクト地の住民は，インスペクションパネルに直接異議申立ができる．申立を受けたインスペクションパネルの専門家は独自に調査を実施し，世界銀行の政策違反と被害の関係について結論を出すというものである[13]．

インスペクションパネルが独自の調査によって環境アセスメント政策の違反と被害との関係を認定した場合は，「予期せぬ結果」が生じたことが専門家によって明らかにされたことになる．また，そのプロセスの文書は全て公開されており，それらの文書を分析することで「予期せぬ結果」の原因を探ることが可能である．

3. 環境アセスメント政策違反の内容

筆者は，インスペクションパネルが現行の制度になった1999年以降に申し立てられ，10年後の2009年5月までにインスペクションパネルが調査を完了した世界銀行プロジェクトについてパネルの調査報告書を分析した．以下の記述は，その研究結果に基づくものである[14]．

10年間で，環境アセスメント政策の違反がパネルによって認められた事業は16件である（表6-1参照）．政策違反を指摘された内容をパネルの最終調査報告書から丹念に紐解いたところ，住民への被害という予期せぬ結果を招いた環境アセスメントに関していくつかの問題が浮き彫りになった．

3・1 ある地域が調査対象に含まれない

9つの事業で環境アセスメント政策違反とされたのが調査の地理的な偏在である．

中国の「西部貧困削減」事業では，政府と正式なリース契約を結んだ定住農民への影響は全世帯調査が実施されたが，移動する遊牧民への影響は全く調査されなかった．その結果として，チベット民族やモンゴル民族が利用する遊牧地への環境影響は調査されなかった．また，この事業では移転する

住民を受け入れる地域で，環境影響が調査されていない．都蘭県では人口が2倍になり，新しくできる鎮（村）は近隣の村の5倍の人口を抱えるのに，それによる影響は調査の対象外とされた．

同様の問題はインドの「ムンバイ都市交通」事業やパラグアイ／アルゼンチンの「水・テレコム改善と配電」（ヤシレタダム）事業でも起きており，人口が増加する移転先の環境社会影響調査が実施されなかった．

ケニヤの「ビクトリア湖環境管理」事業では，事業が湖全体に及ぼす影響は調査されたが，湖岸の特定の地域に与える影響は無視された．

エクアドルの「鉱山開発・環境抑制」事業では，影響調査の対象となったのは小規模金鉱山が多い南部だけで，生態系保存地域を含む北部の調査が含まれなかった．

チャドの「石油開発・パイプライン」事業では調査範囲や影響地域が空間的に特定されなかった．

コロンビアの「上水道・環境管理」事業では，下水処理後にできる固形物が投棄される海洋が調査範囲に含まれなかった．

カンボジアの「森林伐採件管理」事業では影響範囲を企業が伐採権をもつエリアに限定し，それ以外の地域への影響を考慮しなかった．

ウガンダの「民間電力開発」事業では，送電線沿いの地域が調査対象に含まれず，また建設するダムの貯水池となるビクトリア湖への影響が調査対象から除かれていた．

表6-1 環境アセスメント政策違反事業

国	事業名
中国	西部貧困削減
ケニヤ	ビクトリア湖環境管理
エクアドル	鉱山開発・環境抑制
チャド	石油開発・パイプライン
インド	石炭環境社会緩和
ウガンダ	電力・ブジャガリダム
パラグアイ／アルゼンチン	水・テレコム改善と配電
カメルーン	石油開発・パイプライン
コロンビア	上水道・環境管理
インド	ムンバイ都市交通
パキスタン	国家排水プログラム
カンボジア	森林伐採権管理
コンゴ	経済回復・社会統合
ナイジェリア	西アフリカガスパイプライン
ウガンダ	民間電力開発
アルバニア	沿岸管理

出所：世界銀行資料より筆者作成

3・2 ある種類のデータが集められない

プロジェクトが始まる前の段階での自然・社会環境の基礎情報（ベースラインデータ）のなさが2つの事業で政策違反として指摘されている．ケニヤ「ビクトリア湖環境管理」事業では，不確実な影響を確認するためのパイロット事業なのに，影響を比較するもととなるデータを集めてなかった．カメルーンの「石油開発・パイプライン」事業では影響評価に不可欠な年間を通したデータの蒐集がなかった．

累積的な影響の調査が必要だとの認識を世界銀行がもっていながら調査が実施されなかった事業が4つある．チャドおよびカメルーンの「石油開発・パイプライン」，ウガンダの「電力・ブジャガリダム」および「民間電力開発」である．いずれも計画当初から他の事業との複合的な影響が懸念されていたにもかかわらず，累積的な影響調査が行われなかった．

数万人が強制立ち退きの対象となったインドの「ムンバイ都市交通」事業と10年以上も住民の抗議運動が続くパラグアイ／アルゼンチンの「水・テレコム改善と配電」（ヤシレタダム）事業では，移転地の代替案が調査されなかった．

セクターや地域全体の開発として計画されたにもかかわらず，ウガンダの「電力・ブジャガリダム」事業とパキスタンの「国家排水プログラム」事業では，世界銀行が政策で定めている戦略的環境アセスメントの1つである「セクター環境アセスメント」が実施されなかった．

住民にとっての深刻な影響項目と実際の調査内容にずれがあったと指摘された事業が3つある．エクアドルの「鉱山開発・環境抑制」事業では，住民たちが従事する南部の手掘りの小規模鉱山が環境に及ぼす悪影響は詳細に調査されたが，生物多様性で知られる北部で計画されている大規模鉱山の影響は調べられなかった．カンボジアの「森林伐採権管理」事業では，樹脂採取が10万人以上の村人の収入源となっているのに，こうした非木材林産資源への影響は調査されなかった．インドの「ムンバイ都市交通」事業では，道路建設のため大気汚染のコンピュータシュミレーションが環境アセスメントの大部分を占め，環境の改変が住民生活に及ぼす影響は分析されなかった．

3・3　ある開発オプションが調査されない

世界銀行の環境アセスメント政策では複数案の検討が必須だが，その比較検討が政策違反だったとパネルが判断した事業が5つあった．中国の「西部貧困削減」事業では，灌漑農業が現在行われている放牧などの土地利用よりも優れていることが自明の前提として扱われ比較検討がなされていない．ウガンダの「民間電力開発」事業も，代替案調査は水力発電ダムが優れているとのアプリオリな判断に基づいており，客観的な調査が行われていない．チャドの「石油開発・パイプライン」事業では，複数案を検討しているものの，環境コストと便益を定量化して比較していない．コロンビアの「上水道・環境管理」事業では，下水処理後の固形物を海洋投棄する方法とそれ以外の案が同程度の情報に基づいて比較検討されなかった．ナイジェリアの「西アフリカガスパイプライン」事業では，陸を通らないオフショアルート案は経済分析が実施されなかった．

また2つの事業では，環境アセスメントそのものが実施されなかったことをパネルが政策違反であったと指摘した．カンボジアの「森林伐採権管理」事業では，伐採に直接融資をするわけではないとしてアセスメントが行われなかったが，伐採管理への技術協力が伐採システムに重大な影響を与えることは明らかだとパネルは指摘している．コンゴの「経済回復・社会統合」事業では，環境アセスメントが行われたのは道路についてのみで，伐採権や森林を区分するゾーニングについては環境への影響は評価されなかった．

4. 環境アセスメントの「失敗」と改善の罠

原因の追究は簡単ではない．確かに，調査能力などの専門性や手続きの欠陥を指摘することは可能である．しかし，専門スタッフを数千人抱え，知識銀行を標榜する世界銀行に更なる調査能力と手続きの改善を求めることは指摘として正しくともあまり意味がない．他の機関には真似のしようがないからである．むしろ，世界銀行ほどの高い専門性を備えた国際開発機関ですら，環境アセスメント政策の違反とそれに伴う現地の自然・社会環境への悪影響を及ぼしている事実から別の原因を見出すことが重要だと考える．16の事業を環境アセスメント政策違反と指摘したインスペクションパネルの調査報告書の分析から，以下のような要因が考えられる[15]．

4・1　専門家の経験知

経験知は一般には生活者や実務家が経験的にもっている暗黙知として使われることが多い．しかし

世界銀行のインスペクションパネルの事例では，専門家が経験知によって調査を実施する必要はないと判断したケースが複数あり，そのことが被害につながる政策違反と見なされている．

　一例をあげれば，中国の「西部貧困削減」事業では，移転住民の1人当たりの消費額が小さいため移転先での影響評価は必要ないと専門家が経験的に判断した．一方で，インスペクションパネルの専門家は，移転する人口規模が移転先に住んでいる住民より圧倒的に大きいことから事前調査は必要だったと指摘している．他にも，コロンビアの「上水道・管理計画」事業やカメルーンの「石油開発・パイプライン」事業で同様の政策違反が問われた．

　住民の経験知はしばしば科学的ではないとの理由から参考程度で済まされるが，専門家の経験知は調査の実施の是非につながっているのである．

4・2　事後的な対策

　インスペクションパネルによる政策違反の指摘に対して，世界銀行側はしばしば事後的な対策によって政策を守るとの見解を示している．

　エクアドルの「鉱山開発」事業では，事前協議の不足をモニタリングで補うとしているが，すでに融資支払という世界銀行の関与は終了している．チャドの「石油開発・パイプライン」事業では，事後的な環境管理計画によって事前調査の欠陥を補うと説明している．他にも比較的多くの事業で，事前の調査の問題はモニタリングや事後的な補償で解決するという見解を示している．

　しかし，事前調査であれば事業の中止や変更につなげることが可能だが，事後的なモニタリングや補償はあくまで被害の軽減に過ぎない．更に，その間事業が中断することもないため，対策を急ぐインセンティブがあまり働いていない．

4・3　所与の条件

　政策を遵守できなかった理由として世界銀行側があげる要因の中には，そもそも調査を始める前からわかっていた課題が含まれている．

　例えば，カンボジアの「森林伐採権管理」事業では，森林がかなり離れた場所に住む村人たちに利用されていることを事前調査の段階で見過ごしていた．世界銀行は長年カンボジアの森林セクターに関与しており，当然認識していたはずである．インドの「ムンバイ都市運輸」事業では，ムンバイが人口過密都市であることが自明であるにもかかわらず，そのことを理由に実態の正確な把握ができなかったと世界銀行側は弁明している．

　これらの「言い訳」は当初からわかっていた制約条件であるにもかかわらず，被害につながる政策違反を犯した理由として世界銀行側は説明している．

　以上の事例研究が示唆しているのは，技術的な課題というよりは，知識生産のあり方や環境アセスメントの構造的な限界に関わる論点である．調査の失敗が改善のための新たな調査につながるという点で，調査は失敗に寄生し本質的な問題から目を背ける「改善の罠」に陥る危険性がある[16]．むろん，手続きや調査の改善を否定するつもりはない．しかし，世界銀行という高度な知的集団の失敗例はそれだけでは解決しえない問題の存在を示している．1つの視座は，フォローアップの3つのスケールにおける「メタ・スケール」の分析である．手続きや調査の改善を超えて，理論のレベルでの議論を導くことも，事例研究の重要な役割に違いない．

§4. JICA環境社会配慮助言委員会の運営について

1. JICA環境社会配慮助言委員会の概要

独立行政法人国際協力機構（JICA）環境社会配慮ガイドライン（2010年7月施行，以下，ガイドライン）の特徴の1つに，環境社会配慮助言委員会（以下，助言委員会）の設置があげられる．助言委員会は，協力事業における環境社会配慮の支援と確認に関する助言をJICAに対して行う第三者機関として常設されており，必要な知見を有する外部専門家により構成され，協力準備調査（案件形成），審査，モニタリングの各段階においてJICAから報告を受け，必要に応じて助言を行うこととされている[17]（図6-3参照）．

このような委員会を設置・運営している開発援助機関は国内に他の例がなく，JICA独自の環境社会配慮に関する仕組みである[18]．

2. 助言委員会の運営

助言委員会の運営は，全委員が参集して月例で行われる全体会合（委員長が議事の進行を行う），4名程度の小グループで行われるワーキンググループ（以下，WG）会合により行われる．

助言委員会の運営の流れとしては，まず，全体会合でJICAから助言対象案件に関する概要が説明され，WG委員と日程が確定される．環境影響評価書，住民移転計画書などの協議資料はWG会合2週間前に担当委員に送付され，各委員はJICAに対してWG会合前に質問，コメントを送付することになっている．WG会合当日は，JICAのプロジェクト担当部署とWG委員の間で協議が行われ，WG委員によりJICAに対する助言案が文書として纏められる．この助言案文書は直近の全体会合でWG

図6-3 JICAの環境社会配慮業務フローと助言委員会の関係

委員により報告され，出席委員による確認を経て，委員長名の助言文書として確定されることになる．
　なお，本助言委員会の全体会合，WG会合では，議事録が作成され，協議資料とともに，JICAのウェブサイトで公開される[19]．

3. 委員の構成

　助言委員会は24名の委員からなり（2012年1月末現在），委員の互選により委員長（1名）および副委員長（2名）が選任されている．24名の委員のうち，17名は学識者，4名はNGO関係者，3名は公益法人所属者である．委員の専門分野には，環境法制度，都市計画，社会学，社会環境（住民移転など），汚染対策，自然生態系などが含まれ，幅広い分野がカバーされている．一方，プロジェクトの特性を勘案し，臨時委員を委嘱して専門的，技術的観点から検討を行う場合もある．

4. 助言委員会における協議の対象となる案件

　助言委員会では，主にカテゴリA案件（環境や社会への重大で望ましくない影響のある可能性をもつプロジェクト）について協議が行われる．2010年7月以降に対象となったのは2012年1月末現在で40件である．協力形態別にみると，有償資金協力26件，無償資金協力5件，マスタープラン調査（戦略的アセスメントを適用）8件，技術協力1件である．また，セクター別（括弧内は戦略的アセスメントを適用した案件数）では，道路・鉄道19件（2件），火力発電4件，水力発電4件（3件），空港3件（1件），港湾3件（1件），河川2件，工業開発2件（1件），送電1件，農業開発1件，廃棄物管理1件である．
　これら案件について，スコーピング段階の助言文書が27件，報告書最終ドラフト段階の助言文書が17件，環境レビュー段階の助言文書が10件作成されている（1案件で，スコーピング段階，報告書最終ドラフト段階，環境レビュー段階の複数段階において助言を受けている案件もある）．また，これら54件の助言文書において，合計1123件の助言が行われている．なお，表6-2の各項目に整理しきれない助言は，「その他」に分類している．以下，指摘された助言内容を更に項目別に詳細に区分し，環境社会配慮上の留意点として，整理し，纏めてみることにする．

5. 助言委員会による助言の内容

　助言文書に記された1123件の助言の趣旨に沿って，ガイドラインの参考資料であるチェックリスト[20]の環境項目に当てはめて整理し，助言の傾向の把握を試みたところ，助言委員会において多くの助言を得た項目は，件数の多い順から，「生活・生計（141件）」，「現地ステークホルダーへの説明（131件）」，「住民移転（95件）」，「生態系（95件）」，「モニタリング（78件）」「代替案の検討（75件）」であった．また，各項目に分類されない「その他」も187件あった（表6-2参照）．
　この結果から，①案件形成段階の手続き（代替案検討，現地ステークホルダーへの説明），②社会環境面（住民移転，生活・生計），③自然環境面においては生態系への配慮，④モニタリングの項目に対して，助言委員会から多くの助言が行われる傾向があると言える．他方，汚染対策については助言の行われるケースは少ない傾向にある．
　その他を除くチェックリスト項目において助言されている主な内容は，以下の通りである．

生活・生計については，プロジェクトによる住民の生活面への影響について配慮することが求められており，例えば，①道路，鉄道などの線形計画における地域の分断，資源利用の変化に対する緩和策の検討，②貧困層などの社会的弱者に配慮した計画とすること，③移転住民に対する雇用，生計回復策の実施を計画に含める事などが助言されている．

現地ステークホルダーへの説明については，①幅広いステークホルダーの参加とそのための周知，②住民意向の計画への反映などが助言されている．

住民移転については，①特に土地なし農民などの弱者についても補償対象に網羅されているかの確認，②農民への補償水準に関する調査実施，移転プロセスについての住民説明，③農民，企業経営者などへの十分な説明，④苦情処理の実施体制と運用の明確化などが助言されている．

生態系については，①プロジェクト周辺地域への影響も考慮して検討すること，②水力発電による減水の可能性と生態系への影響を配慮した計画にすべき点などが助言されている．

モニタリングについては，①供用後のモニタリング計画も策定し実施機関に提言すること，②住民の懸念事項（騒音など）について重点的にモニタリングを行うこと，③自然生態系（サンゴ）に関する継続的なスポット調査の実施，④将来的な環境負荷の増大（交通量の増加など）による生態系への影響をモニタリングすることなどが助言されている．

代替案の検討については，①フィージビリティー調査において環境社会配慮面も踏まえた代替案検討の結果を報告書に明示すること，②代替案検討におけるクライテリアを報告書に明記することなどが助言されている．

一方で，チェックリスト項目に必ずしも当てはまらない「その他」の助言も行われている（表6-3参照）．この中には，各項目を横断するような事項や対象とする案件の妥当性に関してフィージビリティー調査報告書に明示するなどの点が助言されている．187件の助言を類型化したところ，主に以下のような助言が行われている．

表6-2　チェックリスト環境項目別集計結果

チェックリスト項目		助言件数
4.2	生活・生計	141
1.2	現地ステークホルダーへの説明	131
4.1	住民移転	95
3.2	生態系	95
5.3	モニタリング	78
1.3	代替案の検討	75
2.1	大気質	58
2.2	水質	58
2.3	廃棄物	48
5.1	工事中の影響	40
3.3	水象	26
1.1	EIAおよび環境許認可	16
4.4	景観	11
4.3	文化遺産	11
3.4	地形・地質	9
2.5	騒音・振動	9
2.6	地盤沈下	7
3.1	保護区	7
2.4	土壌汚染	7
5.2	事故防止策	6
3.5	跡地管理	3
2.7	悪臭	3
4.5	少数民族・先住民族	2
6	その他	187
	総　計	1,123

表6-3　「その他」の助言内容について

チェックリスト項目	助言件数
6　その他	187
スコーピング項目の評価理由の明示	48
上位計画との整合／位置づけ	31
調査・予測・評価手法の明示	25
累積的影響の評価	18
報告書の表現・記述の変更	8
実施機関の能力強化	8
環境負荷の評価について	7
気候変動への対応	5
緩和策の検討	5
地域経済状況の把握	5
ガイドラインの遵守	5
土地利用の現況把握	4
対象地の明確化	3
過去の案件の教訓を生かす	3
影響の範囲	3
季節変動を考慮した評価	3
効果の定量的把握	3
運営・維持管理体制	2
事業の採算性について	1

①スコーピング結果について，そのような評価に至った理由を EIA 報告書に明示すること．
②マスタープラン調査や中長期計画との整合をフィージビリティー調査報告書の中で明示すること．
③EIA 報告書に調査・予測・評価手法を明示すること．
④空港・港湾の計画について，周辺開発（都市の成長や接続道路など）について可能な範囲で累積的影響を評価すること．

また，その他にも，地域経済状況や土地利用状況を報告書の中に明示すること，実施機関の環境社会配慮に関する能力強化を計画に含めること，プロジェクトの対象地を明確化し影響の範囲を明示することなどの助言が行われている．

6. 助言委員会の運営による効果と今後の課題

以上の結果から，助言委員会からの助言により，以下の点に関して，JICA による環境社会配慮確認で質の向上が図られた点を指摘できよう．

①代替案の検討，現地ステークホルダーへの説明など，案件形成過程における手続き面の確認が強化された．
②住民移転，生活・生計，現地ステークホルダーへの説明，住民の懸念事項についてのモニタリングに関する要請など，事業計画への住民視点の反映が強化された．
③チェック項目以外の点，例えば，事業計画の妥当性に関する報告書への明示，スコーピング結果の評価理由の明示，調査・予測・評価に関する説明の明示，累積的影響の可能性など，横断的かつ多角的な検討により，JICA が行うフィージビリティー調査の質の向上が図られた．

JICA の審査部における環境社会配慮担当者は 20 名程度であり，世界銀行やアジア開発銀行などの国際的な開発金融機関に比して人員面では少ないといった制約があるものの，外部専門家からなる第三者委員会である助言委員会の運営を通して，上述 5 のような環境社会配慮確認の充実・強化に取り組んでいる．

助言委員会による助言は，JICA に対して環境社会配慮上の課題の所在を示すものであり，案件形成段階から JICA が相手国実施機関に対して，これらリスクの低減・管理を支援すること，また，プロジェクト実施中，供用時におけるモニタリング結果を確認する取り組みを通して，相手国実施機関においても環境社会配慮が適切に実施され，結果として負の影響が低減されることが期待される．

一方で，JICA および助言委員会における今後の取り組みについて，ガイドライン「7. 環境社会配慮面において留意すべき点について」において整理されている主要事項を踏まえ，今後の案件形成に活かしていく取り組みが求められている．また，助言委員会側においては，相手国実施機関における環境社会配慮の能力向上につながるような，課題解決方策に関する専門的な助言を行うことが求められる．

引用文献・注釈

1) 世界銀行のセーフガード政策について　http://web.worldbank.org/WBSITE/EXTERNAL/PROJECTS/EXTPOLICIES/EXTSAFEPOL/0,,menuPK:584441~pagePK:64168427~piPK:64168435~theSitePK:584435,00.html
2) 地域住民の視点からみた異議申し立てや国際機関のインスペクションパネルの役割や課題については，松本編（2003）が詳しい．
3) 村山武彦，2010，ODA と環境社会配慮―国際協力機構（JICA）の活動を中心に，環境と公害，40（2），19-25.
4) World Bank, 2011, The Inspection Panel, Annual Report, 50pp.
5) Lee, Norman and Clive George (eds), 2000, Environmental Assessment in Developing and Transitional Countries., John Wiley & Sons, Ltd., 290 pp.
6) アジア開発銀行のセーフガード政策については，以下のウェブサイトで参照できる．http://www.adb.org/safeguards/
7) 村山武彦，2005，戦略的環境アセスメントの導入に関する基礎的研究，平成16年度独立行政法人国際協力機構客員研究員報告書，127pp.
8) Nye, Joseph S. and Welch, David A., 2011, Understanding Global Conflict and Cooperation: An Introduction to Theory and History, 8th edition, Pearson Education.
9) Morrison-Sanders, Angus and Arts, Jos eds., 2004, Assessing Impact Handbook of EIA and SEA Follow-up, Earthscan.
10) 同上．
11) Wood, Christopher, 2003, Environmental Impact Assessment: A Comparative Review, 2nd edition, Longman Group.
12) Sadler, Barry, 1996, Environmental Assessment in a Changing World: Evaluating Practice to Improve Performance, June 1996.
13) 松本　悟編，2003，被害住民が問う開発援助の責任，築地書館．
14) 松本　悟，2013（近刊），調査と権力―世界銀行の事前影響評価の機能―，東京大学出版会．
15) 同上．
16) Li, Tania M., 2007, The Will to Improve, Duke University Press.
17) 国際協力機構，2010，国際協力機構環境社会配慮ガイドライン，p8.
18) 原科幸彦，2009，新 JICA の環境社会配慮ガイドラインの方向，環境アセスメント学会2009年度研究発表会要旨集，pp119～122.
19) 国際協力機構，2011，国際協力機構年次報告書2011，p160.
20) 国際協力機構，2010，国際協力機構環境社会配慮ガイドライン，p34.

参考文献

国際協力機構編，2010，JICA 環境社会配慮ガイドライン（統合後）．
国際協力機構編，2004，JICA 環境社会配慮ガイドライン（統合前）．
国際協力機構編，2003，JICA 環境社会配慮ガイドライン改定委員会の提言．
国際協力機構編，2001，JICA 第2次環境分野別援助研究会．
国際協力銀行編，2002，環境社会配慮のための国際協力銀行ガイドライン．
国際協力事業団編，1999，国別環境情報整備調査報告書（カンボジア国）．

第7章　人材育成と実践

§1. 環境アセスメントにおける市民参加と環境教育

　環境アセスメントは，様々な事業による環境への影響を調査・予測・評価し，事業の計画段階，実施段階などあらゆる段階において影響の回避，低減を図るための行政手続であるとともに，事業の計画策定や環境影響評価の方法などに対して，市民の意見を反映させるためのプロセスである[1]．しかしながら，これまで行政手続としての環境アセスメントの理解やそのための調査手法の研究は進んだものの，市民の意見を反映させるためのプロセスであるという理解は十分に進んできたとはいえず，そのための手法研究も十分とはいえない．今後，事業の計画段階で行われる配慮書手続が拡大するに従って，一般の市民が環境アセスメントに参加し，そのプロセスを学ぶ機会が増えると考えられる．本節では，多くの市民が，事業に係る利害関係者としてだけでなく，一市民という視点から環境アセスメントに参加することが重要であるという立場から，今後，環境アセスメントに関する環境教育に求められるものは何かを考える．

1. 環境アセスメントにおける市民参加の機会
1・1 事業アセスメントにおける市民参加
　事業の実施に係る環境アセスメント（「事業アセス」）に対する市民参加は，事業の実施によって直接的な影響を受ける市民やその支援者が利害関係者として意見を述べたり，影響を受けるおそれのある自然環境や生物の代弁者として市民団体が意見を述べたりする機会として行われてきた．しかし，市民参加の機会は，すでにほとんどの環境影響調査が実施された後の準備書の段階であり，事業計画に反映させる余地がほとんどない段階で行われるため，調査結果の批判（重要な生物種がリストから抜けているなど），調査方法への批判（調査方法が不適切であるなど）がくり返されてきた．それでも藤前干潟埋立計画のように，環境アセスメントがきっかけとなって計画が見直された事例もあった．

　1997年にアセス法が成立し，市民参加の機会が増えると，方法書段階における市民参加が重要な課題として注目された．方法書段階における市民参加が設けられたのは，上記のように，注目すべき生物種が欠落し，不適切な調査方法によって注目すべき生物種が発見されないなどの批判を回避するとともに，市民が重視する調査項目に重点化するため，あらかじめ市民の声を反映させようとするものである．しかし，1998年に方法書段階の市民参加を先取りして実施された愛知万博の環境アセスメントにおいて，早くもその限界が見え始めた．

　1つは，愛知万博のように環境アセスメント実施段階では計画が未定の事業においては，調査結果を計画変更に結びつけやすい反面，方法書段階では調査手法に対して適切な意見を言いにくいという問題である．この問題は，沖縄県名護市辺野古への米軍普天間飛行場移設事業のように配備される飛

行機の機種そのものが未定（例えば，オスプレイが配備されるかどうかで環境や安全への影響は大きく異なる．）の事業では，環境アセスメントそのものの意義を失いかねない大きな社会問題となっている．

　もう1つは，愛知万博において試行的に行われた方法書段階の説明会が，法律に義務づけられていないため，事業の社会問題化をおそれる事業者が積極的な情報公開や説明会を実施しないという問題が生じていた．この点については，2011年の法律改正によって，方法書段階での説明会を義務化するとともに，環境アセスメントメントに関する図書を電子化し，市民がアセスメント情報にアクセスしやすくするとともに，インターネットを通じて意見を提出することができるなどの改善が図られた[2,3]．

　1997年のアセス法では，環境保全措置によって，事業の影響を回避，低減，代償することになっているが，実際には多くの事業で動植物の移植や代償繁殖施設（人工巣）などの安易な代償措置が行われ，その効果が事後評価されていなかった．この問題についても，2011年の法改正によって事後調査報告が義務化されることにより，安易な代償措置に走らないようにすることが期待される．

　市民が事業アセスへの信頼性を取り戻し，より一層の市民参加が図られるためには，これらの問題の解決が必要不可欠である．

1・2　計画段階配慮書手続における市民参加

　2011年の法改正によって，配慮書の作成が義務づけられた．戦略的環境アセスメントを目指す第一段階として位置づけることができ，事業の位置・規模などの計画段階における早い段階において，複数の計画案とそれによる環境影響の違いを明らかにすることによって，環境アセスメントへの市民参加が促進されることが期待される．

　しかし，一方で，配慮手続における情報公開や意見交換が不十分であれば，今後の戦略的環境アセスメントへの期待が裏切られるおそれもある．そこで，配慮書手続における環境アセスメントの課題としては以下のようなものがあげられる．

　1つはいうまでもなく，事業者が早い段階で，事業計画に関する情報公開を行い，説明責任を果たすことである．例えば，電力事業者は，研究会や審議会において，方法書よりも早い段階での情報公開に消極的な面もあり，位置・規模決定段階のアセスメントから発電所を除外するよう求めてきた．しかし，配慮書手続で，電力事業者がどれだけ情報公開や説明責任を果たすかが問われる．

　もう1つは，位置・規模計画段階の選択肢の1つとして，ゼロオプションを含めるかどうかの問題である．発電所，基地移転など，国策に基づいて実施される事業については，ゼロオプションが示されないおそれがある．ゼロオプションを示すということは，その事業の必要性から議論される可能性がある．しかし，本当に必要な事業であれば，事業の必要性を問う議論に対しても，情報公開を行い，説明責任を果たす必要がある．

2. 環境影響が問題となった事業における合意形成

2・1　公共事業の可否を問う合意形成の場

　過去に環境アセスメントに関連して事業の必要性そのものが議論されたいくつかの合意形成の場を取り上げ，その成立条件を整理する．事例として，長良川河口堰，千歳川放水路，川辺川ダムを取り上げる[4]．

　長良川河口堰は，1995年に完成したが，運用される直前の3月から有識者，関係者による円卓会議

が開催された．しかし，その5月には野坂建設大臣が議論は尽くされた，環境に与える影響は軽微だとして，河口堰の運用を認める決定を行った．この円卓会議は，事業がすでに完成し，運用するばかりとなった段階で開催されたことや，円卓会議の結論を尊重するという確約が事前になかったことが問題であった．

一方，千歳川放水路は，1997年北海道が開催した千歳川流域治水対策検討委員会によって，放水路を検討の対象に含めないと決定され，北海道開発局は千歳川放水路の建設を断念した．検討委員会は，中立の立場の委員および委員長が，放水路に賛成，反対の両方の意見を聞いて結論を出すという姿勢を貫いたことが一定の結論に導いた．

川辺川ダムの場合，建設省が設置したダム等検討委員会において，ダム建設を妥当と決定されたものの，流域の漁民や市民の反対は根強く，潮谷知事時代には，熊本県が開催した川辺川ダムを考える住民討論集会において，ダム賛成，反対の両方の立場から意見表明が行われた．その後，蒲島知事時代に有識者会議が開催され，その討議に基づいて知事によってダム中止を決断した．

これらの事例から，事業の是非を検討する場合は，事業の中止を判断できる時期に開催することはもちろんだが，事業計画に関する情報の公開，事業に賛成・反対の両方の立場の委員の参加，公平な立場から意見をまとめることのできる委員長の他，事業者が検討結果を必ず事業の可否の判断に反映させることが重要であると考えられる．

2・2 事業の計画を検討する合意形成の場

事業の計画を検討した合意形成の場を取り上げる．事例としては，愛知万博検討会議[5]，淀川水系流域委員会[4]，三番瀬再生計画検討会議[6]を取り上げる．

愛知万博検討会議は，2000年，万博と一体となって進められた新住宅開発事業が，自然保護団体の反対や博覧会国際事務局（BIE）の忠告によって中止され，純粋に博覧会計画のみを検討するため博覧会協会によって設置された．その結果，瀬戸市海上の森における博覧会会場は大幅に縮小された．

次に淀川水系流域委員会は，2001年，淀川水系の河川整備計画を策定するため，国土交通省近畿地方整備局によって設置された．2003年に原則としてダムに頼らない河川整備計画を策定する原案を採択などができた．ただし，その後，ダムに関して流域委員会と異なる国土交通省の方針が発表された．

三番瀬再生計画検討会議は，2002年に当時の堂本千葉県知事によって埋め立て中止とされた，三番瀬の再生計画を策定することを目的として，千葉県によって設置された．検討会議は，2004年に三番瀬再生計画案を策定して解散したが，その後，三番瀬再生会議として2010年まで継続された．

これらの会議は，委員の選定にあたって，自然保護団体推薦委員や市民からの公募委員を含めるなど，当初から利害関係者のみならず，一般市民が参加して計画策定を行うという特色を有していた．一方，少数の自然保護団体や公募委員の枠で，市民の声のすべてを代表できる訳ではないので，検討会議のみならず，一般市民の声を聞く機会の設定など，多様な補助的な手段が用いられた．これらの会議を長期間にわたって設置する場合には，期間を区切って，一定の範囲を定めた議論を行うことが効果的であると考えられる．

3. 環境教育に環境アセスメントを位置づけるには

最後に，これらの経験をもとに，一般市民が環境アセスメントに参加し，意見を述べることによって，

環境影響を回避，低減できるようにするためには，どのような環境教育が必要かを考える．

1つは，民主主義のツールとしての環境アセスメントの位置づけの確立である．個別の案件に関して，間接民主主義が機能しなくなり，多くの市民がNGO活動などを通じて，その意思を実現しようとしている．このような状況下で，環境アセスメントは一般市民が法律に基づいて自分の意見を述べる重要な直接民主主義のツールであるといえる．中学高校の公民などの教科に，このような位置づけを盛り込む必要があるだろう．一方，国民は，環境アセスメントに対する参加が，国民の重要な責務であることをより自覚する必要がある．そのため，地方自治体が開催する環境影響評価審査会の委員が公募された場合は，積極的に参加することが望まれる．

2つめは，開発を行う際には，将来世代の利益を考慮に入れた環境倫理（世代間倫理）を取り上げるべきであろう．事業アセスから戦略的環境アセスメントに移行するに従って，検討すべき内容は単に現世代への環境影響のみならず，将来世代への影響も考慮すべきである．例えば，原子力発電所の設置に際しては，使用済核燃料を適切に保管する負担を考慮に入れて検討すべきである．また，干潟を埋め立て，将来世代から潮干狩りの楽しみを奪うことは，世代間倫理に反するのではないだろうか．小学校の道徳や中学高校の倫理などの科目に環境アセスメントの基礎としての環境倫理を含めることも重要である．

§2. 環境アセスメントに関連する資格

1. 環境アセスメントに関する資格の必要性

「環境影響評価法」（1997年制定）の付帯決議および法制定10年後の見直し，法の一部改正（2011年4月）などにおいて，環境アセスメント実務者の育成とともに，環境アセスメントの信頼性の向上が望まれている．法制定以降，2011年までに，約200件の法対応の環境アセスメントが実施された．2012年4月の一部改正法施行に伴い，新たな基本的事項が加わるなど環境アセスメントの高度化，多様化，汎用化に向けての整備が進んでいる．基本的事項の見直しにおいて，わかり易く，信頼性のある環境アセスメントへの要請とともに主に実務に携わるコンサルタントの技術レベルの向上が重要視されている．

環境アセスメントの実施にあたっては，法学，社会学，生物学，理学，工学，農学など，環境全般に係る問題や課題解決のための知識と技術が必要であり，調査・予測・評価が適切に実施され，その結果が国民から信頼されることが極めて重要である．このため，環境アセスメントの調査などに従事する者の能力を客観的に証明し，社会的な信頼を確保するよう，資格制度が導入された．現在，総合的な分野から要素技術まで多方面な分野で，多種の資格が制度化されている．環境影響評価法の環境要素と法体系では，従前は「公害対策基本法」に基づく，典型7公害について，大気汚染防止法，水質汚濁防止法，騒音・振動規制法，悪臭防止法，土壌汚染対策法，工業用水法などの法的な規制があり，事業の実施や維持・運営・管理にこれらの調査，分析・測定に関して資格者の認定制度が推進されてきた．また，地球環境問題や生物多様性の課題解決にも拡大され，生物・生態系や土壌汚染，環境改善技術に関連する資格もできてきた．

一方，環境アセスメントに関する資格は，技術士を始めRCCM（Registered Civil Engineering

Consulting Manager），環境アセスメント士，環境カウンセラー，海洋環境調査士，生物技能検定などがある．ここでは，社会に出てから役に立つ環境アセスメントと関連した資格について述べる．

2. 環境アセスメントに関する資格の現状

環境アセスメントの実施段階においては，調査などを受託するコンサルタントなどによって質の高い調査・予測が必要である．また，一方，環境のデータはその地域の評価や価値を数値などで表すものである．公開され，活用される際，社会の事業や研究に広く役立つ環境情報となるのでデータの質の確保が重要である．その質の確保をするためにわが国では環境に関する様々な資格がある．表7-1に主な資格を示す．

1）環境アセスメントにおいては，その意義や目的を理解し，調査から事後調査まで全般に亙って指導できる人材が必要である．このような資格としては，技術士，技術士補，環境アセスメント士，環境カウンセラー，RCCMなどがある．

技術士・技術士補は技術士法に基づく資格で，科学技術分野における最高峰の国家資格といわれており，事業者が建設コンサルタントとして登録する場合に必要であり，業務受注に際しても有利となることから多くの事業者から求められる資格である．また，他の資格を取得するときに多くの特典がある[7]．

「環境アセスメント士」認定資格制度は，一般社団法人日本環境アセスメント協会が資格認定を行うことにより，環境アセスメント実務者の技術レベルの向上と育成・拡大を図り，環境アセスメントの実務の的確な実施と，環境アセスメントの信頼性の向上に資することを目的としている．この資格は，業務受注の拡大につながるとともに，この資格保持者は企業内における環境アセスメントのリーダーとしての役割も果している[8]．

2）環境アセスメントを実施するに際しては，地域の環境についての正確な情報が必要である．これに関連する資格としては，環境計量士，臭気判定士，作業環境測定士，空気環境測定技術者，生物技能検定，港湾海洋調査士などがあげられる．

これらの資格には，業務遂行に際して保有していなければならないものや業務受注に際して有利となるものがあるが，環境アセスメントのベースとなる正確なデータを得るためにも，取得しておきたい資格である．

3）環境保全対策の検討や当該施設等が供用された段階では，実務的な知識と経験が必要となる．その関連する資格としては，公害防止管理者，建築物環境衛生管理技術者，技術管理士（各廃棄物処理施設），土壌環境監理士，危険物取扱者，放射線取扱主任者，エネルギー管理士，環境再生医，自然再生士，ビオトープ管理士，樹木医，ISO14001環境審査員，施工管理技士など多数ある．

公害防止管理者や廃棄物処理施設の技術管理士，建築物環境衛生管理技術者は，各種の処理施設などを適切に維持管理できるように設けられた資格であり，土壌環境監理士は，汚染された土壌に関する調査から処理に至るまでを管理する資格である．危険物取扱者，放射線取扱主任者，エネルギー管理士は，特定の物質やエネルギーなどを取扱う際に必須となる資格である．環境再生医，自然再生士，ビオトープ管理士，樹木医などは自然環境を全般的に見る目を形成する上で是非ともチャレンジしてもらいたい資格である．ISO14001環境審査員は，組織の環境管理システ

表 7-1　環境アセスメント

資格の名称	根拠法令・認定機関等	受験資格
技術士 建設部門（建設環境） 環境部門（環境影響評価） 応用理学部門 衛生工学部門	技術士法 文部科学省	業務経験 7 年を超える者 又は技術士補として 業務経験 4 年を超える者
技術士補 （建設部門，環境部門）	技術士法 文部科学省	なし
RCCM ［シビルコンサルティングマネージャー］ （建設環境）	（一社）建設コンサルタンツ協会 国土交通省	学歴により業務経験 7~17 年以上の者 大学卒では経験 10 年以上
環境アセスメント士 （生活環境部門，自然環境部門）	環境影響評価法 （一社）日本環境アセスメント協会	業務経験 8 年以上の者 大学卒では業務経験 5 年以上
環境計量士 （濃度，騒音・振動）	計量法 経済産業省	なし
公害防止管理者 （大気，水質，騒音，振動，主任，粉じん，ダイオキシン類）	大気汚染防止法，水質汚濁防止法，騒音規制法，ダイオキシン類対策特別措置法 経済産業省	なし
臭気判定士	悪臭防止法 環境省	18 歳以上の者
作業環境測定士 （第 1 種－有機溶剤，粉じん，特化物，金属類），（放射線－，第 2 種）	作業環境測定法（昭和 50 年法律第 28 号）に基づく国家資格	大学で理科系統卒業後，1 年以上の実務経験を有する者，など
空気環境測定実施者	建築物における衛生的環境の確保に関する法律に基づく国家資格 厚生労働省	実務経験：5 年以上の者 または 2 年（高卒，中卒）以上の者
土壌環境監理士 （土壌環境リスク管理者） （土壌環境監理士） （土壌環境保全士） （土壌汚染調査技術管理者）	土壌汚染対策法 環境省	実務経験 3 年以上の者 （他の資格保持要件の場合あり）
森林インストラクター	森林法 森林インストラクター資格制度 農林水産省	20 歳以上の者
NACS-J 自然観察指導員	（公財）日本自然保護協会	18 歳以上
環境再生医 （初級，中級，上級） （中級と上級は，「自然環境」「資源循環部門」「環境教育」の 3 部門）	NPO 法人自然環境復元協会	初級：実務経験 2 年以上の者 中級：実務経験 5 年以上，初級資格取得後 3 年以上の者 上級：実務経験 10 年以上，指導経験 2 年以上，かつ環境再生医（中級）取得年度の翌年度以降
自然再生士 （自然再生士補）	（財）日本緑化センター	満 23 歳以上で，次の実務経験年数以上を有する者 3 年（大卒），5 年（短大卒），7 年（高卒），1 年（自然再生士補）
ビオトープ管理士 （施工，計画）	（公財）日本生態系協会	1 級：学歴により実務経験 7~14 年以上の者 2 級：なし

第 7 章　人材育成と実践　　199

関連資格リスト　　　　　　　　　　　　　　　　　　　　　　　　　　　　　　　　2012 年 8 月現在

資格概要	試験機関・連絡先	試験方法
専門的能力を必要とする事項について計画，設計，分析試験，評価またはこれらの指導業務にあたる資格	（公社）日本技術士会	筆記，論文，口頭
技術士としての基礎的な能力を確認する試験であり，国際的に合意された技術者教育の同等性の確保を確実にするための資格	同上	筆記，択一
コンサルタント業務において管理技術者，照査技術者として業務にあたる資格	（一社）建設コンサルタンツ協会	筆記，択一
環境影響評価に関する計画，調査，分析，予測，評価を担当し，マネジメントする資格	（一社）日本環境アセスメント協会	筆記，択一
有害物質の濃度や騒音・振動レベルの計量管理を行う資格	（一社）日本環境分析測定協会	択一，合格後講習
公害を生じる可能性のある工場等において，有害物質の排出や騒音・振動等の遵守を指導・監督する資格	（社）産業環境管理協会	択一
臭気指数規制の円滑な実施のための測定者の資格	（公社）におい・かおり環境協会	択一，合格後臭覚検査
労働作業者の職場環境に存在する有害物質を調査するため，調査計画（デザイン），試料採取（サンプリング），分析（簡易測定および測定機器を用いる）を行い，労働作業者の健康を守る資格．合格後，指定講習を修了し，登録機関に登録して初めて免状取得となる．	（財）安全衛生技術試験協会	択一
建築物空気環境測定業の登録要件である空気環境の測定を行う能力の資格	（財）ビル管理教育センター	講習後認定試験
土壌汚染の関する調査，分析，解析，保全対策処理技術に関するコンサルタントの資格	（社）土壌環境センター	講習後，認定試験（筆記）講習認定
森林の案内や森林内での野外活動の指導を行う資格	（一社）全国森林レクリエーション協会	筆記，合格後実技試験，面接
自然観察会を通して自然への橋渡しをするボランティアの登録制度	（公財）日本自然保護協会	講習会後，登録申請
環境再生医は自然環境に関する専門的知識や地域の歴史・風土への理解などの裏付けのもとに，この協働を市民の立場で調整・推進していくことをその役割としており，地域の環境を診断し，治療を行う「わが町の環境のお医者さん」との意味から名付けられたものです．	NPO法人自然環境復元協会	資格認定講習の受講および講習後の試験
人と自然が共生する持続可能な社会の構築と，その根源である生物多様性の保全を推進するため，自然再生に係る理念の啓発とその技術の普及を目的として創設．	（財）日本緑化センター	択一 経験論述 専門技術論述
ビオトープ事業の推進に必要な知識・評価能力・技術の資格	（公財）日本生態系協会	択一，記述，小論文

表 7-1 環境アセスメント

資格名	実施機関	受験資格
樹木医 (樹木医補)	(財) 日本緑化センター	実務経験 7 年以上の者 (補：登録大学の履修生)
生物技能検定 (一級, 二級, 三級)	(一財) 自然環境研究センター	1 級：2 級合格者で実務経験 5 年以上の者 2 級・3 級・4 級：なし
港湾海洋調査士 (港湾海洋調査士補)	(一社) 海洋調査協会 国土交通省	大卒業務経験 5 年以上の者 補：なし
環境カウンセラー (事業者部門, 市民部門)	環境カウンセラー登録制度 実施規定（環境省告示） 環境省	18 歳以上の者
危険物取扱者 (甲種, 乙種第 1～6 類, 丙種)	消防法に基づく国家資格	大学等において化学に関する 学科等を卒業した者, ほか
放射線取扱主任者 (第 1 種, 第 2 種, 第 3 種)	文部科学省	18 歳以上の者
JABEE 高等教育機関（大学，高等専門学校等）の技術者教育プログラムの審査・認定を行う非政府組織（NGO）	JABEE	理工農系の大学院生, 大学生, 高等専門学校生
社会環境検定［エコ検定］	東京商工会議所	なし
ISO14001 環境審査員 (EMS 環境審査員) (主任審査員, 審査員, 審査員補)	(公財) 日本適合性認定協会	実務経験 3 年以上の者
エネルギー管理士	エネルギーの使用の合理化に関する法律に基づく国家資格 経済産業省	国家試験：なし 認定研修：3 年以上の実務経験
建築物環境衛生管理技術者 ［ビル管理技術者］	建築物における衛生的環境の確保に関する法律に基づく国家試験	環境衛生上の維持管理に関する実務に業として 2 年以上従事された方
廃棄物処理施設技術管理者 (ごみ処理施設, し尿・汚泥再生処理施設, 破砕・リサイクル施設, 有機性廃棄物資源化施設, 産業廃棄物中間処理施設, 産業廃棄物焼却施設, 最終処分場) (基礎・管理課程, 管理課程)	(一財) 日本環境衛生センター 廃棄物の処理及び清掃に関する法律第 21 条に基づく資格	技術士（化学部門，水道部門 又は衛生工学部門）（経験不要） 技術士（上記部門以外）（1 年 以上の経験） 2 年以上環境衛生指導員の職 にあった者, 他
施工管理技士 （1 級, 2 級） (土木施工管理技士) (建設施工管理技士) (造園管理施工技士) (建設機械施工管理技士) (電気工事施工管理技士) (管工事施工管理技士)	建設業法第 27 条に基づく国家試験	各技術により異なる． 1 級：概ね大学の指定学科卒 後，3 年の経験と 1 年の指導 的監督経験 2 級：概ね大学の指定学科卒 後，1 年の経験

（注）各関連 HP より抜粋作成．

関連資格リスト（つづき）　　　　　　　　　　　　　　　　　　　　　　　　　　　　　　　2012 年 8 月現在

巨樹，古木林などの樹勢の回復・保存に関する資格	（財）日本緑化センター	筆記，業績審査，研修後筆記，面接，認定審査
正しい生物分類の知識を持った，生物技術者の能力の資格	（一財）自然環境研究センター	択一，記述，同定試験，
港湾や港湾海岸に係る調査に関し，業務全体を指揮・監督し，調査計画や解析を行い，管理技術等を行う資格	（一社）海洋調査協会	択一，記述，口頭
事業者や市民が実施する環境保全に関する助言を行う者を登録し，環境保全活動を推進する資格	（財）日本環境協会	実績審査，自己推薦文，面接審査
火災の危険性が高い物質を「危険物」として指定し，その取り扱いなどを行うことができるための資格．	（財）消防試験研究センター	択一
放射線安全管理の統括を行い，法令上の責務を担う者が必要な資格	（公財）原子力安全技術センター	択一
技術者教育プログラムの専門認定や技術者教育と資格付与の整合性，一貫性をとることが重要であることから，認定された教育プログラム修了者に対しての専門認定（第一次試験の学科試験免除等の優遇措置が，技術士法で配慮されている（法31条の2第2項））	（一社）日本技術者教育認定機構	自己点検書，実地審査
環境に関する幅広い知識を有し，率先して環境問題に取り組む人と環境と経済を両立させた持続可能な社会の促進を目指す資格	東京商工会議所　検定センター	択一，（マークシート方式）
環境への負担を減らす経営・管理のあり方を定めた国際標準規格「ISO14000シリーズ」の申請をしてきた企業，公共団体，教育機関が規格に適合した環境マネジメントを実施しているかを審査する資格	（社）産業環境管理協会	環境審査員研修後試験
規定量以上のエネルギーを使用する工場にはエネルギー管理者を置かねばならず，この業務にはエネルギー管理士免状の交付を受けている者を選任しなければならない．	（財）省エネルギーセンター	択一，認定研修（修了試験は記述式）
建築物の環境衛生の維持管理に関する監督等を行う国家資格	（財）ビル管理教育センター国家試験課	択一
技術管理者は，「廃棄物処理法」施行規則第17条に規定する"学歴・経験等"の要件を備え，かつ，厚生省生活衛生局水道環境部環境整備課長通知「衛環第96号」にて専門的知識及び技能に関する講習等を修了することが望ましいと示されている．基礎・管理課程，管理課程は，上記施行規則，課長通知に対応する課程．	（一財）日本環境衛生センター	講習を修了した者
自らが施工を行う職人の技術を認定するのではなく，設計から実際の施工に至るまでの一連を管理監督する技術者を対象として，施工技術の向上を図ることを目的としている．	（財）全国建設研修センター（土木，管工事，造園） （財）建設業振興基金（建設，電気工事） （社）日本建設機械化協会（建設機械）	学科（択一），実地

ムを審査する者の資格であり，施工管理技士は，造園など環境関連を含む施設の建設に際し必須となる資格である．

3. 環境人材の育成
3・1 環境人材の必要性
「21世紀環境立国戦略」(2007) や「イノベーション25」(2007) において，持続可能な社会づくりのために経済社会のグリーン化を担う人材，いわゆる"環境人材"の育成が示されている．環境省では，環境人材育成ビジョンの中で，①社会変革のための新しい発想，構想，企画力，②現在および将来の社会が直面する課題への問題解決能力，③環境保全を通して仕事を作り，経済を活性化させる実践のための行動力などの能力などを有する人材を求めている．言い換えれば，「環境保全に関する強い意欲」，「専門性」，「リーダーシップ」が必要である．これらを育成するには，大学教育や環境教育などが非常に重要であり，社会人生活においても継続的にこれらの能力を磨いて行く必要がある．

3・2 大学における環境アセスメント教育
環境人材が備えるべき素養として，T字型の知識体系を提唱しており，それは，縦軸に法学や工学などの特定の専門性を高めると同時に，横軸として環境保全に係る分野横断的な知見を獲得し，鳥瞰的な視点や俯瞰力をもって，自らの専門分野に環境の視点を内在・統合させて行くことのできる人材とされている．現在，わが国では，環境影響評価に関する講座を開講している大学が92学科あり，専門性と教養性の程度の差はあるが，かなりの学生が環境アセスメントに関する講義を受講している．また，環境人材を育成するには，講義のみではなく現場における学習が必要であり，人材を受け入れる側である企業・行政・NGOなどのニーズに対応した人材育成が求められている．このようなニーズに対応するため，「環境人材コンソーシアム」が立ち上げられ，産学官民の人材育成のための交流・協働を進めるプラットフォームを担う組織も運営されている[9]．

3・3 継続教育 (CPD) 制度
継続教育 (CPD：Continuing Professional Development) 制度は，技術士やRCCM，環境アセスメント士などの資格を取得した後も高等の専門的応用能力を有した技術者として，①技術者倫理の徹底，②科学技術の進歩への関与，③社会環境変化への対応，④技術者としての判断力の向上，のような視点を重視したCPDに努めることを奨励している．課題としては，一般共通課題として，倫理，環境，安全，技術動向，社会動向，産業経済動向，規格・基準の動向，マネジメント手法，契約，国際交流などがあり，技術課題としては，専門分野の最新技術，科学技術動向，関係法令，事故事例など，がある．一方，形態としては，①講習会・研修会などへの参加（受講），②論文などの発表，③企業内研修およびOJT，④技術指導，⑤産業界における業務経験，⑥委員会などへの参加．などが対象となる．技術士や環境アセスメント士では，CPD単位として年間50時間程度を望ましいとしている．

4. 今後の課題
わが国では，APEC諸国間で相互登録されているAPECエンジニアを始め，技術者資格の相互承認など国際的な整合性も図られており，世界各国で科学技術に関する資格制度の標準化も進んでいる．環境影響評価士を国家資格として認定し，調査，予測，解析には必須要件とする国（例：中国，韓国）

も現れている[10]．第四次環境基本計画が閣議決定され，今後とも，世界の趨勢として戦略的環境アセスメントや持続可能性への環境アセスメントに向けて，人材の育成と技術の研究開発が更に推進されて行くことが期待されている．

§3. 環境アセスメントにおける NPO 活動の役割

環境アセスメントは旧来の要綱アセス時代には，「開発事業の免罪符」といわれることが多く，当該地域での住民運動やこれを支援する環境系の NGO・NPO 活動（以下，総称して NPO 活動とする）の中には，「事業の容認につながる」として，環境アセスメントへの関与を否定する傾向があった．しかし，現行の環境アセスメントでは住民参加が求められ，多くの住民運動がこれに関わることが望ましいものとされている．ここでは，環境アセスメントに NPO 活動が関与することの意義と現状，また最近注目された普天間飛行場代替施設を辺野古に移設する事業の環境アセスメント（以下，辺野古アセスという）を素材として，NPO 活動の課題について考える．

1. 公衆関与の意義
1・1 事業者の説明責任を促す

環境アセスメントは，科学的な予測・調査などを行うとともに，それに基づいた住民などとの幅広い情報交流を通じたチェックにより，事業者の説明責任を果たす努力を促し，環境配慮のあり方に客観性や信頼を与えるための取り組みである．

それゆえ，環境影響評価制度（法や条例など）は環境アセスメントという社会的営みの一部にすぎず，制度や指針などに示された手続きや手法を充たせばいいというものでもなければ，制度が定めた規模ではないから環境アセスメントをしなくてもよいというものでもない．本来，ある程度の環境影響が懸念される事業については，その種類や規模，地域の特性などに応じて，何らかの環境アセスメントが試みられるべきである．

日本の環境影響評価制度は，第三者機関によって行われるのではなく，事業者を主体として，その説明責任の努力を引き出すことが主眼となっている．そのため，制度の枠組みにこだわらずに，NPO 活動の力で事業者に説明責任を果たしてもらうことが重要である．

要綱アセス時代からの評価書約 400 冊を閲覧し，そこで出された意見と事業者の見解について集計・分析した結果，数千件に及ぶ意見件数があった事例もあったが，多くは「○○事業反対！」というハガキ署名運動のようなものにより組織的にされたものだった．現行の環境アセスメントでは，その事業が環境に与える影響についてどんなことが懸念されるかの情報提供を求めているので，単なる反対の意見は，それがたとえ何千件と積み上げられても，意味をなさない．市民は環境アセスメントの役割を十分に理解する必要がある[11]．

1・2 住民・市民の役割
1) 住民の役割

環境アセスメントは，住民などの関与を期待した制度となっている．それにより，定められた調査方法では把握できない環境影響の懸念を知り，事業者に対して対策を促す仕組みとなっている．

環境汚染や環境改変が及ぼす影響は広範囲にわたることが多く，また，地球規模での環境保全の観点も配慮される必要がある．そのため，日本の環境影響評価制度では，公衆の関与に国境や地域の制約を設けていない．

とはいえ，開発行為には現場があり，その事業における地域の環境保全に対する責任は事業者が第一義的に負うべきであるが，その地域の住民は，地域の環境の恵みを受けるとともに，それを守り育てる責務を有していることから，地域の住民が環境アセスメントにおいて果たす役割も大きいというべきである．

しかし，地域における開発行為は，様々な利害がからむ．とりわけ大規模事業になると，国家や大企業を含めた力関係が生じ，住民は利害に引き込まれ，地域社会に混乱がもたらされることが少なくない．

2）市民活動の役割

地域によっては，環境アセスメントに習熟している住民が少なく，行政が開発主体を兼ねていて住民の関与に積極的ではない場合もある．そこで，NGO や NPO といわれる市民活動の役割が重要となる．

その際，市民活動がとるべき態度は，住民に対するファシリテーターとしての役割である．ファシリテーターには「容易にする人」という意味が含まれている．利害関係の中にあって，関係者の「対話を容易に」することで「理解を容易に」し，そのことを通じて住民の「行動を容易に」する役割を担う存在であると考えることができる．その目的は住民参加を推進することにあり，阻む存在であってはならない．

市民活動の関与が強ければ，事業者による説明責任に対する努力に影響を与え，その反映として調査予測などの技術や手法の進展につながる．技術偏重におちいりがちな環境アセスメントを，適切なものとしていくことになるのである[12]．

2. 辺野古アセスと NPO 活動
2・1　辺野古アセスと公衆関与

辺野古アセスは，沖縄の普天間基地の代替案として辺野古において海岸を埋め立て，基地を造るというものであり公衆関与の視点からも多くの課題を有している．

1）環境アセスメント図書の公開

環境アセスメントでは，図書の縦覧方法により，事業者の説明責任に対する姿勢を計り知ることができる．辺野古アセスでは，最初の縦覧となった第一次方法書について，以下の項目が指摘された[13]．

①縦覧場所は，那覇防衛施設局の他，県内 7 カ所に限定された．

②「縦覧は書き写しが原則で，貸し出しを希望なら情報公開請求をしてほしい」と謄写に応じなかった．

③インターネット上での公開や電子文書による配布などもはなかった[14]．

④方法書は膨大な紙幅（444 頁）であり，意見書提出期間 1 カ月半の中で，市民に十分情報を開示して意見を募ることは難しかった．

⑤ジュゴン保護が国際的な関心になっていたが，満足を得られる対応とはいえなかった．

2）事業者（防衛省）の見解

住民などから提出された意見の件数は，最初の方法書に対して1,175通（うち県内は669通），評価書に記載されている2回目の方法書に対しては487通，準備書に対しては5,317通と，他のアセスメント事例に比べて異例の多さだった．

辺野古アセスの評価書に記載されている意見の多くが事業と地域の特性に即した具体性をもった内容となっていた．そのような意見に対して，事業者の側は「意味のある応答」をなしていたのか，課題事例を抽出したものを，表7-3に示した．

これらの見解を素直に読むと，意見がかみあっていない感がある．そのパターンを探るために以下の5つに分類できた（No.は表の意見番号に，表の意見分類欄のイ～ホは下記の符号）．

イ）当該意見が環境アセスメントの枠組みをはみ出していることを理由に説明を回避している．

表7-3 辺野古アセスにおける準備書への意見と見解の例（4.1.1 対象事業の目的及び内容等に関する意見）

No	主な意見の概要	事業者の見解	意見分類
4	埋立に必要な2,100万m^3の土砂のうち，1,700万m^3の調達については「現段階において確定していない」としているが，沖縄県内の海砂採取量の12年分以上に及ぶ膨大な量をどこから調達するのか．県内から分散して採取すると仮定しても，沿岸海洋環境への影響は必至であり，土砂の採取をアセスの対象とすべきである．	埋立土砂の調達については，沖縄県内の砂材等の購入のほか，県外からの調達等も含め，検討を行いました．土砂等の供給業者が行う採取等に係る環境の影響は，当該業者が，各種関連法令に基づき必要に応じ適切に措置すべきものと認識しています．	ロ
6	今の普天間でも，全方位でヘリが飛び騒音規制措置が有名無実化しているのに，辺野古で飛行経路が守られるという前提自体が不合理である．	代替施設を利用する米軍機が基本的に集落地域上空の飛行を回避するとの方針については，これまでの米側との一連の協議を通じ，米側からも理解を得ていると認識しています．	ニ
16	洗機場は屋外か屋内（屋根つき）かの記述がない．仮に屋外であれば，雨水と洗機排水の分離をどのように行うのか．また，大雨や台風時には処理水量が処理能力を超えて，汚水があふれ出したり，処理施設が故障したりするという事態が起こるのでは．	今後の実施設計において，雨水との分離も考慮して適切に設計することとしています．	ハ
21	どのように飛行場，建造物，設備機材が運用され，どのような機種の飛行機が1日に何回飛行するのか．また，武器弾薬を含めどのような薬剤や油類がどのように使用され，保管されるのか等々，すべての計画を不確定な部分も含めて明示してほしい．	環境影響評価を実施する上で，必要な条件について可能な限り資料収集した上で，環境影響評価法令等に基づき予測・評価を行い，その結果等を準備書に記載しました．	ホ
25	辺野古海域では，これまで海兵隊の水陸両用車等を使っての上陸訓練が頻繁に行われてきたが，代替施設供用後の上陸訓練はどうなるのか．現在の訓練の実態とともに訓練水域の面積，形状，使用条件の変更等について明らかにすべきである．	平成18年5月1日の日米安全保障協議委員会共同発表において（中略），キャンプ・シュワブの施設及び隣接する水域の再編成などの必要な調整が行われる旨記されており，今後，具体的な計画を策定していく中で，米側と調整していくこととしています．	ニ
76	舗装工事に係る工事計画に関して，以下の資料を明示してほしい．（滑走路の構造・断面図，誘導路計画の根拠・構造・断面図，エプロンの面積・算定根拠・構造・断面図，ヘリパッドの面積・算定根拠・構造・断面図・施工計画）	意見の各項目については，環境影響評価において必要な事項ではないため記載していません．	イ

※意見数5,317通より任意抽出．No.は評価書での記載番号．記載内容が長文にわたるものは筆者により一部を省略して転載した．件数が膨大であるため全体像がつかみやすい「対象事業の目的及び内容等に関する意見」の項目のみから抽出．意見分類は本文中の分類を示す．

（No.76）

ロ）他の制度や対策によって対応するものだからと言って，環境アセスメントで説明を回避している．（No.4）

ハ）指摘された対策はやるから大丈夫と，具体的な内容を示さずに「オウム返し」で回答している．（No.16）

ニ）米軍において対応してくれるから大丈夫と，具体的な対策を示さず（示すことができず），希望的観測を述べている．（No.6）

ホ）「△△において記載してあります」と言いつつ，その当該部分には質問や意見に応える内容がない．（No.21）

このうち，ニ）については，造るのは日本で，使うのが米軍という関係があり，使うに当っての情報が十分に指示されないこと，また，環境影響を及ぼす事業の内容が米軍の意思決定にゆだねられていることから，具体的な応答ができないという根本的な矛盾があったのである．

2・2 NPO活動の関わり

辺野古の環境アセスメントについては，意見件数の多さ，その内容が具体的であることからして，住民などにおける関心の高さがうかがえる．しかし，ただ関心が高いだけでは，環境アセスメント手続きに対して意見を提出するという行為には結びつかない．このケースではNPO活動による働きかけ（対話や学習）が意見提出に誘導したと考えられる．

1）電子縦覧

実際，NPO活動の側は，事業者が電子縦覧を行わないことに対して，第一次方法書の全文をコピーしてインターネット上で公開した．そのサイトへのアクセスは意見提出締切りまでに1万件を超えた．そして，県内の4団体がそれぞれに集約した意見書603通（団体意見と個人意見の合計）を，共同して事業者に提出したと記録されている．その数は全体（1,175通）の過半数であり，県内分（669通）の90.1％を占めている[15]．

2）『市民からの方法書』

事業者からの方法書提出に先行して刊行された『市民からの「方法書」』（2003年12月）がある．これは，連続講座「市民からの環境アセス in 名護」（全5回）を機に発足した「市民アセスなご」による刊行物であり，普及版も広く活用されたことは特筆すべきである[16]．

その内容は，事業計画が不明確であることに起因する様々な疑問を列挙し，その環境影響を正確に見積もるために事業計画において明らかにすべきことや米国が直接関与すべきこと，さらになぜ辺野古が適地なのかを示すべきことなど，予定されている環境アセスメント手続きの矛盾と論点を的確に指摘している．そして，事業者による方法書に対する意見の提出方法も紹介し，意見提出の準備を呼びかけたものである．

2・3 NPO活動が果たした役割

辺野古アセスの事業者の公衆関与に対する姿勢が消極的だったのに対して，電子縦覧の件に見られるように，公衆関与の機会の拡大を図ったのはNPO活動の側であった．

とりわけ，アセス法制定の直後であり，当時，方法書段階での取り組み方が今後の環境アセスメントに極めて重要といわれていた．その中での「市民からの方法書」の取り組みは出色の試みであった．

環境アセスメントにおけるスコーピングの意義をNPO活動の側が的確に把握して課題提起していることに対して，事業者は真摯に対応しておくことが望ましかったのではないかと考えられる．しかし，事業者からの応答はなく，制度が定める公衆関与の手続きにとって場外のことと考えたのではないか．では，「市民からの方法書」は犬の遠吠えだったのかといえばそうではない．これを作成する過程での市民の中での対話と学習が，事業計画とそれに対応した環境アセスメントのあり方についての認識を深め，対外的にも広げ，その成果として膨大な件数の意見とその具体的な内容として結実したとみるべきであろう．「市民からの方法書」は，意見形成の上での絞り込みの役割を果たしていたといえよう．

また，このような活動は，辺野古の環境アセスメントにも少なからぬ影響を与えたと思われる．県審査会が明確に「環境保全は不可能」との判断を示したが，NPO活動の側の学習と働きかけ，積極的な意見提出などが，各審査委員を下支えしたのではないかと思われる．

環境アセスメントにおいては，公開されたプロセスの中で，データに基づいた意見のやり取りがなされることが期待されている．この面から，県庁への評価書の搬入を実力阻止しようとする市民側の行動などは，逸脱した行動ともいえる．一方，事業者の側にも，真摯に応答する姿勢が欠ける面もあったといわれてもしかたがない．

2・4 まとめ

辺野古アセスを例に市民やNPO活動の役割を述べてきたが，これらによる積極的な関与は，事業の抱える課題を鮮明にし，環境アセスメントが目的とする環境保全のために必要な対策（行動）を社会に促す一助となることが期待される．また，戦略的環境アセスメントなど，今後のわが国の環境アセスメントにおける重要な課題においても，市民やNPO活動の果たす役割は，大変大きいものがあることを認識する必要がある．

§4. 企業活動における環境アセスメント

持続可能な発展（Sustainable Development）は，「我ら共有の未来」（1987年）で提唱されて以来，世界中に広まって行った．その考え方は，現在の世代が開発によって環境や資源を利用する場合には，将来世代のことも考えて環境や資源を長持ちさせるような形で利用しなければならないという概念を示したものである．この持続可能な発展の理念は地球サミットでも引き継がれ，「環境と開発に関するリオ宣言」の中に盛り込まれている．また，環境基本法においても「環境への負荷の少ない持続的発展が可能な社会の構築」として，基本理念となっている．持続可能な発展に向けた社会システムの変革とは，環境コストを内部化した適正な経済成長が行われることである．すなわち，環境改善への投資が新しいマーケットを生む可能性が大きいことになり，必要性と予測を背景に環境ビジネスという市場が現実に生まれ，社会が持続可能な発展を志向する中で，環境アセスメントの考え方がますます重要なものになると考える．（図7-1）．一方，企業の行動は投資家や消費者にも影響を与えたり，社会経済や地域環境に深刻な被害を与える場合もあることから，企業の行動は常に高い倫理性をもって行われる必要がある．そのため，先進企業では，企業倫理行動規範などを定め，法令遵守，事業活動

の公正性・透明性の確保，社会貢献，従業員の尊重，反社会的勢力への対応，地球環境の保全などを掲げており，今後とも，企業活動が地球環境問題に配慮した持続可能性な社会を実現する企業活動のための人材育成が更に重要になると考えられる．

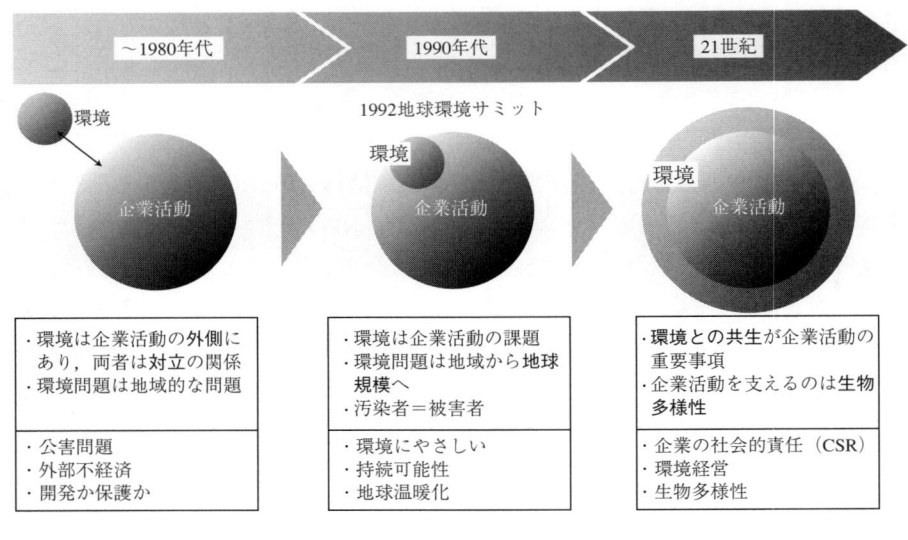

```
～1980年代              1990年代                21世紀
                     1992地球環境サミット
  環境                    環境                    環境
  ↓                      
  企業活動                 企業活動                 企業活動

・環境は企業活動の外側に   ・環境は企業活動の課題     ・環境との共生が企業活動の
 あり，両者は対立の関係   ・環境問題は地域から地球    重要事項
・環境問題は地域的な問題    規模へ                 ・企業活動を支えるのは生物
                      ・汚染者＝被害者           多様性

・公害問題               ・環境にやさしい           ・企業の社会的責任（CSR）
・外部不経済             ・持続可能性              ・環境経営
・開発か保護か           ・地球温暖化              ・生物多様性
```

図 7-1　企業と環境の変遷 [17]

1.　企業における環境経営

世界規模で広がる環境課題の中で，企業による環境配慮などの取り組みは，持続可能な社会構築へ向けた大きな牽引力として，その役割がますます重要性を増している．その取り組みの範囲は，事業活動に伴う直接的な環境負荷低減だけではなく，原材料調達先のサプライチェーンや消費から廃棄に至る間接的な範囲まで，ライフサイクル全体で事業リスクやビジネスチャンスを的確に捉え，戦略的に対処することでビジネスの成功を獲得することが可能となるとともに，このような企業の積極的な環境配慮の取り組みは，経済・社会のグリーン化をさらに促進することが期待される．

一方，地球環境問題の重要性に対する認識の高まりから，環境を経営の重要課題の一つと考えている企業が多くなっている．社内に環境問題担当組織を設置し，全社的に環境問題に取り組み，環境マネジメントの実施や環境憲章などを制定して，普及啓発の社内研修や人材教育と育成を積極的に行っている．先進的な製造業では，LCA（ライフサイクルアセスメント）を取り上げ，設計段階において製品が廃棄物として処理される際に，可能な限りリサイクルができ，最も環境への負荷が少ないような製品設計を行い，環境にやさしい素材を使う動きが見られる．また，環境監査を導入して，その実効性について監視する体制も組み込まれている．

2.　企業の社会的責任（CSR）

環境問題への取組みは企業の社会的責任（CSR）を果たすといっても言い過ぎではない．よい企業

の条件として，経済的な側面だけでなく，社会貢献などの企業の社会的責任をいかに果たしているかが，注目されている．この一環として，環境マネジメントのISO14001は重要な環境側面について，緊急事態を特定し，予防と発生時の対応準備を要求しており，企業としての環境リスクを回避するための重要なシステムで，社会的評価を得るため企業取得では不可欠になっている．

また，環境倫理とは，「我々人類は地球上の生物の一部であると認識して，自らの生存基盤である地球環境を破壊することのないように配慮し，持続可能な環境保全型社会をつくるために守るべきこと」と言うことができる．それについて企業として守るべきことが「企業の環境倫理」であり，

例として，（独）科学技術振興機構の技術者倫理の中で環境倫理の理念として，以下の3つをあげている．

---

①人類全体への思いやり：人類全体が豊かな生存環境を維持できるように配慮し行動すること
②将来世代への思いやり：現在の世代だけでなく，将来の世代にも豊かな環境の恵みを得られるように配慮し行動すること
③自然環境への思いやり：人類だけでなく，地球上の動物や植物などの自然環境に配慮し行動すること

---

3. 企業の環境報告書

環境報告書は，事業者が事業活動に関わる環境情報により，自らの事業活動に伴う環境負荷および環境配慮などの取り組み状況について公に報告する報告書をいう．企業によってはCSR報告書，環境・社会報告書，サスティナブルレポート，コミュニケーションレポートなどの名称で，環境以外にも経営や社会経済に関する情報を加え，事業活動について幅広く公開している．企業として，環境と経済の好循環を円滑に機能させるには，企業の環境情報の開示が必要不可欠であり，環境報告書はその重要な役割を担っているものである．つまり，環境報告書は，企業の環境倫理に沿った活動のレポートでもある．

環境報告書には，企業と社会とのコミュニケーションツール（外部機能）と，企業の事業活動における環境配慮などの取り組みを促進させる役割（内部機能）の2つの基本的機能がある．これらにより，企業の自主的な事業活動における環境配慮などの取り組みが推進され，企業への信頼性，企業ブランド価値の向上，消費者とのコミュニケーション，経営改善，社員の環境教育教材などのメリットが創出される．環境省[18]によれば，環境報告書の作成・公表の状況については，「環境報告書を作成・公表している」と回答した企業が36.5％となっており，売上高1千億円以上の企業では，8割以上と高くなっている．環境報告書は，企業が事業活動に伴う環境負荷および環境配慮などの取り組み状況に関する説明責任を果たすとともに，ステイクホルダーの判断に影響を与える有用な情報を提供し，かつコミュケーションのツールとして定着してきている．

4. 企業における生物多様性

2010年10月，名古屋で開催されたCOP10（生物多様性条約第10回締約国会議）では，過去最大

規模となり，179の締約国と関連国際機関やNGOなどの関係者約1万3千人が会議に参加した．会議では，名古屋議定書（遺伝子資源の利益配分に関する国際ルール）と愛知ターゲット（生物多様性の損失を止めるための具体的な目標）が定められた．企業活動としては，経団連自然保護協議会などが中心に，条約の実施に対する民間参画を推進する「生物多様性民間参画パートナーシップ」が発足し，「生態系と生物多様性の経済学」（The Economics of Ecosystems and Biodiversity：TEEB）の最終報告書が公表され，グリーンエコノミーとビジネスのあり方が示されるとともに，COP10では，企業活動の実施の中に生物多様性を配慮した行動の重要性と期待が強く認識された．

5. 自主アセス・スモールアセス

日本の環境アセスメントでは，主に大規模な開発行為を対象とした「事業アセス」として進展してきたが，近年では，大規模事業のみならず，行政や民間企業が行う様々な開発行為に対する環境配慮も国民の関心事となっている．地方公共団体では，アセス法や条例の対象とならない小規模の都市開発事業を行う場合や自治体が持続可能な開発を目標としてまちづくりを推進する際に環境に配慮した良質なまちの形成を目指すことは，自治体や住民ひいては事業者にとっても喫緊の課題である．主に，企業が実施しているマンションや住宅団地などの開発にあたって，環境影響評価法や地方自治体の条例などに定める規模案件未満のものが多く占めており，これらの事業について環境配慮を行うことは地域や地球規模の環境を保全する上で大変重要である．2008年3月に策定された「サスティナブル都市再開発ガイドライン～都市再開発におけるミニアセス～」では，都市再開発事業者による温室効果ガス排出量の削減，廃棄物の減量や適正処理およびヒートアイランド現象の緩和など取組みに関する自主的な環境アセスメントの方法を取りまとめている．

環境アセスメント学会でも「スモールアセスのすすめ」[19]を作成し，法や条例などに規定されない事業に対して，積極的に環境配慮を組み立て，それをアピールすることを目的として，柔軟な手順にて実施する環境アセスメントをスモールアセスとして位置づけている．スモールアセスはCSRなどの一般的な環境管理活動の一環として組み込む事も可能であり，事業における自主的な環境配慮の姿勢を対外的に広報・啓蒙する有効な手法と考えられる．

6. 今後の課題

持続可能な開発は企業の存続性にも重要な課題であり，そのための，環境人材育成は大切である．企業における環境活動は品質管理とともにTQC活動やISO14001の環境マネジメントの普及でかなり定着化してきた．この基本手順には，PDCAサイクルを行っており，まさに環境アセスメント手法の一部を活用している．毎年，企業の環境経営度を新聞などマスコミで調査され，企業の環境優良貢献度をランク付けしている．いまや企業経営の中に環境を取り入れていかないと成り立たなくなっており，企業のCSRとともに環境経営活動における環境アセスメント手法を活用できる人材育成が強く望まれる．

引用文献・注釈

1) 吉田正人, 2009, コミュニケーションの手段としてのSEA, 戦略的環境アセスメントのすべて, ぎょうせい.
2) 吉田正人, 2010, 環境影響評価法改正とその課題―生物多様性と市民参加の視点から, 岩波書店, 環境と公害, 40（2）.
3) 吉田正人, 2011, 環境影響評価法改正と生物多様性保全, 環境アセスメント学会, 環境アセスメント学会誌, 9（1）.
4) 吉田正人, 2008, 河川における公共事業をめぐる合意形成のあり方―千歳川放水路問題の教訓は活かされたか？, 北海道自然保護協会, 北海道の自然, 46.
5) 吉田正人, 2007, 公共事業をめぐる合意形成のあり方, 江戸川大学, 情報と社会, 17.
6) 吉田正人, 2009, 合意形成論から見た三番瀬自然再生, 日本地域開発センター, 地域開発, 534.
7) （社）日本環境アセスメント協会, 2007, JEAS ニュース, No87.
8) 栗本洋二, 2008, 環境アセスメントの実務の現場から環境影響評価に期待すること, 環境情報科学, 36（4）.
9) （社）日本環境アセスメント協会, 2009, JEAS ニュース, No124.
10) 韓国環境影響評価協会, 2011, 韓国 環境影響評価 動向.
11) 傘木宏夫「公衆関与とNPOの現場から」（『環境アセスメント学会誌』第6巻第1号通巻第11号）.
12) 環境省『参加型アセスの手引き～よりよいコミュニケーションのために～』（2002.2, 大蔵省印刷局）を参照のこと. http://www.env.go.jp/policy/assess/1-3sanka/1/index.html（参照 2012-5-20）.
13) 日本環境法律家連盟「普天間飛行場代替施設建設事業に係る環境影響評価方法書に対する意見書」（2004.6.16）を参照. http://www.jelf-justice.org/aboutjelf/contents/documents/henoko.rtf（参照 2012-5-20）.
14) 「市民からの方法書」では, 最小限の取り組みとして, 公告縦覧の期間とその方法（図書の縦覧場所, 電子縦覧の有無）, 周知方法（広報紙やホームページ, 地元新聞での告示）, 説明会の開催状況（日時, 場所, 参加者数）, 意見の件数などを記載することを求めている.
15) 浦島悦子著『辺野古 海のたたかい』（インパクト書房, 2005.12）より.
16) 現在「市民アセスなご」は活動停止状態にあるが, 前掲書5）や日本自然保護協会 PRO NATURA FUND の2003年度助成実績報告を参照とした. http://www.nacsj.or.jp/pn/houkoku/h14/h14-no16.html（参照 2012-5-20）.
17) 足立直樹ら（2008）"生物多様性と企業活動"アドバタイジング Vol 17, 29 の図を一部改変.
18) 環境省, 2012, 環境にやさしい企業行動調査（平成22年度における取組に関する調査結果）.
19) 環境アセスメント学会「スモールアセスのすすめ」. http://www.jsia.net

参考文献

浅野直人・環境影響評価制度研究会, 2009, 戦略的環境アセスメントのすべて, ぎょうせい.
環境影響評価制度総合研究会, 2009, 環境影響評価制度総合研究会報告書, 環境省.
高島徹治, 2005, 環境を守る仕事と資格, 同文館.

―― 資料編　環境アセスメント学会について ――

設立趣旨

　環境アセスメント学会は2002年4月20日に，(1) 国内外の多様な分野の研究者および実務者等の相互交流，(2) 環境アセスメントに係る学術・技術の発展と普及，(3) 環境アセスメントに関する国民各層共通の認識の醸成　をはかることにより，環境アセスメントの適正な実施を推進し，持続可能な社会の構築に寄与することを目的に設立された．設立趣旨書を末頁に掲げる．

活動内容

(1) 総会および公開セミナー

　正会員は総会に出席して，前年度の事業活動や決算の議決，当該年度の事業計画や予算の議決を行う．例年5月に東京都内で開催されている．総会時には会員外の参加も可能な公開セミナーを実施している．これまでの公開セミナーのテーマを以下に示す．

　　2004年度：生態系保全のための外来種対策
　　2005年度：どう変わる？　環境アセスメント技術の最前線
　　2006年度：地方のアセスメントから学ぶ
　　2007年度：地域環境情報とコミュニケーション
　　2008年度：廃棄物処理における環境アセスメントの果たす役割と課題
　　2009年度：アセス審査会のあり方について
　　2010年度：事後調査のあり方について
　　2011年度：スモールアセス・簡易アセスの動向
　　2012年度：コミュニケーション（情報交流）について

(2) 研究発表大会

　会員が自らの研究，調査，実務の成果を発表する場で，発表内容は要旨集として刊行される．例年9月か10月に2日間開催され，およそ100～150名の参加がある．大会時には会員外の参加も可能なシンポジウムを開催している．これまでの大会開催地とシンポジウムのテーマを以下に示す．

　　2002年度（浦安市・明海大学）：環境アセスメント学会に期待する
　　2003年度（横浜市・東京工業大学）：方法書のあり方を考える
　　2004年度（那覇市・沖縄大学）：沖縄の開発と環境アセスメント
　　　　　　　　　　　　　　　　　撤去と再生のための環境アセスメント
　　2005年度（日進市・愛知学院大学）：
　　　　　　　　　　　　　　新アセス法は生かされるか―東海地方の事例をもとに検証する
　　　　　　　　　　　　　　愛知万博の環境アセスメント
　　2006年度（横浜市・武蔵工業大学）：「景観法」の時代における環境アセスメント
　　2007年度（東京都・明治大学）：環境影響評価法運用の10年

2008年度（大阪市・大阪市立大学）：環境影響評価法の見直しに向けて
　　2009年度（東京都・明治大学）：アセス法改正　総合研究会報告書について
　　2010年度（名古屋市・名古屋大学）：生物多様性保全における環境アセスメントの役割
　　2011年度（横浜市・東京工業大学）：エネルギー政策選択に向けた戦略的環境アセスメント
　　2012年度（福岡市・福岡大学）：アセス法改正による地方自治体条例の動向
　　　　　　　　　　　　　　　　　復元・再生のための生態系アセスメント

(3) 委員会活動
①編集委員会
　学会誌の編集，発行を行う．年2回（2月と8月）発行され，研究論文や特集記事などが掲載される．
②学術委員会
　投稿論文の審査を行う．これまで研究論文27件，報告論文2件の掲載判定を行った．
③企画委員会
　公開セミナー，シンポジウムの企画，生態系や環境影響評価制度に関する部会の開催，話題の事項を研究するサロン会の開催，環境アセスメントを振興，啓発するための小冊子の発行などを行う．これまで発行された小冊子を以下に示す．
　　環境アセスメントを活かそう「環境アセスメントの心得」（2008年7月）
　　環境アセスメント審査会ってなぁに？「環境アセスメント審査会のあり方」（2011年3月）
　　環境アセスメントにおける調査ってな〜に？「調査の在り方〜事後調査を中心に〜」（2012年3月）
④国際交流委員会
　IAIA（国際影響評価学会）との交流を行っている．日本，韓国，中国と環境アセスメントに関するワークショップを毎年，持ち回りで開催している．これまでのワークショップの開催地とテーマを以下に示す．
　　日韓ワークショップ
　　　第1回（東京都，2003年12月）：韓国環境アセスメント制度の新展開
　　　第2回（韓国・済州島，2004年11月）：戦略的環境アセスメントに向けての新たな動き
　　　第3回（横浜市，2006年9月）：撤去と復元の環境アセスメント—日本橋と清渓川（チョンゲチョン）日韓の事例から—
　　　第4回（韓国・釜山，2008年11月）：日韓環境アセスメントの現場から学ぶ
　　　第5回（名古屋市，2010年9月）：生物多様性と環境アセスメント
　　日韓中ワークショップ
　　　第1回（中国・北京，2011年10月）：環境アセスメント／戦略的環境アセスメントの効果
　　　第2回（韓国・済州島，2012年11月），第3回（日本，2013年）で開催予定
⑤情報委員会
　情報発信や会員相互の情報交換のため，学会ホームページの運営やメール管理を行っている．
⑥奨励賞選考委員会
　将来の活躍が期待される若手（概ね40歳以下）の研究者，実務者を顕彰・奨励する賞の授与候補

者を選定する．これまで研究部門3名，実務部門5名が表彰された．

(4) 委員会以外の活動
①キャラバン講習会
　論文にない情報，次世代のシーズやニーズ，現場で実感する課題，国際会議の報告などの身近な話題について，自由・活発な意見交換の場として首都圏以外で開催される．これまでの開催状況を以下に示す．
　　第1回（大阪市，2010年1月）：環境アセスメントを活かそう＜環境アセスメントの心得＞
　　第2回（福岡市，2011年7月）：環境影響評価法の平成23年改正法
　　　　　　　　　　　　　　　　環境アセスメント制度を巡る最近の状況について
②若手研究会
　環境アセスメントの実務や研究を行う若手が中心となって，研究会，意見交換会などを開催している．研究発表大会時には若手部門の優秀ポスター賞を選定する．

会員データ
①会長
　初代（2002年8月～2004年5月）：島津康男（名古屋大学名誉教授）
　2代（2004年5月～2008年5月）：浅野直人（福岡大学法学部教授）
　3代（2008年5月～2012年5月）：鹿島茂（中央大学理工学部教授）
　4代（2012年5月～現在　　　　）：柳憲一郎（明治大学法科大学院教授）
②会員数
　正会員　正会員382名，公益会員9団体，賛助会員26団体，名誉会員3名，
　学生会員21名，協力会員11名　　　　　　　　合計452名（2012年3月31日現在）
③男女比（正会員）
　男90％弱，女10％強
④在住地域（正会員）
　北海道3％，東北5％，関東65％，中部8％，北陸1％，近畿8％，中国3％，
　四国1％以下，九州・沖縄7％
⑤業種（正会員）
　大学・高専等：28％，コンサルタント・民間企業：28％，団体・NPO：10％，
　研究機関2％，行政：2％，その他・不明：30％

正会員の特典
✓環境アセスメントの専門家，実務者らとのネットワークを構築することができる．会員外にも国際影響評価学会 IAIA（http://www.iaia.org/）や一般社団法人日本環境アセスメント協会（http://www.jeas.org/）を通じた連携をはかることができる．
✓学会誌，研究発表大会，セミナー，シンポジウムなどを通して，当該分野の科学的，実務的な最先

端の知見を得ることができる．
- ✓ 研究や調査に関する成果を査読付き論文として学会誌で発表することができる．また，技術・事例報告などを学会誌に投稿できる．研究，業務に関する成果を研究発表大会で発表できる．
- ✓ 学会誌（年2回），研究発表大会要旨集（年1回），小冊子（不定期）などの配布物を受け取ることができる．
- ✓ 学会ホームページにパスワードを用いてフルアクセスできる．
- ✓ 各種委員会活動など学会運営に参加する機会がある．
- ✓ 概ね40歳以下の若手の研究者，実務者には奨励賞受賞の機会がある．また，研究発表大会時には優秀ポスター賞受賞の機会がある．

入会申し込み（歓迎）

　学会ホームページ（http://www.jsia.net/1_society/admission.html）をご覧頂くか，学会事務局にお問い合わせ下さい．

　年会費は，正会員（10,000円　シニア会員6,000円），公益会員（一口30,000円），賛助会員（一口50,000円），学生会員（2,000円）です．正会員以外は権利，特典の一部に制限を受けます．

問い合わせ先

学会事務局：〒100-0003　東京都千代田区一ツ橋1-1-1　パレスサイドビル7F
　　　　　　　　　　　　株式会社毎日学術フォーラム内
　　　　　　　　　　　　環境アセスメント学会事務局　（事務局長荒井眞一，担当北川瑞季）
　　　　　　　　　　　　電話：03-6267-4550（代表），　E-mail: maf-jsia@mynavi.jp
　　　　　　　　　　　　ホームページアドレス：http://www.jsia.net/index.html

JSIA 環境アセスメント学会
~Japan Society for Impact Assessment~

環境アセスメント学会の20年のあゆみ

2002年度　○環境アセスメント学会設立総会開催
　　　　　○第1期会長選挙・島津康男名古屋大学名誉教授を選任
　　　　　◇第2回総会，研究発表大会開催・大会シンポジウム「環境アセスメント学会に期待する」
　　　　　◇公開セミナー「住民参加による政策形成は可能か－三番瀬円卓会議を例にして－」
　　　　　□機関誌『環境アセスメント学会誌』第1巻1号創刊

2003年度　□『学会誌』第1巻2号／特集「環境アセスメントにおける生態系の評価」
　　　　　◇第3回総会，研究発表大会開催・大会シンポジウム「方法書のあり方を考える」
　　　　　□『学会誌』第2巻1号／特集「GISと環境アセスメント」

2004年度　◇第4回総会開催
　　　　　□『学会誌』第2巻2号／特集「国際協力と環境アセスメント」
　　　　　◇研究発表大会開催・大会シンポジウムⅠ「沖縄の開発と環境アセスメント」，Ⅱ「撤去と再生のための環境アセスメント」
　　　　　○第2期役員選挙・会長に浅野直人福岡大学教授を選任
　　　　　□『学会誌』第3巻1号／「研究発表大会報告」

2005年度　◇第5回総会開催
　　　　　□『学会誌』第3巻2号／特集「大気汚染に関する予測・評価技術」
　　　　　◇研究発表大会開催・大会シンポジウムⅠ「新アセス法は生かされるか－東海地方の事例をもとに検証する－」，Ⅱ「愛知万博の環境アセスメント」
　　　　　□『学会誌』第4巻1号／「研究発表大会報告」

2006年度　◇第6回総会開催
　　　　　□『学会誌』第4巻2号／特集「地下水の予測・評価技術（理論編）」
　　　　　◇研究発表大会開催・大会シンポジウム「景観法の時代における環境アセスメント」
　　　　　□『学会誌』第5巻1号／「研究発表大会報告」
　　　　　○第3期役員選挙・会長に浅野直人福岡大学教授を再任

2007年度　◇第7回総会開催
　　　　　□『学会誌』第5巻2号／特集「戦略的環境アセスメントの制度と実態」
　　　　　◇研究発表大会開催・大会シンポジウム「環境影響評価法運用の10年」
　　　　　□『学会誌』第6巻1号／「研究発表大会報告」

2008年度　◇第8回総会開催
　　　　　◎「生物多様性基本法」制定
　　　　　□小冊子『環境アセスメントを活かそう『環境アセスメントの心得』』
　　　　　□『学会誌』第6巻2号／特集「環境アセスメントと合意形成」
　　　　　◇研究発表大会開催・大会シンポジウム「環境影響評価法の見直しに向けて－不確実性の取り扱いを中心に－」
　　　　　□『学会誌』第7巻1号／特集「干潟生態系の環境影響評価技術」
　　　　　○第4期役員選挙・会長に鹿島　茂　中央大学教授を選任

2009年度　◇第9回総会開催
　　　　　□『学会誌』第7巻2号／特集「生物多様性条約COP10と環境アセスメントの動向」
　　　　　◇研究発表大会開催・大会シンポジウム「アセス法改正　総合研究会報告書について」
　　　　　□『学会誌』第8巻1号／「研究発表大会報告」

2010年度　◇第10回総会開催
　　　　　□『学会誌』第8巻2号／特集「環境アセスメントの歴史に学ぶ－制度導入の経緯を中心に－」
　　　　　◇研究発表大会開催・大会シンポジウム「生物多様性における環境アセスメントの役割」
　　　　　□『学会誌』第9巻1号／「研究発表大会報告」
　　　　　□小冊子『環境アセスメント審査会ってな～に？『環境アセスメント審査会のあり方』』
　　　　　○第5期役員選挙・会長に鹿島　茂　中央大学教授を再任

2011年度　◎「環境影響評価法改正法」（計画段階環境配慮書手続や事業実施後の報告書制度等の導入）公布
　　　　　◎環境影響評価法施行令，施行規則の改正公布
　　　　　◇第11回総会開催
　　　　　□『学会誌』第9巻2号／特集「スモールアセス・簡易アセスの動向」
　　　　　◇研究発表大会開催・大会シンポジウム「エネルギー政策選択に向けた戦略的環境アセスメント」，学会10周年記念シンポジウム「アセス法のこれまでと，これから」
　　　　　□『学会誌』第10巻1号／「研究発表大会報告」
　　　　　□小冊子『環境アセスメントにおける調査ってな～に？『調査の在り方～事後調査を中心に～』』

2012年度　◇第12回総会開催，公開セミナー「コミュニケーションについて」
　　　　　□『学会誌』第10巻2号／特集「地熱発電と環境アセスメント」
　　　　　◎環境影響評価の基本的事項改正告示
　　　　　◇研究発表大会開催・大会シンポジウム「環境アセスメントにおける生物多様性分野の定量評価とミティゲーション・ヒエラルキー」
　　　　　□学会編集『環境アセスメント学の基礎』初版発行

- □『学会誌』第11巻1号／「研究発表大会報告」
- □小冊子『スモールアセスの勧め『自主アセス・ミニアセスなどを中心に』』
- ○第6期役員選挙・会長に柳 憲一郎 明治大学教授を選任

2013年度
- ◎環境影響評価法一部改正（放射性物質に係る対応）
- ◇第13回総会開催，公開セミナー「風力発電施設に係る環境影響評価の現状と課題―今後の方向性について―」
- □『学会誌』第11巻2号／特集「風力発電と環境アセスメント」
- ◇研究発表大会開催・大会シンポジウム1「スモールアセス～自主アセス・ミニアセスの動向～」，2「環境アセスメントの新展開～配慮書手続の運用の課題と期待」
- □『学会誌』第12巻1号／「研究発表大会報告」

2014年度
- ◇第14回総会開催，公開セミナー「海域生態系の環境影響評価における現状と技術開発」
- □小冊子『適切な環境配慮を組み込むために『環境アセスメントにおける情報交流の基本』』
- □『学会誌』第12巻2号／特集「復興アセス」
- □小冊子『環境アセスメントを活かそう『環境アセスメントの心得ver2』』
- ◇研究発表大会開催・大会シンポジウム1『化石エネルギーの有効活用と環境アセスメントとの関わり』，2「再生可能エネルギーと環境アセスメント」
- □『学会誌』第13巻1号／「研究発表大会報告」
- ○第7期役員選挙・会長に柳 憲一郎 明治大学教授を再任

2015年度
- ◇第15回総会開催，公開セミナー「環境影響評価に関する技術手法の最新動向」
- □『学会誌』第13巻2号／特集「環境社会配慮」
- ◇研究発表大会開催・大会シンポジウム「わが国の環境アセスメントと国際社会」
- □小冊子『環境アセスメントの技術指針ってな～に？『技術指針のかしこい使い方』』
- □『学会誌』第14巻1号／「研究発表大会報告」

2016年度
- ◇第16回総会開催，公開セミナー「環境社会配慮と環境アセスメントの現状と課題」
- □『学会誌』第14巻2号／特集「フォローアップ」
- ◇研究発表大会開催・大会シンポジウム「環境影響評価に関する技術手法の最新動向（Ⅱ）」
- □『学会誌』第15巻1号／「研究発表大会報告」
- ○第8期役員選挙・会長に田中 充 法政大学教授を選任

2017年度
- ◇第17回総会開催，公開セミナー「陸上風力発電アセスメントの現状と課題」
- □小冊子『環境アセスメント図書を読み解く『準備書はどのように作られているの？』』
- □『学会誌』第15巻2号／特集「環境アセスメント法制定20周年」
- ◇研究発表大会開催・大会シンポジウム「太陽光発電の普及と環境アセスメント」
- □『学会誌』第16巻1号／「研究発表大会報告」

2018年度
- ◇第18回総会開催，公開セミナー「環境アセスメントとグリーンインフラ」
- □『学会誌』第16巻2号／特集「CCSと環境アセスメント」
- ◇研究発表大会開催・大会シンポジウム「環境アセスメントが活用されるための人・基盤づくり」
- □『学会誌』第17巻1号／「研究発表大会報告」
- ○第9期役員選挙・会長に田中 充 法政大学教授を再任
- □学会編『環境アセスメント学入門―環境アセスメントを活かそう』発行

2019年度
- ◇第19回総会開催，公開セミナー「過去の環境アセスメントに学ぶ」
- □『学会誌』第17巻2号／特集「環境影響審査会の役割と課題」
- ◇研究発表大会開催・大会シンポジウム「湾岸未来都市のあるべき環境像を模索する」
- □『学会誌』第18巻1号／「研究発表大会報告」
- □小冊子『事例で読み解くアセスの効果（役割）『アセスに関わって地域を良くしよう！』』

2020年度
- ◇第20回総会・書面開催，公開セミナー中止
- □『学会誌』第18巻2号／特集「これからの調査・予測技術」
- ◇研究発表大会開催［オンライン方式］・大会シンポジウム「洋上風力発電と環境アセスメント」
- □『学会誌』第19巻1号／「研究発表大会報告」
- ○第10期役員選挙・会長に藤田八暉 久留米大学教授を選任
- ◇学会要請書「2025年日本国際博覧会における持続可能性アセスメントの実施について」を関係大臣その他に送付・発表

2021年度
- ◇第21回総会オンライン開催，公開セミナー「環境アセスメントの新たな展開」
- □『学会誌』第19巻2号／特集「環境社会配慮の現状」
- □小冊子『先手先手の環境配慮が肝心『配慮書を活用しよう』』
- ◇研究発表大会開催・大会シンポジウム「ビッグデータと環境アセスメント」
- □『学会誌』第20巻1号／「研究発表大会報告」

環境アセスメント学会設立趣意書

　人間の経済・社会活動はかつてないほど巨大化し，これに伴う環境への影響によって私達の生活や社会の基盤が損なわれる恐れのあることが広く認められるようになっています．もとより，環境に何らの影響を与えることなく経済・社会活動を営むことはできませんが，人間活動の基盤である環境が持続可能でなければ人間の存在そのものが成り立ちません．したがって，今日私達は，その活動に伴う物理的，自然的，社会的影響を事前に把握することによって，できる限り環境影響の少ない，より望ましい活動を選択していくよう努力する必要があります．

　環境アセスメントはこのための仕組みとして，1969年のアメリカ国家環境政策法を皮切りに，各国で制度化が進められてきました．1992年のリオの地球サミットでは，持続可能な発展のための重要な手段として環境アセスメントが位置づけられました．我が国では，1997年（平成9年）に環境影響評価法が制定され，1999年（平成11年）に全面施行されました．また，各地方公共団体における制度化も進められ，全ての都道府県・政令指定都市において環境アセスメントに関する条例が制定されるに至っています．日本においては，環境アセスメントが社会制度として本格的に整備されたところであると言えましょう．

　しかしながら，環境アセスメントが現在の社会において十分にその機能を発揮しているかというと，必ずしもそうとは言えません．社会の意思決定のツールとして，あるいは，環境影響を客観的に見積もるための手段として，環境アセスメントは，制度的にも，技術的にも，さらに継続的な改善が図られる必要があります．

　このとき，社会の意思決定手段の改善という点では社会科学的な知見が必要であり，一方，環境影響を客観的に見積もる手段の改善という点では自然科学的な知見が求められることとなります．このように，環境アセスメントの発展のためには，社会科学と自然科学とを問わず学際的な交流を図り，その研究のレベルを向上させるための場が備えられることが重要です．

　また，環境アセスメントは，きわめて現実的な課題に対応するためのものであり，研究者の学術・技術水準を高めるだけで機能するというものではありません．環境アセスメントの機能を高めるためには，行政，企業，市民，NGOといった環境アセスメントに関する幅広い関係者が参加し，現実的な課題に基づく議論を活発に行うことが重要であると考えます．このため，インターネットなどを活用し，情報発信，情報交流機能を重視する，新しい時代に即した学会を目指します．

　さらに，日本の環境アセスメント発展のためには，制度や技術に関する国際的な動きを十分に認識することも必要です．戦略的環境アセスメント，生物多様性評価，累積的環境影響評価，社会影響評価，国際協力にかかるアセスメントなど，環境アセスメントの概念は大きく広がっています．これらを巡る課題については，国際的な場で活発に情報や意見の交換が行われており，国際影響評価学会をはじめとする環境アセスメント分野での国際的な組織との十分な連携が図られるよう，これらとの国際交流の拠点となる場を設ける必要があります．

　環境影響評価法や条例の整備を受けて，日本における環境アセスメントの事例が蓄積され，関連する実務を行う者が急増している現在，多様な分野の関係者が，環境アセスメントという一つのテーマの下に交流を深め，互いに切磋琢磨することにより，環境アセスメント関係者全体の学術・技術の水準を向上させることも求められています．

　以上のような時代の要請に応え，持続可能な社会の構築に寄与するため，環境アセスメント学会の設立を期するものであります．

2001年12月5日
環境アセスメント学会
呼びかけ人一同

編集後記

　本学会は 2011 年で設立されて 10 年目を迎え，その記念の事業の一つとして本のテキストを出版することを決めた．その企画は 10 周年出版企画会議を中心に検討をすすめ，テキストの名前に「学」を前面に出した「環境アセスメント学の基礎」とし，その目次構成，それに伴う人選など進めた．環境アセスメントの実施には，法律から種々の技術まで非常に広範囲な専門的な知識が必要となる．そこで本学会のそれぞれの分野における第一級の専門家の方々に原稿執筆への協力を依頼した．原稿は最終的に 2012 年 7 月に集まり，年内の出版を目標にすぐに編集作業へ入った．本出版企画会議では編集委員会を設け，テキスト原稿の内容について，初心者が環境アセスメントの基礎を理解しやすい表現にするとともに，あるいは環境アセスメントを進めるに当たって必要な基礎的な知識の記述であるかなどの観点から編集作業を行った．時間的には十分な編集が尽くされたとは言いがたいが，編集委員の尽力や急遽出版を引き受けて戴いた出版社のご協力もあって 2013 年の 2 月に出版の運びとなった．編集委員会一同，ご協力戴いた会員の皆様と関係者に厚く御礼申し上げますとともに，このテキストが今後の環境アセスメント学の普及，教育の充実に大きな役割を果たしてくれることを期待いたします．

　2012 年 12 月吉日

編集委員
浅野直人・石川公敏
上杉哲郎・沖山文敏
尾上健治・栗本洋二
作本直行・塩田正純
柳　憲一郎

索　引

あ 行

RCCM　197, 198
ISO14000　200, 210
悪臭　39, 40-43, 198
アジア開発銀行（ADB）　178, 182
アセス法　98, 137, 139, 142, 143, 149, 158, 162, 194
安全安心　13
EIA　3, 5, 160, 167, 169, 183
　──指令　160, 168
EPA　166
囲繞景観　93
意味ある参加　177
インスペクションパネル　184, 186, 187
上乗せ規定　151
栄養塩　83
SI　20, 33
SEA　158, 160, 167, 168
　──ガイドライン　140, 143, 158
　──指令　158, 168
HSI　20, 33
NGO, NPO　203
エネルギーの流れ　87
横断条項　137, 139, 148
オフサイトミティゲーション　6
温室効果ガス　15, 72, 132, 156, 210

か 行

改善の罠　187
回避・低減　5, 21, 61, 62, 70, 89, 163
海面埋立　113
化学物質　17
価値変化　91
簡易アセスメント　34, 35, 167
環境基準クリア型　90
環境アセスメント　13, 23, 29, 34
　──士　197, 198
環境影響評価項目　100, 110, 116, 118
環境影響評価制度　15, 18
環境影響評価法　35, 58, 77, 98, 130, 137, 196
環境影響要因　4, 66, 74, 110, 112, 132
環境監査　208
環境管理　5, 32, 153, 172, 210
環境基準　4, 16, 26, 42, 43, 51, 55
環境基本計画　13, 28, 72, 158, 172
環境基本法　13, 138, 145, 170, 174
環境教育　37, 193, 196, 202
環境経営度　210
環境コスト　207
環境GIS　32
環境指標　26, 27, 29, 84
環境社会影響　1, 185
環境社会配慮　171, 173, 175, 177, 178, 180, 181, 188
　──ガイドライン　175, 188
　──助言委員会　177, 188
環境人材　202
環境総合データベース　31, 82
環境担当部局　3, 152
環境適合性審査法　169
環境配慮　13, 14, 23, 26, 33, 34
環境ビジネス　14, 207
環境負荷　16, 23, 28, 29
環境報告書　209
環境保全対策　2, 5, 7, 162
環境マネジメント　14, 208, 210
環境要因　98, 104, 115
環境要素　4, 27, 33, 88, 98, 104, 115, 143
環境容量　23, 26
環境倫理　196, 209
関係地域　130, 138, 139
感度分析　10
企業の社会的責任（CSR）　208
気候変動　13, 15, 72, 73
技術士　197, 198
規制基準　1, 42, 61
基本的事項　22, 139, 145, 147, 163, 165, 196
業務指令　180
供用　5, 73, 100, 162, 191
グリーン・イノベーション　13
計画段階配慮書手続　160
景観　90, 92-94, 111, 114, 129, 156
景観木　78
継続教育（CPD）　202
見解書　6, 151, 155
建設機械の稼働　101, 104, 107, 112
現地調査　4, 33, 58, 111, 162, 178
合意形成　23, 194, 195
公告　164
工事の実施　100, 104, 107, 115, 118, 132
公衆関与　138, 203, 204, 206
公聴会　147, 150, 155, 178
国際協力銀行（JBIC）　175
コミュニケーション　1, 6, 14, 209
固有価値　93

さ 行

再アセス　148
里地・里山　88
参考項目　103, 139
参考手法　105, 139
GIS　31
CEQ　167
事業アセスメント　71, 82, 159, 161, 171, 193, 210
事業監督官庁　1
事業計画　1, 3, 66, 79, 122, 140, 145, 191, 194
事業特性　3, 29, 58, , 66, 107
事業認可　5, 8
事後対策　2, 5, 12
事後調査　62, 63, 68, 77, 81, 135, 148, 151, 162
　──報告書　151
自主アセス　210
自然との触れ合い　91, 103, 115, 116, 124
持続可能性アセスメント　22-25, 170, 173
持続可能な社会　1, 13, 22, 34, 173, 202
地盤　16, 54, 59, 61, 103
絞り込み　10, 207
市民参加　170, 193

市民団体　1, 193
JICA 環境社会配慮ガイドライン
　　　175, 188
JICA 環境社会配慮助言委員会　188
重要種　34, 78, 80, 101
縦覧　123, 146, 148, 150, 155, 164,
　　　206
循環型社会　13, 16, 70
準備書　25, 100, 130, 134, 144, 147,
　　　151, 162, 167, 205
上位性　18, 20, 88, 89
情報公開　1, 35, 152, 172, 176, 194
情報交流　2, 6, 7, 141, 203
条例アセス　143, 145
資料調査　4, 41
人工湿地　81
審査　2, 5, 123, 144, 147, 152, 167,
　　　177, 180, 188
　――会　117, 141, 150, 155, 207
浸出水　46, 131, 134
振動　58-61, 98, 103, 110, 115, 125,
　　　128
水質汚濁　47, 133, 196
水生生物　16, 82, 83, 108
スクリーニング　2, 3, 35, 143-145,
　　　150, 155, 171, 180
スコーピング　2, 3, 24, 139, 144,
　　　145, 150, 172, 176, 180
ステークホルダー　33, 177, 179,
　　　190
スモールアセス　210
生態系　15, 18, 21, 87-90, 125, 156,
　　　189
生物指標　29
生物多様性　13, 15, 18, 22, 77, 90,
　　　140, 209
セーフガード政策　182
世界銀行　180, 183, 184
説明会　141, 146, 147, 179
説明責任　177, 179, 194, 203
ゼロオプション　194
戦略的環境アセスメント　22, 140,
　　　158, 171, 182
　――総合研究会　140
騒音　58-61, 106, 110, 112, 127, 130,
　　　190
総合アセス　152

造成　101, 121, 122, 124
ゾーニング　24
存在　101, 103, 104, 110, 116, 132

た 行

第一種事業　142, 143, 145, 157
大気汚染　16, 39-43, 98
大気環境　16, 101, 104, 115, 118,
　　　125
代償　18, 21, 22, 70, 75, 89, 163, 194
　――措置　89, 194
対照地点　12
代替案　4, 26, 62, 171, 189, 190
代替立地　6
第二種事業　139, 142, 143, 145, 150
ダウンウォッシュ　102
地域生態系　88
地域特性　4, 66, 93, 107, 155
地下水　16, 43, 46, 124
地球温暖化　15, 72, 75
地形　21, 42, 48, 54, 55, 58, 66, 93
地質　54
調査位置　10
調査時期　10
調査範囲　10, 78
調査方法　10, 49, 78, 84
眺望景観　93
TQC 活動　210
底質　47-53, 88, 119
低周波音　58-62, 98, 104, 128
低炭素社会　13, 15, 16
典型性　18, 20, 88, 89
電子縦覧　206
電波障害　62, 65, 128, 156
特殊性　18, 20, 88, 89
都市開発　43, 45, 210
都市計画決定　121, 123
土壌　16, 17, 29, 54, 55, 104, 115, 118
取付道路　128

な 行

日照阻害　62, 110
NEPA　35, 137, 153, 158, 167, 180
ノーネットロス　90

は 行

廃棄物　17, 40, 68, 72, 131, 143,
　　　157, 208
配慮書　32, 141, 143-145, 153, 160,
　　　170, 194
発生確率　10
パブリックインボルブメント　140
PDCA サイクル　210
BDP マップ　32
非自発的住民移転　181
評価書　26, 123, 133, 144, 147, 153,
　　　165, 167
標準項目　105, 139
標準手法　105, 139
ビル風　63
比例原則　157
ファシリテーター　204
風害　62, 63, 111, 113, 156
風洞実験　113
フォトモンタージュ　111
不可逆性　10
不確実性　5, 63, 77, 80, 90, 163, 172
複数案　32, 71, 141, 161, 171
物質循環　16, 87
物の変化　91
普遍価値　93
フューミゲーション　100
触れ合い活動の場　91, 92, 94, 103,
　　　115, 124
ベスト追求型　90
HEP　18, 19, 85
法アセス　143
報告書手続　141, 144, 148, 149, 151,
　　　166
方法書　7, 25, 100, 106, 130, 134,
　　　145, 150, 155, 193

ま 行

水環境　15, 16, 36, 48, 104, 156
水循環　43, 44, 46-48
水の濁り　101, 104, 115
ミティゲーション　6, 18, 21, 22, 76,
　　　172, 176
面開発　121
猛禽類　78, 125, 130
モニタリング　3, 5, 6, 26, 179, 191

や 行

要綱アセス　138, 203

横出し　150	**ら　行**	陸生生物　83
予測条件　10	ライフサイクルアセスメント（LCA）	類型化　88
予測方法　64, 67, 111	208	類型除外リスト　167
	利害関係者　193	レッドデータブック　78
	陸上動植物　77-80, 82	

環境アセスメント学の基礎

2013年2月5日	初版第1刷発行
2016年9月30日	第2刷発行
2018年6月20日	第3刷発行
2020年9月15日	第4刷発行
2022年1月31日	第5刷発行

定価はカバーに表示してあります

編 者　環境アセスメント学会 ©
発行者　片　岡　一　成
発行所　恒星社厚生閣

〒160-0008　東京都新宿区四谷三栄町 3-14
電話 03(3359)7371(代)
http://www.kouseisha.com/

印刷・製本　シナノ

ISBN978-4-7699-1294-1　C3051

JCOPY ＜出版者著作権管理機構　委託出版物＞

本書の無断複写は著作権上での例外を除き禁じられています．複写される場合は，そのつど事前に，出版者著作権管理機構（電話 03-5244-5088, FAX03-5244-5089, e-mail:info@jcopy.or.jp）の許諾を得てください．